高等职业教育"互联网+"立体化教材——公共基础课系列

高等应用数学

主　编：王　岳　任晓燕

副主编：蓝　梅　朱　艳　李海霞　赵　萱

主　审：张天德　季桂林

电子工业出版社

Publishing House of Electronics Industry

北京·BEIJING

内 容 简 介

本书主要针对高职院校理工类专业编写,较好地体现了高等数学的应用性,可供大一理工类学生使用。

本书内容主要包括函数、极限与连续,导数与微分,微分中值定理与导数的应用,不定积分,定积分及其应用,常微分方程和数学实验 7 个章节,书中加"*"号的内容为选学内容,供任课老师酌情选用。每章按节配置了由易到难的习题,书后附有答案,扫码可以查看答案详解。同时,每章最后有本章复习题和在线测试题。为了便于学生学习,书末附录还给出了常用数学公式和积分表。

本书内容突出数学与理工类专业及生活实践的密切联系,在案例选取上,精选与专业相关的生产、生活实例,体现"数学与专业""数学与生产、生活"的融合性;在内容的选择上,注重对学生基础知识的强化、基本技能的训练和应用能力的培养。本书增设了数学实验章节,实现了通过数学实验学生能进一步简化计算、强化应用、拓展能力的目的。每章中结合知识点设计了"思政之窗",将思政元素融入数学理论和方法之中。最后的"学海拾贝"对本书中提及的数学家进行了简介,使学生对数学史有初步了解,增强学生学习数学的兴趣。

本书可作为高职高专院校、成人高校及其他职业学院、继续教育学院和民办高校大一理工类学生的教学用书,也可作为专升本复习和有关人员学习高等数学知识的参考书。

图书在版编目(CIP)数据

高等应用数学 / 王岳,任晓燕主编. —北京:电子工业出版社,2022.5

ISBN 978-7-121-43294-1

I. ①高⋯ II. ①王⋯ ②任⋯ III. ①应用数学—高等学校—教材 IV. ①O29

中国版本图书馆 CIP 数据核字(2022)第 067720 号

责任编辑:贺志洪

印　　刷:北京天宇星印刷厂

装　　订:北京天宇星印刷厂

出版发行:电子工业出版社

　　　　　北京市海淀区万寿路 173 信箱　邮编　100036

开　　本:787×1 092　1/16　　印张:15.5　　　字数:396.8 千字

版　　次:2022 年 5 月第 1 版

印　　次:2024 年 9 月第 3 次印刷

定　　价:39.90 元

凡所购买电子工业出版社图书有缺损问题,请向购买书店调换。若书店售缺,请与本社发行部联系,联系及邮购电话:(010)88254888,88258888。

质量投诉请发邮件至 zlts@phei.com.cn,盗版侵权举报请发邮件至 dbqq@phei.com.cn。

服务热线:(010)88254609,hzh@phei.com.cn。

前　言

　　本书是按照教育部颁布的"高职高专教育高等数学课程教学基本要求"和"高职高专教育专业人才培养目标及规格"组织编写的。以培养应用型人才为目标，以"强化能力，立足应用"为原则，结合高职高专高等应用数学的教学特点，以及当前教学改革实际和专业需求，力求做到课程融入思政元素，内容精简适用、条理清晰、深入浅出、通俗易懂，突出应用。

　　根据高素质应用型人才培养的要求，我们对传统的高等数学教材内容进行了整合，添加了思政之窗、数学建模及数学实验的内容，使教学内容与技能型人才的培养需要相衔接，与我国目前高职学生的实际数学水平相衔接。本书注重与实际应用联系较多的数学基础知识、基本方法和基本技能的训练，不追求复杂的计算和证明。内容呈现与讲授过程中，强调直观描述和几何解释，适度淡化理论推导或证明。注重揭示概念的本质，强化数学知识与专业知识和生活实际的联系。在强调数学应用的广泛性的同时，兼顾数学建模思想的渗透和数学软件应用的拓广，并通过思政元素的渗透，培养学生树立正确的人生观、价值观、世界观和良好的科学素养。本书作为高职高专的"高等数学"教材，有很多创新之处，主要体现在：

　　在教学内容的设计上，编者们秉持"思政融入、淡化理论、渗透思想、结合实例、引入软件、强化应用"的理念。书中精心编写了大量与专业和实际生活密切联系的，适合高职高专数学教学的应用案例，通过引例的引导学习、习题的强化渗透，使学生能够借助实际问题和专业背景理解数学概念的实质，再利用数学概念和数学思想促进对专业问题和工程原理的认识，从而进一步利用数学方法解决专业中的更多实际问题。全书由生活实践和各类工程问题启发学生思维，引出数学知识，再列举浅显、贴近生活与专业的数学应用案例分析讲解数学知识和方法。本书力图反映现代技术的新知识、新技术、新内容、新工艺和新案例，充分体现了高职教育紧密联系生产、建设、服务、管理一线的实际要求。

　　在思政元素的融入上，全书注重合理有效地融入思政元素，力求起到润物细无声的作用。专门设计了"思政之窗"和"走近中国数学家"栏目，并把部分内容录制了微课，通过介绍微积分的发展、我国传统文化中的微积分思想，古中外数学家在数学研究中百折不挠的探索精神，以及微积分中很多重要概念所体现的辩证唯物的哲学思想，使学生在知识输入的同时，提高思维的思辨性，更好地塑造其自身的人生观、价值观乃至世界观。在努力提升素质教育的目的下，最终实现"立德树人"的根本任务。

在数学应用的体现上，本书每章中加入了数学建模案例一节，通过一到两个完整案例的分析解答，让学生了解如何利用数学建模思想，运用高等数学所学知识，解决实际问题。第七章引入了数学实验的内容，通过这部分的学习，使学生能借助计算机，充分利用数学软件 MATLAB 的数值功能和图形功能，直观地验证一些概念和结论，快捷地进行各类运算和图形绘制，并从感官上更形象地理解所学的数学知识，加深对数学基本概念的认识，突出了数学的工具性。

在课程内容的呈现上，本书中重点概念、例题、习题均配有视频讲解或动画演示，通过扫码，学生可以自行观看视频或动画，便于学生预习、复习。书中重要知识点的例题后面还配有"牛刀小试"环节，学生在课上尝试自行解答本环节的题目，以便及时检测知识和方法的掌握程度。对于书中所有章节习题、复习题的答案本书均给出了详解，学生也可以通过扫码来查看比对习题和复习题详细的解答过程。另外，除了课本上的习题和复习题之外，每章我们还设计了"在线测试"，同学们学习完一章内容后，可以用手机进行在线测试答题，随时了解自己的学习情况。

本书由王岳、任晓燕担任主编，蓝梅、朱艳、李海霞、赵萱任副主编。其中，第一章、第二章、第三章及附录由王岳编写，第四章、第五章由任晓燕编写，第六章由王岳、蓝梅、李海霞编写，第七章由六位编者共同编写，各章数学建模案例由朱艳、王岳编写。各章微课视频的录制、在线测试题编写、习题、复习题答案详解由六位老师共同制作完成，全书框架结构安排、统稿、定稿由王岳承担。编者邀请山东大学张天德教授和济南职业学院的季桂林教授对全书进行了审稿。从编写之初的框架制定到最后的审稿结束，整个过程中两位教授提出了很多宝贵意见。本书在编写过程中还得到了学院领导和部分专业教师及企业专家的大力支持，在此一并表示衷心地感谢。

本书虽经多次修改、不断推敲，但由于编者水平有限，仍难免有疏漏和不妥之处，书中不当之处恳请同行教师和读者不吝赐教、批评指正。

编者

2021 年 7 月

目　录

第1章 函数、极限和连续

迄今为止，数学已有数千年的历史，伴随着数学思想的发展，函数概念由模糊逐渐严密．初等数学的研究对象基本上是不变的量，而高等数学的研究对象则是变动的量，也就是函数，函数是数学的基本概念之一．我国古代数学家刘徽的极限思想给出了一种研究变量的方法，在此基础上，极限的理论不断完善．极限是高等数学的重要概念之一，是微积分研究的基本工具，它贯穿于高等数学课程的始终，是建立微积分学的理论基础．连续性是函数的重要特性之一，它在刻画函数的性态中有着举足轻重的地位．本章我们将对函数概念进行复习和补充，学习如何利用极限思想研究函数，讨论函数的连续性．极限理论的学习与讨论，将为我们奠定学习高等数学的基础．

§1.1 函数

函数是微积分的研究对象，集合、区间和邻域可以给出函数中变量的研究范围．本节先复习中学阶段学习过的集合与区间的概念，再介绍邻域、函数及相关概念及函数的性质．

1.1.1 集合、区间和邻域

1. 集合

在中学阶段，我们了解过集合的概念．一般来说，由一些确定的不同的研究对象构成的整体称为**集合**．构成集合的对象，称为集合的**元素**．

集合一般用大写英文字母 $A,B,C,\cdots$ 表示，集合中的元素用小写英文字母 $a,b,c,\cdots$ 表示，若 a 是集合 M 中的元素，则记为 $a\in M$ ．

构成集合的元素具有三个性质：确定性、无异性、无序性．

高等数学中常用数集及其记法如下：

（1）全体非负整数组成的集合称为非负整数集或自然数集，记为 $\mathbf{N}$ ．

（2）全体整数组成的集合称为整数集，记为 $\mathbf{Z}$ ．

（3）全体正整数组成的集合称为正整数集，记为 $\mathbf{Z}^+$ 或 $\mathbf{N}^+$ ．

（4）全体有理数组成的集合称为有理数集，记为 $\mathbf{Q}$ ．

（5）全体实数组成的集合称为实数集，记为 $\mathbf{R}$ ．

2. 区间

通俗地讲，**区间**就是介于两实数 a 与 b 之间的一切实数的集合，其中 a,b 称为区间的两个端点，当 $a<b$ 时，则称 a 为左端点，b 为右端点.

区间可理解为实数集 **R** 的子集，可分为有限区间和无限区间.

（1）**有限区间**：设 $a,b \in$ **R** 且 $a<b$

闭区间：若 $A=\{x \mid a \leqslant x \leqslant b\}$，则集合 A 称为以 a,b 为端点的闭区间，记为 $[a,b]$，即

$$[a,b] = \{x \mid a \leqslant x \leqslant b\}.$$

开区间：若 $A=\{x \mid a<x<b\}$，则集合 A 称为以 a,b 为端点的开区间，记为 (a,b)，即

$$(a,b) = \{x \mid a<x<b\}.$$

左半开区间：若 $A=\{x \mid a<x \leqslant b\}$，则集合 A 称为以 a,b 为端点的左半开区间，记为 $(a,b]$，即

$$(a,b] = \{x \mid a<x \leqslant b\}.$$

右半开区间：若 $A=\{x \mid a \leqslant x<b\}$，则集合 A 称为以 a,b 为端点的右半开区间，记为 $[a,b)$，即

$$[a,b) = \{x \mid a \leqslant x<b\}.$$

（2）**无限区间**

无限区间是指 a 与 b 两端点中至少有一个端点是正无穷大或负无穷大. 为了表示正无穷大或负无穷大，我们引入记号"$+\infty$"表示正无穷大，"$-\infty$"表示负无穷大，则无限区间可分为

$(a,+\infty) = \{x \mid x>a\}$；$\qquad\qquad$ $[a,+\infty) = \{x \mid x \geqslant a\}$；

$(-\infty,b) = \{x \mid x<b\}$；$\qquad\qquad$ $(-\infty,b] = \{x \mid x \leqslant b\}$；

$(-\infty,+\infty) = \{x \mid -\infty<x<+\infty\} =$ **R** .

以后在不需要辨明所讨论区间是否包含端点，以及是有限区间还是无限区间的场合，我们就简单地称它为"区间"，且常用"I"表示.

3. 邻域

由于有时需要讨论函数在一点附近的变化情况，为了描述某一点附近的点所组成的集合，下面我们介绍一下邻域的概念.

学习笔记	视频
	邻域的概念

定义 1.1　设 $a, \delta \in \mathbf{R}, \delta > 0$，数集 $\{x \mid |x-a| < \delta, x \in \mathbf{R}\}$，即实数轴上到点 a 的距离小于定长 δ 的点的全体，称为**点 a 的 δ 邻域**，记作 $U(a, \delta)$．点 a 与数 δ 分别称为这个邻域的**中心**与**半径**．如图 1.1 所示．

$$U(a, \delta) = \{x \mid |x-a| < \delta, x \in R\} = (a - \delta, a + \delta).$$

当泛指某个邻域时，也可以简单地记作 $U(a)$，它表示以点 a 为中心的任何开区间．

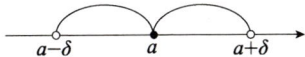

图 1.1

有时用到的邻域需要把邻域中心去掉．点 a 的 δ 邻域去掉中心 a 后，称为**点 a 的空心（去心）δ 邻域**，记作 $\overset{\circ}{U}(a, \delta)$．如图 1.2 所示．

$$\overset{\circ}{U}(a, \delta) = \{x \mid 0 < |x-a| < \delta\} = (a - \delta, a) \bigcup (a, a + \delta).$$

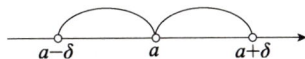

图 1.2

1.1.2　函数的概念

在自然现象或生产过程中，同时出现的某些变量，往往存在着相互依赖、相互制约的关系，其中，有的变量间的关系在数学上称为函数．

1. 函数的定义

定义 1.2　设 x 和 y 是两个变量，D 是 $\mathbf{R}$ 的非空子集，对于任意 $x \in D$，变量 y 按照某个对应关系 f 有唯一确定的实数与之对应，则称 y 是 x 的函数，记为 $y = f(x)$．x 称为自变量，y 称为因变量，D 称为函数的定义域，数集 $\{f(x) \mid x \in D\}$ 称为函数 $f(x)$ 的值域．当 $x = x_0$ 时对应的函数值记为 $f(x_0)$．

由函数的定义可以看出，确定**函数有两个要素：定义域和对应法则**．所以，两个函数相同的充分必要条件是两函数的定义域和对应法则均相同．

在实际问题的应用中，函数的定义域要根据问题的实际意义来确定．在数学的研究学习中，有时候不需要考虑函数的实际意义，对于用解析式表示的函数，定义域就是使解析式有意义的自变量的全体．例如，函数 $y = \arcsin x$ 的定义域为 $[-1, 1]$，函数 $y = \dfrac{1}{\sqrt{1 - x^2}}$ 的定义域为 $(-1, 1)$．

例 1　判断下列函数是否表示相同的函数关系．

（1）函数 $y = \dfrac{x^2}{x}$ 和 $y = x$；

（2）函数 $y = |x|$ 与 $y = \sqrt{x^2}$．

解：（1）因为函数 $y = \dfrac{x^2}{x}$ 的定义域为 $x \in \mathbf{R}$ 且 $x \neq 0$，而函数 $y = x$ 的定义域为 $x \in \mathbf{R}$，它们的定义域不同，所以说函数 $y = \dfrac{x^2}{x}$ 与 $y = x$ 不同．

（2）函数 $y = |x|$ 与 $y = \sqrt{x^2}$ 的定义域都是 $x \in \mathbf{R}$，而 $y = \sqrt{x^2} = |x|$，因此函数 $y = |x|$ 与 $y = \sqrt{x^2}$ 有相同的定义域和对应法则，所以说函数 $y = |x|$ 与 $y = \sqrt{x^2}$ 表示相同的函数关系．

例2 求函数 $y = \dfrac{\lg(x+1)}{x-1}$ 的定义域．

解： 根据对数的真数必须为正数，分数的分母不能为零，可以得到该函数的自变量应满足不等式组

$$\begin{cases} x+1 > 0, \\ x-1 \neq 0. \end{cases}$$

解得

$$x > -1 \text{ 且 } x \neq 1,$$

即

$$D = (-1, 1) \cup (1, +\infty).$$

牛 刀 小 试

1.1.1 求函数 $y = \dfrac{1}{x} - \sqrt{1-x^2}$ 的定义域．

2. 函数的表示法

表示一个函数通常有三种方法：表格法、图像法和公式法．

（1）**表格法**：就是用表格来表达函数关系．这种方法的优点是查找函数值比较方便，缺点是数据有限、不直观，不便于确定自变量和因变量的对应关系．

例如，某公司 2021 年上半年某产品的销量（单位：个）如表 1.1 所示．

表 1.1

月份 t	1	2	3	4	5	6
销量 y	1900	1850	2000	1950	1920	1890

（2）**图像法**：就是用图像来表达函数关系．这种方法直观性强，并可观察函数的变化趋势．但根据函数图形所求出的函数值一般准确度不高，且不便于研究两变量之间的关系．

例如，某海域昼夜水温 T 和时间 t 是两个变量，通过自动温度记录仪可以描绘出一条曲线，如图 1.3 所示．

这个图形表示了气温 T 和时间 t 之间的函数关系．

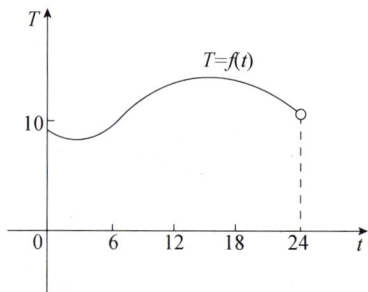
图 1.3

再如，股票曲线反映股票当天的价格随时间的变化波动情况，该曲线是以时间为自变量，以价格为函数的函数图像.

（3）**公式法**：就是用数学表达式表示函数关系．例如 $y=(1+x)^2$，这种方法的优点是形式简明，便于作理论研究与数值计算，缺点是不够直观.

在用公式法表示的函数中，有以下两种需要指明的情形.

①**分段函数**：在自变量的不同变化范围中，对应法则用不同式子来表示的函数，称为分段函数.

例如，绝对值函数 $y=|x|=\begin{cases} x, & x\geq 0, \\ -x, & x<0. \end{cases}$

电学中的常用函数：单位阶跃函数 $u(t)=\begin{cases} 1, & t\geq 0, \\ 0, & t<0. \end{cases}$

例 3　求分段函数 $f(x)$ 的定义域和值域.

$$f(x)=\begin{cases} -x+1, & 0<x<1, \\ 0, & x=0, \\ -x-1, & -1\leq x<0. \end{cases}$$

解：如图 1.4 所示，$f(x)$ 的定义域为

$$D=\{x|-1\leq x<1\};$$

其值域为 $Z=\{f(x)|-1<f(x)<1\}$.

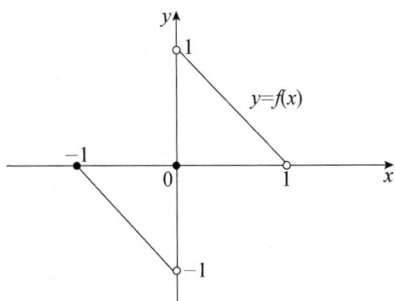
图 1.4

函数由解析式给出时，其定义域是使解析式有意义的一切自变量的值．为此，求函数的定义域时应遵守以下原则：

- 分式中分母不能为零；
- 偶次根式的被开方数非负；
- 对数函数中真数部分大于零；
- 反三角函数 $\arcsin x$，$\arccos x$，要满足 $|x|\leq 1$；
- 多个函数和、差、积、商后所形成的函数的定义域，应是这几个函数定义域的交集；
- 分段函数的定义域是各段定义域的并集.

②**显函数与隐函数**：若因变量 y 用自变量 x 的解析式直接表示出来，即等号一端只有 y，而另一端是 x 的表达式，这样的函数称为**显函数**．例如，$y=\sqrt{1-x^2}$，$y=\ln(x+1)$ 都是显函数.

若两个变量 x 与 y 之间的函数关系用方程 $F(x,y)=0$ 来表示，则称为**隐函数**．我们称方程 $F(x,y)=0$ 在区间 I 内确定了一个隐函数．例如 $3x+y-1=0$，$\mathrm{e}^{x+y}-xy=0$ 都是隐函数.

有的隐函数，可以从关系式 $F(x,y)=0$ 中解出 y 来，则表示为显函数．例如，由 $3x+y-1=0$ 解出 y，得显函数 $y=-3x+1$，把一个隐函数化成显函数的过程，称为“**隐函**

数的显化". 而多数隐函数却不能从关系式 $F(x,y)=0$ 中解出 y，因此不能表示为显函数，例如，$\mathrm{e}^{x+y}-xy=0$.

3. 反函数

很多问题都有相应的反问题，对函数 $y=f(x)$ 来说，给定自变量 x 的值去求因变量 y 的值很容易，直接将 x 的值代入函数表达式即可. 但有时实际问题中可能遇到已知函数 y 的值，而要求自变量 x 的对应取值. 为了方便研究，我们引入反函数的概念.

定义 1.3 设 $y=f(x)$ 是 x 的函数，其值域为 Z，如果对于 Z 中的每一个 y 值，都有一个确定的且满足 $y=f(x)$ 的 x 值与之对应，则得到一个定义在 Z 上的以 y 为自变量，x 为因变量的新函数，我们称之为 $y=f(x)$ 的**反函数**，记作 $x=f^{-1}(y)$. 习惯上，我们总是用 x 表示自变量，用 y 表示因变量，所以通常把 $x=f^{-1}(y)$ 改写为 $y=f^{-1}(x)$.

对于函数而言，**单调函数一定有反函数，而且单调增加（减少）函数的反函数也是单调增加（减少）的**. 若从几何图形看，一个函数当且仅当它的图形与任意一条水平直线至多相交一次时，才具有反函数. 如果函数在其定义域内不是单调的，则它没有反函数. 此时，我们可以限制自变量的取值范围，使得在这个范围内，函数具有单调性，从而求得此范围内的反函数. 例如，对于 $y=x^2$，在定义域内不单调，所以没有反函数. 但如果限制 $x\in[0,+\infty)$，则可得到反函数 $y=\sqrt{x}$；若限制 $x\in(-\infty,0]$，则可得到反函数 $y=-\sqrt{x}$.

在同一直角坐标系下，函数 $y=f(x)$ 与其反函数 $y=f^{-1}(x)$ 的图像关于直线 $y=x$ 对称.

由反函数的定义我们可以发现，函数 $y=f(x)$ 与 $y=f^{-1}(x)$ 互为反函数，且 $f^{-1}[f(x)]=x$，$f[f^{-1}(y)]=y$.

例 4 求 $y=2^{x-1}$ 的反函数.

解：由 $y=2^{x-1}$ 解得 $x=1+\log_2 y$，然后交换 x 和 y，得 $y=1+\log_2 x$. 即 $y=1+\log_2 x$ 是 $y=2^{x-1}$ 的反函数.

1.1.3　函数的特性

下面所讨论的函数的定义域都假设为 D.

1. 奇偶性

如果函数 $f(x)$ 的定义域 D 关于原点对称，若对于任意 $x\in D$ 都有 $f(-x)=f(x)$，则称函数 $f(x)$ 为**偶函数**；若对于任意 $x\in D$ 都有 $f(-x)=-f(x)$，则称函数 $f(x)$ 为**奇函数**.

关于函数的奇偶性，有以下结论：

（1）偶函数的图像关于 y 轴对称，奇函数的图像关于原点对称.

（2）判断一个函数是奇函数还是偶函数，首先要看它的定义域是否关于原点对称，然后再来判断它的奇偶性.

（3）奇（偶）函数的**运算性质**：

①奇函数的代数和仍是奇函数，偶函数的代数和仍是偶函数.

②奇数个奇函数的乘积是奇函数，偶数个奇函数的乘积是偶函数.

③偶函数与偶函数的乘积仍是偶函数，奇函数与偶函数的乘积是奇函数.

④奇函数和奇函数的复合是奇函数，奇函数与偶函数的复合是偶函数，偶函数与偶函数的复合是偶函数.

例 5　判断下列函数的奇偶性：

（1）$f(x) = \dfrac{\sin x}{x}$；

（2）$f(x) = \lg \dfrac{1-x}{1+x}$.

解：（1）函数 $f(x) = \dfrac{\sin x}{x}$ 的定义域为 $D = (-\infty, 0) \bigcup (0, +\infty)$，$D$ 关于原点对称. 任意取 $x \in D$，则 $-x \in D$ 有

$$f(-x) = \frac{\sin(-x)}{-x} = \frac{\sin x}{x} = f(x)$$

所以 $f(x) = \dfrac{\sin x}{x}$ 是偶函数.

（2）函数 $f(x) = \lg \dfrac{1-x}{1+x}$ 的定义域为 $D = (-1, 1)$，D 关于原点对称. 任意取 $x \in D$，则 $-x \in D$，有

$$f(-x) = \lg \frac{1+x}{1-x} = \lg \left(\frac{1-x}{1+x} \right)^{-1} = -\lg \frac{1-x}{1+x} = -f(x)$$

所以 $f(x) = \lg \dfrac{1-x}{1+x}$ 是奇函数.

2. 单调性

如果函数 $f(x)$ 在区间 I 内随 x 的增大而增大，即对于 I 内的任意两点 $x_1, x_2 \in I$，且当 $x_1 < x_2$ 时，有 $f(x_1) < f(x_2)$，则称函数 $f(x)$ 在区间 I 上是**单调增加**的；反之，当 $x_1 < x_2$ 时，有 $f(x_1) > f(x_2)$，则称函数 $f(x)$ 在区间 I 上是**单调减少**的.

例如，$f(x) = x^3$ 在区间 $(-\infty, +\infty)$ 是单调增加的；$f(x) = x^2 + 1$ 在区间 $[0, +\infty)$ 是单调增加的，在区间 $(-\infty, 0]$ 是单调减少的. 可见，函数的单调性一定要针对某个区间而言，同一函数在不同区间上的单调性有可能是不同的.

3. 周期性

对于函数 $f(x)$，如果存在一个常数 $T \neq 0$，对任意 $x \in D$，有 $x + T \in D$，且 $f(x+T) = f(x)$，则称函数 $f(x)$ 为**周期函数**，T 为函数的周期. 通常我们所说的周期函数的周期 T 是指满足上述条件的最小正周期.

例如：$y = \sin x$，$y = \cos x$ 都是以 2π 为周期的周期函数，$y = \tan x$，$y = \cot x$ 都是以 π

为周期的周期函数.

关于函数的周期性，我们有以下结论：

（1）若函数的周期为 T，则在每个长度为 T 的相邻区间上函数图象有相同形状.

（2）若函数的周期为 T，则 $nT(n\in\mathbf{Z})$ 也是函数的周期.

（3）若 $f(x)$ 的周期为 T，则函数 $f(ax+b)$ 的周期为 $\dfrac{T}{|a|}$，（$a,b\in\mathbf{R}$ 且 $a\neq 0$）.

牛 刀 小 试

1.1.2 求函数 $y=\cos(2x-3)$ 的周期.

4. 有界性

对于函数 $f(x)$，若存在正常数 M，在区间 $I\subseteq D$ 内，对任意 $x\in I$，对应的函数值均有 $|f(x)|\leqslant M$（可以没有等号），则称 $f(x)$ 在区间 I 内**有界**；如果不存在这样的正常数 M，则称函数 $f(x)$ 在区间 I 内**无界**.

例如，$y=\cos x$ 在 $(-\infty,+\infty)$ 内有界，$y=\dfrac{1}{x}$ 在 $(0,+\infty)$ 内无界；$y=x$ 在 $(-\infty,+\infty)$ 内无界，但在 $[-1,2]$ 上有界. 与单调性类似，函数的有界性也必须针对相应的区间而言，同一函数在不同区间上的有界性也可能不同.

常见的在整个定义域上有界的函数有 $y=\sin x$，$y=\cos x$，$y=\arctan x$，$y=\text{arccot}\,x$ 等.

1.1.4 初等函数

1. 基本初等函数

我们通常把幂函数、指数函数、对数函数、三角函数和反三角函数统称为基本初等函数. 它们的图像、性质如表 1.2 所示.

表 1.2

	函 数	定义域与值域	图 像	特 性
幂函数	$y=x$	$x\in(-\infty,+\infty)$ $y\in(-\infty,+\infty)$		奇函数 单调增加
	$y=x^2$	$x\in(-\infty,+\infty)$ $y\in[0,+\infty)$		偶函数 在 $(-\infty,0)$ 内单调减少 在 $(0,+\infty)$ 内单调增加

续表

	函　数	定义域与值域	图　　像	特　　性
幂函数	$y = x^3$	$x \in (-\infty, +\infty)$ $y \in (-\infty, +\infty)$		奇函数 单调增加
	$y = x^{-1}$	$x \in (-\infty, 0) \bigcup (0, +\infty)$ $y \in (-\infty, 0) \bigcup (0, +\infty)$		奇函数 单调减少
	$y = x^{\frac{1}{2}}$	$x \in [0, +\infty)$ $y \in [0, +\infty)$		单调增加
指数函数	$y = a^x (a > 1)$	$x \in (-\infty, +\infty)$ $y \in (0, +\infty)$		单调增加
	$y = a^x$ $(0 < a < 1)$	$x \in (-\infty, +\infty)$ $y \in (0, +\infty)$		单调减少
对数函数	$y = \log_a x$ $(a > 1)$	$x \in (0, +\infty)$ $y \in (-\infty, +\infty)$		单调增加
	$y = \log_a x$ $(0 < a < 1)$	$x \in (0, +\infty)$ $y \in (-\infty, +\infty)$		单调减少

续表

	函　数	定义域与值域	图　　像	特　性
三角函数	$y = \sin x$	$x \in (-\infty, +\infty)$ $y \in [-1, 1]$		奇函数，周期 2π，有界，在 $\left[2k\pi - \dfrac{\pi}{2}, 2k\pi + \dfrac{\pi}{2}\right]$ 内单调增加，在 $\left[2k\pi + \dfrac{\pi}{2}, 2k\pi + \dfrac{3\pi}{2}\right]$ 内单调减少
	$y = \cos x$	$x \in (-\infty, +\infty)$ $y \in [-1, 1]$		偶函数，周期 2π，有界，在 $[2k\pi, 2k\pi + \pi]$ 内单调减少，在 $[2k\pi + \pi, 2k\pi + 2\pi]$ 内单调增加
	$y = \tan x$	$x \neq k\pi + \dfrac{\pi}{2}(k \in \mathbf{Z})$ $y \in (-\infty, +\infty)$		奇函数，周期 π，在 $\left(k\pi - \dfrac{\pi}{2}, k\pi + \dfrac{\pi}{2}\right)$ 内单调增加
	$y = \cot x$	$x \neq k\pi \ (k \in \mathbf{Z})$ $y \in (-\infty, +\infty)$		奇函数，周期 π，在 $(k\pi, k\pi + \pi)$ 内单调减少
反三角函数	$y = \arcsin x$	$x \in [-1, 1]$ $y \in \left[-\dfrac{\pi}{2}, \dfrac{\pi}{2}\right]$		奇函数，单调增加，有界
	$y = \arccos x$	$x \in [-1, 1]$ $y \in [0, \pi]$		减调减少，有界

续表

	函 数	定义域与值域	图 像	特 性
反三角函数	$y = \arctan x$	$x \in (-\infty, +\infty)$ $y \in \left(-\dfrac{\pi}{2}, \dfrac{\pi}{2}\right)$		奇函数，单调增加，有界
	$y = \text{arccot}\, x$	$x \in (-\infty, +\infty)$ $y \in (0, \pi)$		单调减少，有界

学习笔记	视频
	正弦函数和余弦函数　常数函数和幂函数 指数函数和对数函数(1)　指数函数和对数函数(2)

三角函数中还有正割函数 $y = \sec x$ 和余割函数 $y = \csc x$，其中 $\sec x = \dfrac{1}{\cos x}$，$\csc x = \dfrac{1}{\sin x}$，且 $\sec^2 x = \tan^2 x + 1$，$\csc^2 x = \cot^2 x + 1$。

2. 复合函数

先看一个例子，设 $y = \sin u$，$u = x^2$，对任意 $x \in \mathbf{R}$ 有 $u = x^2 \in [0, +\infty)$，又通过 $y = \sin u$，得到 $y = \sin x^2 \in [-1, 1]$，即通过中间变量 u，从而构成 y 是 x 的函数，于是称 $y = \sin x^2$ 是 $y = \sin u$ 和 $u = x^2$ 的复合函数。由此我们看到，通过复合的方法可以产生一个新函数。这类函数是我们在今后的学习中经常遇到的，下面给出复合函数的定义。

定义 1.4 设有两个函数 $y = f(u), u = \varphi(x)$，且 $\varphi(x)$ 的值域与 $f(u)$ 的定义域的交集非空，那么 y 通过 u 的作用成为 x 的函数，于是我们称 $y = f[\varphi(x)]$ 是由函数 $y = f(u)$ 及函数 $u = \varphi(x)$ 复合而成的**复合函数**，u 称为中间变量。

实际问题中，经常出现复合函数。例如，做自由落体运动的物体，其动能 $E = \dfrac{1}{2}mv^2$ 及速度 $v = gt$，于是它们所构成的复合函数是 $E = \dfrac{1}{2}mg^2t^2$。

例 6 设 $f(x) = x^3 - x$，$\varphi(x) = \sin 2x$，求 $f[\varphi(x)]$ 和 $\varphi[f(x)]$.

解： 由复合函数的定义可知

$$f[\varphi(x)] = (\sin 2x)^3 - \sin 2x，$$

$$\varphi[f(x)] = \sin 2(x^3 - x)．$$

例 7 设 $f(x) = \begin{cases} 2x+3, & x \le 0, \\ 2^x, & x > 0, \end{cases}$ 求：$f(-1)$，$f(0)$ 及 $f[f(-1)]$.

解： $f(-1) = 2 \times (-1) + 3 = 1$，

$f(0) = 2 \times 0 + 3 = 3$，

$f[f(-1)] = f(1) = 2^1 = 2$．

例 8 下列复合函数是由哪些基本初等函数或简单初等函数复合而成的？

（1）$y = \arcsin(\ln x)$；

（2）$y = \sin^2(3x+1)$；

（3）$y = \ln(\tan e^{x^2 + 2\sin x})$．

例 8 讲解

解： （1）外层是反正弦函数，即 $y = \arcsin u$，内层是对数函数，即 $u = \ln x$．所以 $y = \arcsin(\ln x)$ 是由 $y = \arcsin u$、$u = \ln x$ 复合而成的．

（2）最外层是幂函数，即 $y = u^2$，从外向里第二层是正弦函数，即 $u = \sin v$，最内层是多项式函数，即 $v = 3x+1$．所以 $y = \sin^2(3x+1)$ 是由 $y = u^2$、$u = \sin v$、$v = 3x+1$ 复合而成的．

（3）最外层是对数函数，即 $y = \ln u$，次外层是正切函数，即 $u = \tan v$，从外向里第三层是指数函数，即 $v = e^w$，最里层是简单初等函数，即 $w = x^2 + 2\sin x$．所以，$y = \ln(\tan e^{x^2 + 2\sin x})$ 是由 $y = \ln u$、$u = \tan v$、$v = e^w$、$w = x^2 + 2\sin x$ 复合而成的．

需要注意的是：

（1）并不是任意两个函数都可以复合成一个复合函数．如 $y = \sqrt{u-2}$，$u = \sin x$ 在实数范围内就不能进行复合．这是因为 $u = \sin x$ 在其定义域 $(-\infty, +\infty)$ 中任何 x 的值对应的 u 值都小于 2，它们都不能使 $y = \sqrt{u-2}$ 有意义．因此，两函数 $y = f(u), u = \varphi(x)$ 能复合的充要条件是：**内函数 $u = \varphi(x)$ 的值域与外函数 $y = f(u)$ 的定义域的交集非空**．

（2）复合函数的复合过程是由内到外，函数"套"函数而成的；分解复合函数时，是采取由外到内、层层分解的办法，将复合函数拆分成若干基本初等函数或基本初等函数的四则运算的函数（**简单初等函数**）．

3. 初等函数

定义 1.5 由常数和基本初等函数经过**有限次**的四则运算和复合构成的且能用一个式子表示的函数，称为**初等函数**.

例如，$y = 2x^2 - 1$，$y = \sin\dfrac{1}{x}$，$y = \ln\left(x + \sqrt{x^2+1}\right)$ 及前面我们见过的很多函数都是初等函数. 高等数学中讨论的函数绝大多数都是初等函数.

但需要注意的是，分段函数一般不是初等函数.

函数 $f(x) = 1 + x + \dfrac{x^2}{2!} + \dfrac{x^3}{3!} \cdots + \dfrac{x^n}{n!} + \cdots$ 也不是初等函数.

习题 1.1

1. 用区间表示满足下列不等式的集合：

（1）$|x-1| \leqslant 3$；　　　　　（2）$|x-2| \geqslant 3$；　　　　（3）$x^2 - 2x - 3 < 0$.

2. 点 a 的空心邻域与点 a 的邻域有何区别？

3. 求下列函数的定义域：

（1）$y = \dfrac{x+1}{\sqrt{x-x^2}}$；　　　　　　　（2）$y = \ln\dfrac{1-x}{1+x}$；

（3）$y = \arccos\dfrac{1}{x}$；　　　　　　（4）$f(x) = \begin{cases} 0, & -1 \leqslant x < 2, \\ (x-2)^2, & 2 \leqslant x < 3. \end{cases}$

习题 1.1 第 2 题讲解

4. 求下列函数的值：

（1）设 $f(x) = \mathrm{e}^{\sin x^2}$，求：$f(0)$，$f\left(\sqrt{\dfrac{\pi}{2}}\right)$，$f[f(0)]$；

（2）设 $f(x) = \begin{cases} x^2, & x \leqslant 0, \\ x - 4, & x > 0, \end{cases}$ 求：$f(0)$，$f(-1)$，$f(2)$，$f[f(\mathrm{e}+2)]$.

5. 下列函数是否相同，为什么？

（1）$f(x) = |x|$，$g(x) = \begin{cases} x, & x \geqslant 0, \\ -x, & x < 0 \end{cases}$；

（2）$f(x) = x + 1$，$g(x) = \dfrac{x^2-1}{x-1}$.

6. 判断下列函数的奇偶性：

（1）$y = \sin^2 x \cos x$；　　　　　　（2）$y = \ln\left(x + \sqrt{x^2+1}\right)$.

7. 设 $f(x) = 1 - x^2$，$\varphi(x) = \cos x$，求：$f[\varphi(x)]$ 和 $\varphi[f(x)]$.

8. 写出下列各函数的复合过程：

（1）$y = \arctan x^2$；　　　　　　（2）$y = \mathrm{e}^{\cos^2 x}$；

8（1）讲解

（3） $y = (1 + \ln x)^3$ ； （4） $y = \ln \sqrt{x + \sin x}$ ．

§1.2 函数的极限

通过函数一节的学习，大家已经熟悉了函数的概念和函数值的计算问题．但是，在客观世界中，还有大量问题需要我们研究当自变量无限接近某个常数或某个"目标"时，函数是否无限趋近于某一确定的值．这就需要极限的概念和方法．

函数概念刻画了变量之间的关系，而极限概念着重刻画变量的变化趋势．极限是学习微积分的基础和工具．

1.2.1 数列的极限

因为无穷数列 $x_1, x_2, \cdots, x_n \cdots$ 可以看作自变量为正整数 n 的函数 $f(n)$ ，其中 $f(n) = x_n$ ，因此，数列的极限是一类特殊函数的极限，为了便于学习函数极限，我们先通过引例来研究数列的极限．

1. 极限的探究

思政之窗

引例：圆面积的计算方法

早期在很长一段时间里，人们一直试图采用各种方法去近似计算圆的面积．我国古代魏晋时期的数学家刘徽在著《九章算术》时，提出了"割圆术"的方法，即用圆的内接或外切多边形穷竭的方法求圆面积和圆周长．

数列的极限及引例

求圆面积的方法为：如图1.5所示，先作圆的内接正三边形，把它的面积记为 A_1 ，再作圆的内接正六边形，其面积记为 A_2 ，再作圆的内接正十二边形，其面积记为 A_3 ，…，照此下去，把圆的内接正 $3 \times 2^{n-1}$ 边形的面积记为 A_n ，从而得到一数列 A_1 ， A_2 ， A_3 ，…， A_n ，…．

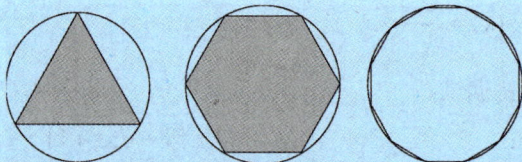

图1.5

从图形上不难看出，随着圆内接正多边形边数的增加，圆内接正多边形的面积与圆的面积越来越接近．可以想象：当边数 n 无限增大时，内接正 $3 \times 2^{n-1}$ 边形的面积 A_n 会无

限接近圆的面积 A．刘徽称"割之弥细，所失弥少，割之弥割，以至于不可割，则与圆周合体而无所失矣"．"割圆术"反映了古人初步的极限思想．它通过不断倍增圆内接正多边形的边数求出圆周率的方法，为计算圆周率建立了严密的理论和完善的算法．

数学发展到南北朝时期，我国数学家祖冲之在刘徽"割圆术"的基础上进行了深入研究，求出的圆周率精确到了小数点后 7 位，为世界数学史和文明史做出了伟大的贡献．这两位古代数学家是我们中华民族的骄傲！

2. 数列极限的定义

结合上述引例，为刻画随着项数的增大，数列的值无限趋近于某个常数的这种变化趋势，下面引入数列极限的概念．

定义 1.6　对于数列 $\{x_n\}$，若当项数 n 无限增大时，数列中的项 x_n 无限趋近于一个确定的常数 A，则称 A 为数列 $\{x_n\}$ 的极限，记作

$$\lim_{n \to \infty} x_n = A \quad 或 \quad x_n \to A \, (n \to \infty).$$

其中上式中的"$\to$"读作"趋于"．若数列 $\{x_n\}$ 有极限，则称数列 $\{x_n\}$ 是**收敛**的；若数列 $\{x_n\}$ 没有极限，则称数列 $\{x_n\}$ 是**发散**的．

例 1　观察下列数列是否有极限：

例 1 讲解

（1）$\dfrac{1}{2}, \dfrac{1}{4}, \dfrac{1}{8}, \dfrac{1}{16}, \cdots, \dfrac{1}{2^n}, \cdots$；

（2）$2, 2, 2, \cdots, 2, \cdots$；

（3）$2, 4, 6, 8, \cdots, 2n, \cdots$；

（4）$1, \dfrac{1}{2}, 1, \dfrac{1}{4}, \cdots, 1, \dfrac{1}{2n}, \cdots$；

（5）$-1, 1, -1, 1, \cdots, (-1)^n, \cdots$；

（6）$2, \dfrac{1}{2}, \dfrac{4}{3}, \dfrac{3}{4}, \cdots, 1 + (-1)^{n-1} \dfrac{1}{n}, \cdots$．

解：（1）随着 n 的无限增大，该数列的通项 $x_n = \dfrac{1}{2^n}$ 无限趋近于 0，所以 $\lim\limits_{n \to \infty} \dfrac{1}{2^n} = 0$．

（2）随着 n 的无限增大，该数列的通项 x_n 恒等于 2，所以该数列的极限为 2．

（3）随着 n 的无限增大，该数列的通项 $x_n = 2n$ 无限增大，不能无限接近一个常数，所以 $\lim\limits_{n \to \infty} 2n$ 不存在．这种数列虽然没有极限，但有确定的变化趋势，我们可以借用极限记法表示它的变化趋势．记作

$$\lim_{n \to \infty} 2n = +\infty.$$

（4）该数列中，随着 n 的无限增大，奇数项恒等于 1，而偶数项无限趋近于 0，因此通项 x_n 不可能无限趋近于一个常数，所以 $\lim\limits_{n \to \infty} x_n$ 不存在．

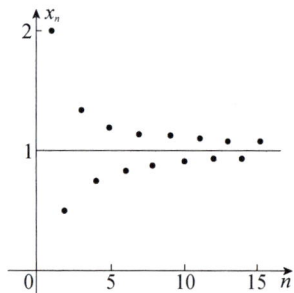

图 1.6

（5）该数列中，$x_{2n-1} \equiv -1$，$x_{2n} \equiv 1$．随着 n 的无限增大，奇数项 x_{2n-1} 恒等于 -1，而偶数项 x_{2n} 恒等于 1，因此通项 x_n 不可能无限趋近于一个常数，所以 $\lim\limits_{n\to\infty} x_n$ 不存在．

（6）随着 n 的无限增大，如图 1.6 所示，该数列的通项 $x_n = 1 + (-1)^{n-1}\dfrac{1}{n}$ 无限趋近于 1，所以

$$\lim_{n\to\infty}\left[1+(-1)^{n-1}\frac{1}{n}\right]=1.$$

例 2 观察下列数列的变化趋势，根据定义写出它们的极限：

（1）$x_n = 3 + \dfrac{1}{n^2}$；
  （2）$x_n = (-1)^n \dfrac{1}{3^n}$；

（3）$x_n = \sqrt[n]{4}$；
  （4）$x_n = \dfrac{1}{2}$．

解： 根据数列极限的定义，容易看出

（1）$\lim\limits_{n\to\infty}\left(3+\dfrac{1}{n^2}\right)=3$；
  （2）$\lim\limits_{n\to\infty}(-1)^n\dfrac{1}{3^n}=0$；

（3）$\lim\limits_{n\to\infty}\sqrt[n]{4}=1$；
  （4）$\lim\limits_{n\to\infty}\dfrac{1}{2}=\dfrac{1}{2}$．

还有若干重要极限，我们列举如下：

（1）$\lim\limits_{n\to\infty}\dfrac{1}{n^\alpha}=0\ (\alpha>0)$；
  （2）$\lim\limits_{n\to\infty}q^n=0\ \ (|q|<1)$；

（3）$\lim\limits_{n\to\infty}\sqrt[n]{a}=1\ (a>1)$；
  （4）$\lim\limits_{n\to\infty}C=C\ \ (C\text{ 为常数})$．

思政之窗

　　我国战国时期的哲学家周庄在他所著的《庄子·天下篇》中有这样一句话："一尺之棰，日取其半，万世不竭."意思是：一根一尺长的木棒，每天截去其长度的一半，总会剩下一半，再截去剩下的这一半的一半，…，如此这样，可以无限地截下去．这句话体现出我国古代人民对无穷的认识水平，我国人民很早就创造性地将极限思想运用到数学之中，对极限思想的提出比西方早了 500 多年，我国古代数学所取得的成就是无比辉煌、伟大的．

1.2.2　函数的极限

　　在各类工程和社会生活中，我们常需要考虑如下问题：物体温度的变化趋势，某一种群数量的变化趋势等，而这些现象都涉及函数的极限问题．

　　前面我们给出了定义于正整数集合上的特殊函数"数列"的极限，现在我们沿着数列极限的思路，讨论定义于实数集合上的函数 $y=f(x)$ 的极限．根据自变量不同的变化趋势，

分别给出函数极限的定义.

1. 当 $x \to \infty$ 时，函数 $f(x)$ 的极限

引例 1　水温的变化趋势

将一盆 90℃ 的热水放在一间室温恒为 20℃ 的房间里，水温 T 将逐渐降低，随着时间 t 的无限推移（$t \to \infty$），水温 T 会越来越接近室温 20℃（$T \to 20$）.

引例 2　自然保护区中动物数量的变化规律

我国为保护野生动物，在某地建立了一个自然保护区，在这个保护区内生长着一群野生动物. 起初，该自然保护区内的动物群体数量 N 会逐渐增长，但随着时间 t 的无限推移，由于自然保护区内各种资源的限制，这一动物群体数量 N 不可能无限地增大，它应达到某一种相对饱和的状态（例如，$N \to 1000$），如图 1.7 所示，所谓的饱和状态是指当时间 $t \to \infty$ 时，最终野生动物的数量 N 基本趋近于某个常数.

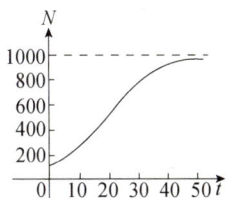

图 1.7

这两个问题都有一个共同的特征：当自变量无限增大时，相应的函数值趋近于某一常数.

自变量 x 趋向无穷大，可以分为以下三种情形：

（1）$x \to +\infty$，它表示 x 趋向于正无穷大，即 $x > 0$，且 x 无限增大的过程.

（2）$x \to -\infty$，它表示 x 趋向于负无穷大，即 $x < 0$，且 $-x$ 无限增大的过程.

（3）$x \to \infty$，它表示 x 趋向于无穷大，即 x 既取正值又取负值，且 $|x|$ 无限增大的过程.

我们先考察在自变量 $x \to \infty$ 时，反比例函数 $f(x) = \dfrac{1}{x}$ 的变化情况. 如图 1.8 所示，由图像可以看出，x 轴是该曲线的一条渐近线，也就是说当自变量 x 的绝对值无限增大时，相应的函数值 y 无限趋近于常数 0，我们就说：当 $x \to \infty$ 时，函数 $y = \dfrac{1}{x}$ 的极限是 0.

由此我们给出 $x \to \infty$ 时，函数极限的定义.

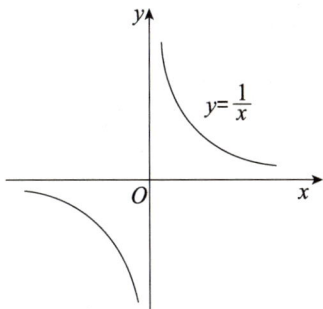

图 1.8

定义 1.7　设有常数 $M > 0$，当 $|x| > M$ 时，函数 $f(x)$ 有定义，当自变量的绝对值 $|x|$ 无限增大时，相应的函数值 $f(x)$ 无限趋近于一个确定的常数 A，则称 A 为当 $x \to \infty$ 时 $f(x)$ 的极限，记为

$$\lim_{x \to \infty} f(x) = A \quad \text{或} \quad f(x) \to A \ (x \to \infty).$$

根据定义 1.7 可知，当 $x \to \infty$ 时，$f(x) = \dfrac{1}{x}$ 的极限是 0，可记为

$$\lim_{x \to \infty} \frac{1}{x} = 0.$$

例 1 讨论当 $x \to \infty$ 时，函数 $f(x) = \dfrac{3x+1}{x}$ 的极限．

解：由于 $\dfrac{3x+1}{x} = 3 + \dfrac{1}{x}$，且当 $x \to \infty$ 时，$\dfrac{1}{x} \to 0$，所以当 $x \to \infty$ 时，$3 + \dfrac{1}{x} \to 3$，因此

$$\lim_{x \to \infty} \frac{3x+1}{x} = 3 .$$

例 2 讨论当 $x \to \infty$ 时，函数 $f(x) = \sin x$ 的极限．

解：由 $f(x) = \sin x$ 的图像（见图 1.9）和周期性可得：当 $x \to \infty$ 时，函数 $f(x) = \sin x$ 的值在 -1 和 $+1$ 之间无休止地来回摆动，不趋向任何定数，即该函数当 $x \to \infty$ 时没有极限．

下面我们再来研究 $x \to +\infty$ 和 $x \to -\infty$ 时函数的变化趋势．我们考察反正切函数 $f(x) = \arctan x$ 的图像，如图 1.10 所示．

当 $x \to +\infty$ 时，函数 $f(x) = \arctan x$ 的值无限趋近于常数 $\dfrac{\pi}{2}$；而当 $x \to -\infty$ 时，函数 $f(x) = \arctan x$ 的值无限趋近于常数 $-\dfrac{\pi}{2}$．对于函数的这种变化趋势，我们给出如下的定义．

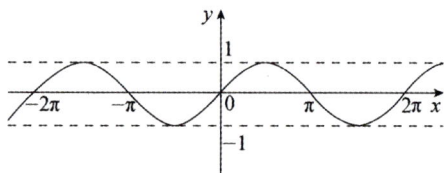

图 1.9

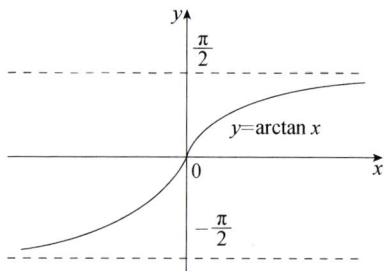

图 1.10

定义 1.8 设有常数 $M > 0$，函数 $f(x)$ 在 $x > M$（或 $-x > M$）上有定义，当 x（或 $-x$）无限增大时，相应的函数值 $f(x)$ 无限趋近于一个确定的常数 A，则称 A 为 $x \to +\infty$（或 $x \to -\infty$）时 $f(x)$ 的极限，记为

$$\lim_{x \to +\infty} f(x) = A \quad (\text{或} \lim_{x \to -\infty} f(x) = A),$$

也可记为

$$f(x) \to A \ (x \to +\infty) \quad (\text{或} f(x) \to A \ (x \to -\infty)) .$$

根据定义 1.8，可得：$\lim\limits_{x \to +\infty} \arctan x = \dfrac{\pi}{2}$，$\lim\limits_{x \to -\infty} \arctan x = -\dfrac{\pi}{2}$．

思政之窗

　　极限是微积分学的重要研究工具，描述的是运动变化的过程．极限思想是用辩证的思想研究问题，函数极限存在的思想精髓就是在自变量的某一变化过程中，函数最终能无限逼近一个确定的值．这个极限值正如我们最初树立的理想和目标，我们在成长之路上，应该不忘初心，砥砺前行，永不停息，方得始终．

牛 刀 小 试

1.2.1 考察当 $x \to -\infty$ 和 $x \to +\infty$ 时，$y = e^x$ 的极限.

由 $x \to \infty, x \to +\infty, x \to -\infty$ 时，函数 $f(x)$ 的极限定义，我们可以得到下面的重要定理.

定理 1.1 $\lim\limits_{x \to \infty} f(x) = A$ 的充分必要条件是 $\lim\limits_{x \to +\infty} f(x) = \lim\limits_{x \to -\infty} f(x) = A$.

通过这个定理，对于有些函数 $f(x)$，我们可以通过分别求 $\lim\limits_{x \to +\infty} f(x)$ 和 $\lim\limits_{x \to -\infty} f(x)$ 的极限，来判断 $\lim\limits_{x \to \infty} f(x)$ 的极限是否存在，若存在，结果是多少.

例 3 讨论当 $x \to \infty$ 时，下列函数的极限：

（1）$f(x) = 2^{-x}$. （2）$f(x) = e^{\frac{1}{x}}$.

解：（1）因为 $f(x) = 2^{-x} = \left(\dfrac{1}{2}\right)^x$，

当 $x \to +\infty$ 时，$\left(\dfrac{1}{2}\right)^x \to 0$；当 $x \to -\infty$ 时，$\left(\dfrac{1}{2}\right)^x \to +\infty$.

所以 $\lim\limits_{x \to +\infty} 2^{-x} = 0$，$\lim\limits_{x \to -\infty} 2^{-x}$ 不存在.

因此，由定理 1.1 可知，$\lim\limits_{x \to \infty} 2^{-x}$ 不存在.

（2）因为当 $x \to +\infty$ 时，$\dfrac{1}{x} \to 0$；当 $x \to -\infty$ 时，$\dfrac{1}{x} \to 0$.

所以 $\lim\limits_{x \to -\infty} e^{\frac{1}{x}} = \lim\limits_{x \to +\infty} e^{\frac{1}{x}} = e^0 = 1$.

因此，由定理 1.1 可知，$\lim\limits_{x \to \infty} e^{\frac{1}{x}} = 1$.

2. 当 $x \to x_0$ 时，函数 $f(x)$ 的极限

自变量 x 变化的另一种重要形式是 x 无限趋近于某个定点 x_0，有时我们需要研究函数在自变量的这种变化过程中的函数的变化趋势. 先看一个引例.

引例 3　人影长度

若一个人从 B 点沿着直线（BO）走向目标——路灯（OA）正下方的那一点 O，如图 1.11 所示. 由常识我们知道，此人越靠近目标，其影子长度 y 越短，当人越来越接近目标（$x \to 0$）时，其影子长度也趋近于 0（$y \to 0$）.

由图中的比例关系，可以得到：$\dfrac{y}{x} = \dfrac{h}{H-h}$，即 $y = \dfrac{xh}{H-h}$，由函数关系也可以看出，当 $x \to 0$ 时，其影子长度 $y \to 0$.

此例中，当自变量无限趋近于某个定点时，函数无限趋近于某个确定的值.

自变量 x 趋向定点 x_0，可以分为以下三种情形：

（1）$x \to x_0^-$，它表示 $x < x_0$，且 x 从左侧趋向于 x_0；

（2）$x \to x_0^+$，它表示 $x > x_0$，且 x 从右侧趋向于 x_0；

（3）$x \to x_0$，它表示 $x \to x_0^-$ 和 $x \to x_0^+$ 同时发生，即 x 从左、右两侧同时趋向于 x_0．

在自变量 x 的上述三种变化过程中，**x 无限趋近于 x_0，但并不等于 x_0．**

下面我们考察当 $x \to 1$ 时，函数 $f(x) = x + 1$ 的变化情况，如图 1.12 所示．由图可以看出，当 x 从定点 1 的左、右两侧同时趋近于 1 时，函数 $f(x) = x + 1$ 的值沿着直线无限趋近于常数 2，对于函数的这种变化趋势，有下面的定义．

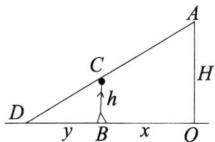
图 1.11

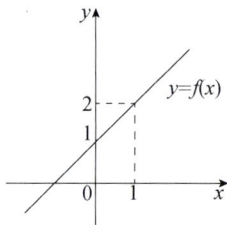
图 1.12

定义 1.9 设函数 $f(x)$ 在 x_0 的某一去心邻域 $\overset{\circ}{U}(x_0, \delta)$ 内有定义，当自变量 x 在 $\overset{\circ}{U}(x_0, \delta)$ 内与 x_0 无限接近时，相应的函数的值无限趋近于某个常数 A（见图 1.13），则称 A 为 $x \to x_0$ 时，函数 $f(x)$ 的极限，记作

$$\lim_{x \to x_0} f(x) = A \quad 或 \quad f(x) \to A \ (x \to x_0) .$$

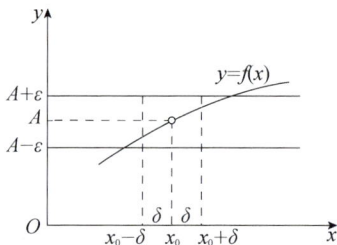
图 1.13

根据定义 1.9，上面的极限可记为：$\lim_{x \to 1}(x + 1) = 2$．

由极限的定义，显然有（1）$\lim_{x \to x_0} C = C$（C 为常数）； （2）$\lim_{x \to x_0} x = x_0$．

思政之窗

　　我们高职数学教材上呈现的极限的定义，虽是描述性的定义，不是严格的数学定义，但它准确地反映了极限所描述的过程和研究的内容，它是成熟的，也是经过历史打磨的，还是可以作为知识传播的．

　　极限定义的产生过程相当之长，无论是从我国古代《庄子·天下篇》中的极限思想"一尺之棰，日取其半，万世不竭"，还是从古希腊哲学家对于"不可再分"这一想法的不断思考开始，一直到如今标准的极限定义（严格的数学定义），整个过程的时间跨度有两千多年. 在这两千多年里, 有无数的数学天才在为"极限"这一思想贡献智慧, 这简练的、短短几行的极限定义是千百年来无数思想家和数学家智慧的结晶, 蕴藏着巨大的力量, 而数学家们的求知、求真、努力、创新、坚持……这一系列亘古不变的美好品质就是这力量的源泉.

微积分就是从"无限细分"这样朴素的想法发展为准确的极限定义的, 然后依靠这个定义撑起了微积分的学科体系. 极限的定义就像一颗种子, 虽然很小, 但蕴含的内容足以成长成微积分整个学科体系这棵参天大树. 极限概念的学习, 让我们体会到支撑我们走向强大的力量, 往往是看似渺小却内含巨大能量的事物. 它虽然微小或简单, 但却精练、蕴含能量, 让我们走得远、走得久、走成坚不可摧的体系.

例 4　讨论当 $x \to 1$ 时, 函数 $f(x) = \dfrac{x^2 - 1}{x - 1}$ 的极限.

解: 如图 1.14 所示, 该函数图像与 $g(x) = x + 1$ 的不同之处, 就在于函数 $f(x)$ 在 $x = 1$ 处没有定义. 由于在 $x \to 1$ 的变化过程中 $x \neq 1$, 因此

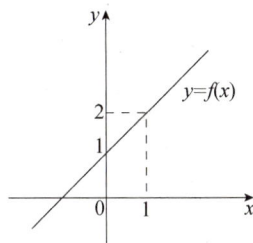

图 1.14

$$f(x) = \frac{x^2 - 1}{x - 1} = \frac{(x+1)(x-1)}{x-1} = x + 1.$$

所以, 当 $x \to 1$ 时, 函数 $f(x)$ 的对应值也趋近于常数 2, 即 $f(x)$ 以 2 为极限. 记作

$$\lim_{x \to 1} \frac{x^2 - 1}{x - 1} = \lim_{x \to 1}(x + 1) = 2.$$

由上面的两个例子可以看出, 在定义 $\lim\limits_{x \to x_0} f(x)$ 时, 函数 $f(x)$ 在点 x_0 处可以有定义, 也可以没有定义; $\lim\limits_{x \to x_0} f(x)$ **是否存在, 与函数 $f(x)$ 在点 x_0 处有没有定义及有定义时其值是多少都毫无关系.** 如图 1.15 所示, 图(a)中, $y = f(x)$ 在点 $x = x_0$ 处没有定义. 图(b)中, $y = f(x)$ 在点 $x = x_0$ 处虽然有定义, 但值不为 A. 这两个图中, 当 $x \to x_0$ 时, 函数 $f(x)$ 的极限都为 A. 在图(c)中, 在 $x = x_0$ 点左右两侧函数 $f(x)$ 变化趋势不一致, 因此当 $x \to x_0$ 时, 函数 $f(x)$ 的极限不存在.

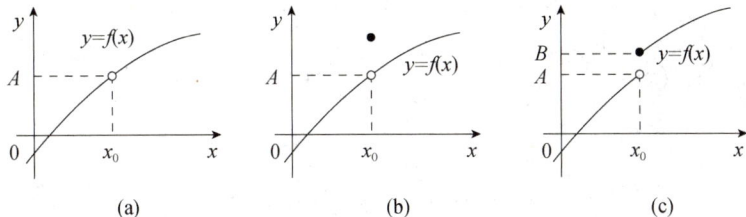

(a)　　　　　(b)　　　　　(c)

图 1.15

由前面例 2 我们可以得出：当 $x \to \infty$ 时，函数 $f(x) = \sin x$ 的极限不存在．下面我们探讨一下当 $x \to 0$ 时，函数 $f(x) = \sin x$ 的极限．

例 5 讨论当 $x \to 0$ 时，函数 $f(x) = \sin x$ 的极限．

解： 由 $f(x) = \sin x$ 的图像（见图 1.9）可得：当 $x \to 0$ 时，函数 $f(x) = \sin x$ 的值从原点的左右两侧无限趋近于零，因此，当 $x \to 0$ 时，函数 $f(x) = \sin x$ 的极限为零，即 $\lim\limits_{x \to 0} \sin x = 0$．

同理，我们还可以求得 $\lim\limits_{x \to 0} \cos x = 1$，$\lim\limits_{x \to 0} \tan x = 0$．

有些函数在其定义域上的某些点，左侧与右侧所用的解析式不同（如分段函数的分段点），或函数仅在某一点的一侧有定义（如在其有定义的区间端点上），这时，函数在这样的点上的极限问题只能单侧地加以讨论．

由此，我们给出当 $x \to x_0^-$ 或 $x \to x_0^+$ 时，函数**单侧极限**的定义．

定义 1.10 设在 x_0 的某个左半邻域（$x_0 - \delta, x_0$）（或者右半邻域（$x_0, x_0 + \delta$））内函数 $f(x)$ 有定义，且当自变量 x 在此半邻域内与 x_0 无限接近时，相应的函数值 $f(x)$ 无限趋近于一个确定的常数 A，则称 A 为函数 $f(x)$ 在 x_0 处的**左极限**（或**右极限**），记作

$$\lim_{x \to x_0^-} f(x) = A \quad (\text{或} \lim_{x \to x_0^+} f(x) = A).$$

定理 1.2 $\lim\limits_{x \to x_0} f(x) = A$ 的充分必要条件是 $\lim\limits_{x \to x_0^-} f(x) = \lim\limits_{x \to x_0^+} f(x) = A$．

由定义 1.10 及定理 1.2 得，图 1.15(c)中，$\lim\limits_{x \to x_0^-} f(x) = A$，$\lim\limits_{x \to x_0^+} f(x) = B$，但由于 $A \neq B$，所以 $\lim\limits_{x \to x_0} f(x)$ 不存在．因此，定理 1.2 给出了通过求某点处的左、右极限来讨论该点极限是否存在的方法．尤其是对于分段点左右两侧函数表达式不同的分段函数，讨论分段点的极限时，此定理有广泛的应用．

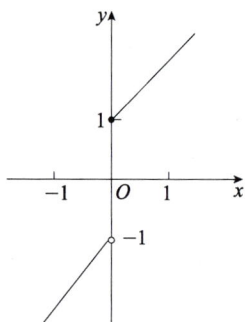

图 1.16

例 6 设函数 $f(x) = \begin{cases} x-1, & x < 0, \\ x+1, & x \geqslant 0, \end{cases}$ 讨论 $x \to 0$ 时的极限．

解： 因为
$$\lim_{x \to 0^-} f(x) = \lim_{x \to 0^-} (x-1) = -1,$$
$$\lim_{x \to 0^+} f(x) = \lim_{x \to 0^+} (x+1) = 1,$$

所以 $\lim\limits_{x \to 0^-} f(x) \neq \lim\limits_{x \to 0^+} f(x)$．（如图 1.16 所示）

由定理 1.2 可知，极限 $\lim\limits_{x \to 0} f(x)$ 不存在．

例 7 设函数 $f(x) = \begin{cases} \cos x + a, & x \leqslant 0, \\ 2x-3, & x > 0, \end{cases}$ 且 $\lim\limits_{x \to 0} f(x)$ 存在，求 a 的值．

解：
$$\lim_{x \to 0^-} f(x) = \lim_{x \to 0^-} (\cos x + a) = 1 + a;$$
$$\lim_{x \to 0^+} f(x) = \lim_{x \to 0^+} (2x-3) = -3.$$

由定理 1.2 可知，因为 $\lim\limits_{x \to 0} f(x)$ 存在，所以 $\lim\limits_{x \to 0^-} f(x) = \lim\limits_{x \to 0^+} f(x)$，

即 $1+a=-3$ ，所以 $a=-4$.

牛 刀 小 试

1.2.2 设函数 $f(x)=|x|$ ，画出它的图像，并讨论：当 $x \to 0$ 时，该函数在 $x=0$ 处的极限是否存在.

习题 1.2

1. 通过观察下列数列的变化趋势，对收敛数列写出它们的极限：

（1） $x_n = \dfrac{2}{n^2}$ ；

（2） $x_n = \dfrac{n-(-1)^n}{n}$ ；

（3） $x_n = \dfrac{3}{3^n}$ ；

（4） $x_n = (-1)^n n$.

2. 写出下列函数的极限：

（1） $\lim\limits_{x \to 1}(x^2+2)$ ；

（2） $\lim\limits_{x \to \frac{\pi}{4}} \sin x$ ；

（3） $\lim\limits_{x \to e} \ln x$ ；

（4） $\lim\limits_{x \to +\infty} 3^{-x}$.

3. （1）设函数 $f(x) = \begin{cases} 2^x, & x \leqslant 0, \\ \left(\dfrac{1}{2}\right)^x, & x > 0, \end{cases}$ 求 $\lim\limits_{x \to -\infty} f(x)$ ； $\lim\limits_{x \to +\infty} f(x)$ ； $\lim\limits_{x \to \infty} f(x)$.

（2）设函数 $h(x) = \begin{cases} e^x, & x < 0, \\ 1, & x = 0, \\ \cos x, & x > 0, \end{cases}$ 求 $\lim\limits_{x \to 0^-} h(x)$ ； $\lim\limits_{x \to 0^+} h(x)$ ； $\lim\limits_{x \to 0} h(x)$.

3（2）题讲解

4. 设函数 $f(x) = \begin{cases} 2x+1, & x \neq 0, \\ 0, & x = 0, \end{cases}$ 求 $\lim\limits_{x \to 0} f(x)$.

5. 设 $f(x) = e^{\frac{1}{x}}$ ，讨论 $\lim\limits_{x \to 0} f(x)$ 是否存在.

6. 单项选择题：

（1）函数 $f(x)$ 在点 x_0 处有定义是它在该点处存在极限的（　　　）.

A. 必要非充分条件

B. 充分非必要条件

C. 充分必要条件

D. 无关条件

（2） $\lim\limits_{x \to 1} \dfrac{|x-1|}{x-1}$ 的值（　　　）.

A. 等于 -1

B. 等于 1

C. 等于 ∞

D. 不存在

§1.3　无穷小与无穷大

在自变量的一定变化趋势下（如 $x\to\infty, x\to x_0$），函数 $f(x)$ 的极限可能存在，也可能不存在，其中有两种特殊的情况：一种是函数的绝对值"无限变小"；一种是函数的绝对值"无限变大"．下面就这两种特殊情况加以研究．

1.3.1　无穷小

1. 无穷小的定义

在实际问题中，我们常会遇到一些变量，它们的变化趋势无限趋近于零．比如，在用刘徽的"割圆术"求圆面积的过程中，当边数无限增大时，圆面积与内接正多边形面积之差无限趋近于零．又如，单摆离开铅直位置而摆动，由于空气阻力和机械摩擦力的作用，它的振幅随着时间的增加而逐渐减少，并无限趋近于零．为了方便研究这类变量，我们给出如下定义．

定义 1.11　在自变量的某个变化过程中，极限为零的变量称为**无穷小（量）**.

由定义可知当 $x\to 0$ 时，x、$\tan x$ 等都是无穷小；当 $x\to\infty$ 时，$\dfrac{1}{x}$、$\dfrac{1}{x^2}$ 等也是无穷小．

注：（1）零是唯一可以看作是无穷小的常数．

（2）一般来说，无穷小是相对于自变量的某个变化过程而言的．

例如 $\dfrac{1}{x}$，当 $x\to\infty$ 时，它为无穷小，但当 $x\to 1$ 时，它不是无穷小．

思政之窗

　　无穷小量是一个无限变小、逐渐消失的量，它虽是一个比较抽象的概念，但却是能被我们感受到的．唐代诗仙李白的千古名诗《送孟浩然之广陵》中就有它的体现."孤帆远影碧空尽，唯见长江天际流."诗中这后两句的景物描写，淋漓尽致地刻画了数学中"无穷小量"的美妙意境．长江之中的"孤帆之影"是一个随时间变化而无限趋近于零的变量，正是一个无穷小量，淋漓尽致地刻画出友人渐渐消失在李白视线之外的场景，用数学之美体现了朋友间的依依不舍之情．在高等数学中，这样含蓄内敛而又精妙深奥的美无处不在．

例1　自变量 x 在怎样的变化过程中，下列函数是无穷小？

（1）$y=\dfrac{1}{2x-1}$；　　（2）$y=2x-4$；　　（3）$y=a^x\ (a>0, a\neq 1)$.

解：（1）因为 $\lim\limits_{x\to\infty}\dfrac{1}{2x-1}=0$，所以当 $x\to\infty$ 时，$\dfrac{1}{2x-1}$ 是无穷小.

（2）因为 $\lim\limits_{x\to 2}(2x-4)=0$，所以当 $x\to 2$ 时，$2x-4$ 是无穷小.

（3）当 $a>1$ 时，当 $x\to-\infty$ 时，a^x 是无穷小.

当 $0<a<1$ 时，当 $x\to+\infty$ 时，a^x 是无穷小.

牛 刀 小 试

1.3.1　当 $x\to 0$ 时，下列哪个变量是无穷小？

（1）$\cos x$；　　（2）$\sin x$；　　（3）x^2+1；　　（4）e^x-1.

2. 极限与无穷小之间的关系

设 $\lim\limits_{x\to x_0}f(x)=A$，即 $x\to x_0$ 时，函数值 $f(x)$ 无限趋近于常数 A，也就是 $f(x)-A$ 无限趋近于常数 0，设 $f(x)-A=\alpha(x)$，则当 $x\to x_0$ 时，$\alpha(x)$ 为无穷小且 $f(x)=A+\alpha(x)$. 由此有：

定理 1.3　$\lim\limits_{x\to x_0}f(x)=A$ 的充要条件是 $f(x)=A+\alpha(x)$，其中 $\alpha(x)$ 当 $x\to x_0$ 时为无穷小.

例如，因 $f(x)=\dfrac{x+1}{x}=1+\dfrac{1}{x}$，而当 $x\to\infty$ 时，$\dfrac{1}{x}\to 0$，即当 $x\to\infty$ 时，函数 $f(x)$ 可表示为常数 1 和无穷小 $\dfrac{1}{x}$ 之和，所以

$$\lim_{x\to\infty}\frac{x+1}{x}=1\Leftrightarrow\frac{x+1}{x}=1+\frac{1}{x}\quad（当\ x\to\infty\ 时，\frac{1}{x}\to 0）.$$

定理 1.3 说明了有极限的函数等于它的极限值与一个无穷小之和. 反之，如果函数可表示为一个常数与无穷小之和，则这个常数为该函数的极限. 同时，定理 1.3 把函数极限转化成了一个含有无穷小的函数关系式，从而使得我们可以借助无穷小的性质来研究函数.

注：定理 1.3 中自变量的变化过程换成其他任何一种情形，如 $x\to x_0^+,x\to x_0^-$，$x\to\infty$，$x\to+\infty$，$x\to-\infty$，结论仍成立.

3. 无穷小的性质

无穷小具有如下的性质：

性质 1　有限个无穷小的代数和还是无穷小.

性质 2　有界量与无穷小的乘积还是无穷小.

推论　常数与无穷小的乘积还是无穷小.

性质 3　有限个无穷小的乘积还是无穷小.

注：（1）无穷多个无穷小的代数和未必是无穷小. 如当 $x\to\infty$ 时，$\dfrac{1}{x^2},\dfrac{2}{x^2},...,\dfrac{x}{x^2}$ 都

是无穷小，但 $\lim\limits_{x\to\infty}\left(\dfrac{1}{x^2}+\dfrac{2}{x^2}+\cdots+\dfrac{x}{x^2}\right)=\lim\limits_{x\to\infty}\dfrac{x(x+1)}{2x^2}=\dfrac{1}{2}$.

（2）两个无穷小的商未必是无穷小．如当 $x\to0$ 时，$x,2x,x^2$ 都是无穷小，

由 $\lim\limits_{x\to0}\dfrac{2x}{x}=2$ 可知，当 $x\to0$ 时，$\dfrac{2x}{x}$ 不是无穷小．

但由 $\lim\limits_{x\to0}\dfrac{x^2}{x}=0$ 可知，当 $x\to0$ 时，$\dfrac{x^2}{x}$ 是无穷小．

例 2　求极限 $\lim\limits_{x\to0}x\sin\dfrac{1}{x}$.

解：因为 $\lim\limits_{x\to0}x=0$，所以 x 为当 $x\to0$ 时的无穷小，又由于 $\left|\sin\dfrac{1}{x}\right|\leqslant1$，所以 $\sin\dfrac{1}{x}$ 是有界函数，由无穷小的性质 2 可得 $\lim\limits_{x\to0}x\sin\dfrac{1}{x}=0$.

牛 刀 小 试

1.3.2　求极限 $\lim\limits_{x\to\infty}\dfrac{1}{x^2}\cos x$.

1.3.2　无穷大

在极限不存在的情况下，我们着重讨论函数的绝对值无限增大的情形．

定义 1.12　在自变量 x 的某个变化过程中，相应函数值的绝对值 $|f(x)|$ 无限增大，则称 $f(x)$ 为在该过程中的无穷大；如果相应的函数值 $f(x)$（或 $-f(x)$）无限增大，则称 $f(x)$ 为该变化过程中的正（负）无穷大．

若函数 $f(x)$ 是 $x\to x_0$ 时的无穷大，记作 $\lim\limits_{x\to x_0}f(x)=\infty$；

若函数 $f(x)$ 是 $x\to\infty$ 时的正无穷大，记作 $\lim\limits_{x\to\infty}f(x)=+\infty$；

若函数 $f(x)$ 是 $x\to x_0^+$ 时的负无穷大，记作 $\lim\limits_{x\to x_0^+}f(x)=-\infty$.

学习笔记	视频
	无穷大的定义

由定义 1.12 可知，当 $x\to0$ 时，$\dfrac{1}{x}$、$\dfrac{1}{x^2}$ 等是无穷大；当 $x\to\infty$ 时，x^3 是无穷大；当 $x\to+\infty$ 时，e^x、$\ln x$ 也都是无穷大．

注：（1）无穷大是变量，绝对值再大的常数也不是无穷大；

（2）极限为无穷大是极限不存在的一种情形，我们只是借用极限的符号

"$\lim\limits_{x \to x_0} f(x) = \infty$" 表示"当 $x \to x_0$ 时，$f(x)$ 是无穷大"；

（3）无穷大是相对于自变量的某个变化过程而言的.

例如 $\dfrac{1}{x}$，当 $x \to 0$ 时为无穷大，但当 $x \to \infty$ 时却是无穷小.

例 3　自变量在怎样的变化过程中，下列函数为无穷大？

例 3 讲解

（1）$y = \dfrac{1}{x+2}$ ；　　　　　（2）$y = \ln(x-1)$ ；　　　　　（3）$y = \left(\dfrac{1}{3}\right)^x$.

解：（1）当 $x \to -2$ 时，$\dfrac{1}{x+2} \to \infty$，所以当 $x \to -2$ 时，$\dfrac{1}{x+2}$ 是无穷大.

（2）当 $x \to 1^+$ 或 $x \to +\infty$ 时，$\ln(x-1)$ 是无穷大.

（3）当 $x \to -\infty$ 时，$\left(\dfrac{1}{3}\right)^x$ 是无穷大.

1.3.3　无穷大与无穷小的关系

无穷大与无穷小之间存在一种简单的关系，即：

定理 1.4　如果函数 $f(x)$ 在自变量 x 的某一变化过程中是无穷大，则在同一变化过程中 $\dfrac{1}{f(x)}$ 为无穷小；反之，在自变量 x 的某一变化过程中，如果 $f(x)$（$f(x) \neq 0$）为无穷小，则在同一变化过程中，$\dfrac{1}{f(x)}$ 为无穷大.

例如，当 $x \to +\infty$ 时，$y = \mathrm{e}^x$ 是无穷大，而 $\dfrac{1}{y} = \mathrm{e}^{-x}$ 是无穷小；

又如，当 $x \to 1$ 时，$y = x-1$ 是无穷小，而 $\dfrac{1}{y} = \dfrac{1}{x-1}$ 是无穷大.

习题 1.3

1. 指出下列各题中的无穷大与无穷小：

（1）$\tan x\ \left(x \to \dfrac{\pi}{2}\right)$ ；　　　　　　　（2）$\mathrm{e}^{-x}\ (x \to +\infty)$ ；

（3）$2^x - 1\ (x \to 0)$ ；　　　　　　　（4）$\dfrac{1}{x-1}\ (x \to 1)$.

2. 下列函数在怎样的变化过程中是无穷大或无穷小？

（1）$\sin x$ ；　　　　　（2）$\dfrac{3}{x+1}$ ；　　　　　（3）$\ln x$.

3. 求下列函数的极限：

（1）$\lim\limits_{x \to \infty} \dfrac{\sin x}{x}$ ；　　　　　（2）$\lim\limits_{x \to \infty} \dfrac{\arctan x}{x}$ ；　　　　　（3）$\lim\limits_{x \to 0}(x^2 + x)\cos\dfrac{1}{x}$.

3（3）题讲解

4. 如果函数 $f(x)$ 在某一变化过程中极限不存在，问：此函数在这一变化过程中是不是无穷大？请举例说明.

§1.4　极限的运算法则及应用

1.4.1　极限的四则运算法则

下面我们给出极限的**四则运算法则**.

定理 1.5　设 $\lim\limits_{x \to x_0} f(x) = A$，$\lim\limits_{x \to x_0} g(x) = B$，则有

（1）$\lim\limits_{x \to x_0} \left[f(x) \pm g(x) \right] = \lim\limits_{x \to x_0} f(x) \pm \lim\limits_{x \to x_0} g(x) = A \pm B$；

（2）$\lim\limits_{x \to x_0} \left[f(x) \cdot g(x) \right] = \lim\limits_{x \to x_0} f(x) \cdot \lim\limits_{x \to x_0} g(x) = A \cdot B$；

（3）$\lim\limits_{x \to x_0} \dfrac{f(x)}{g(x)} = \dfrac{\lim\limits_{x \to x_0} f(x)}{\lim\limits_{x \to x_0} g(x)} = \dfrac{A}{B}$　（其中 $\lim\limits_{x \to x_0} g(x) \neq 0$）.

此定理称为极限的四则运算法则.

推论 1　如果 $\lim\limits_{x \to x_0} f(x)$ 存在，C 为常数，则 $\lim\limits_{x \to x_0} \left[Cf(x) \right] = C \lim\limits_{x \to x_0} f(x)$；

推论 2　如果 $\lim\limits_{x \to x_0} f(x)$ 存在，$n \in \mathbf{N}$，则 $\lim\limits_{x \to x_0} [f(x)]^n = [\lim\limits_{x \to x_0} f(x)]^n$.

注：（1）以上法则对自变量的其他另外几种变化过程也成立.

（2）在自变量的同一变化过程中，$f(x)$ 和 $g(x)$ 的极限必须都存在，才能用四则运算法则.

（3）定理 1.5 中的法则（1）（2）可以推广到任意**有限个**函数的情形，如

$$\lim\limits_{x \to x_0} [f_1(x) + f_2(x) + \cdots + f_n(x)] = \lim\limits_{x \to x_0} f_1(x) + \lim\limits_{x \to x_0} f_2(x) + \cdots + \lim\limits_{x \to x_0} f_n(x).$$

利用极限的基本性质和极限的四则运算法则可以解决许多极限问题，下面我们来看几个具体例子.

例 1　求极限 $\lim\limits_{x \to 1} (x^2 + 3x - 1)$.

解： 由极限运算法则得

$$\lim\limits_{x \to 1}(x^2 + 3x - 1) = \lim\limits_{x \to 1} x^2 + \lim\limits_{x \to 1} 3x - \lim\limits_{x \to 1} 1$$

$$= (\lim\limits_{x \to 1} x)^2 + \lim\limits_{x \to 1} 3x - \lim\limits_{x \to 1} 1 = 1^2 + 3 - 1 = 3.$$

一般地，有

$$\lim\limits_{x \to x_0}(a_0 x^n + a_1 x^{n-1} + \cdots + a_n) = a_0 x_0^{\,n} + a_1 x_0^{\,n-1} + \cdots + a_n.$$

其中 $f_n(x) = a_0 x^n + a_1 x^{n-1} + \cdots + a_n$ 称为 n 次多项式函数.

例 2 求极限 $\lim\limits_{x \to 1} \dfrac{2x^2 - 1}{3x^2 + x + 2}$.

解： $\lim\limits_{x \to 1}(3x^2 + x + 2) = 6 \neq 0$，$\lim\limits_{x \to 1}(2x^2 - 1) = 1$，

由商的极限法则得

$$\lim_{x \to 1} \frac{2x^2 - 1}{3x^2 + x + 2} = \frac{\lim\limits_{x \to 1}(2x^2 - 1)}{\lim\limits_{x \to 1}(3x^2 + x + 2)} = \frac{1}{6}.$$

例 3 讨论极限 $\lim\limits_{x \to 1} \dfrac{x^2 + x}{x^2 - 1}$.

解： 当 $x \to 1$ 时，分母的极限为 0，不能直接用极限运算法则. 由于 $x \to 1$ 时，该分式倒数的极限值为零，即

$$\lim_{x \to 1} \frac{x^2 - 1}{x^2 + x} = \frac{1^2 - 1}{1^2 + 1} = 0.$$

因此，由定理 1.4 无穷大和无穷小的关系得：$\lim\limits_{x \to 1} \dfrac{x^2 + x}{x^2 - 1} = \infty$，该极限不存在.

例 4 求极限 $\lim\limits_{x \to 1} \dfrac{x^2 + x - 2}{x^2 - 3x + 2}$.

例 4、例 5、例 6 讲解

解： 当 $x \to 1$ 时，分母的极限为零，故不能直接用极限的运算法则. 但由极限定义可知，当 $x \to 1$ 时的极限，与函数在 $x = 1$ 时有无定义没有关系，因而可以先通过分解因式约去零因子 $(x - 1)$ 后，再求极限.

$$\lim_{x \to 1} \frac{x^2 + x - 2}{x^2 - 3x + 2} = \lim_{x \to 1} \frac{(x - 1)(x + 2)}{(x - 1)(x - 2)} = \lim_{x \to 1} \frac{x + 2}{x - 2} = \frac{\lim\limits_{x \to 1}(x + 2)}{\lim\limits_{x \to 1}(x - 2)} = -3.$$

注意，以下解法是**错误的**

$$\lim_{x \to 1} \frac{x^2 + x - 2}{x^2 - 3x + 2} = \frac{\lim\limits_{x \to 1}(x^2 + x - 2)}{\lim\limits_{x \to 1}(x^2 - 3x + 2)} = \frac{0}{0}.$$

像例 4 这样，先通过对分子、分母进行因式分解或恒等变形来消去零因子，再求极限的方法，在求一些 "$\dfrac{0}{0}$" 型极限时经常用到. 由于 "$\dfrac{0}{0}$" 型的极限，可能存在也可能不存在，即使存在，值也不确定，因此这种极限称为**不定式（或未定式）**.

例 5 求极限 $\lim\limits_{x \to 0} \dfrac{x}{\sqrt{x + 1} - 1}$.

解： 此题也是 "$\dfrac{0}{0}$" 型不定式，但求解时不能直接通过分解因式化简消去零因子，由于分母中含根号，可以先通过"分母有理化"化简，然后再求极限.

$$\lim_{x \to 0} \frac{x}{\sqrt{x + 1} - 1} = \lim_{x \to 0} \frac{x(\sqrt{x + 1} + 1)}{x + 1 - 1} = \lim_{x \to 0}(\sqrt{x + 1} + 1) = 2.$$

例6 求极限 $\lim\limits_{x \to 1}\left(\dfrac{x}{x-1} - \dfrac{2}{x^2-1}\right)$.

解：因为 $\lim\limits_{x \to 1}\dfrac{x}{x-1} = \infty$，$\lim\limits_{x \to 1}\dfrac{2}{x^2-1} = \infty$，所以不能用差的极限的运算法则. 应先将函数进行通分，化成"$\dfrac{0}{0}$"型不定式，再利用因式分解化简消零因子.

$$\lim\limits_{x \to 1}\left(\dfrac{x}{x-1} - \dfrac{2}{x^2-1}\right) = \lim\limits_{x \to 1}\dfrac{(x-1)(x+2)}{(x-1)(x+1)} = \lim\limits_{x \to 1}\dfrac{x+2}{x+1} = \dfrac{3}{2}.$$

牛 刀 小 试

1.4.1 求极限：（1）$\lim\limits_{x \to 1}\dfrac{x^3-1}{x-1}$；（2）$\lim\limits_{x \to 0}\dfrac{1-\sqrt{x^2+1}}{x^2}$.

例7 求极限 $\lim\limits_{x \to \infty}\dfrac{3x^2+2x-1}{x^2-1}$.

解：当 $x \to \infty$ 时，分子、分母都是无穷大，极限都不存在，所以不能直接用商的极限的运算法则. 这种两个无穷大的"$\dfrac{\infty}{\infty}$"型的极限，和"$\dfrac{0}{0}$"型

例7、例8、例9讲解

的极限一样，极限可能存在，也可能不存在，即使存在，值也不确定，因此这种极限也是不定式（未定式）. 由于分子、分母关于 x 的最高次幂是 x^2，所以我们可以将分子、分母同除以 x^2，然后再求极限.

$$\lim\limits_{x \to \infty}\dfrac{3x^2+2x-1}{x^2-1} = \lim\limits_{x \to \infty}\dfrac{3+2\dfrac{1}{x}-\dfrac{1}{x^2}}{1-\dfrac{1}{x^2}} = 3.$$

例8 求极限 $\lim\limits_{x \to \infty}\dfrac{3x^2+2x-1}{x-1}$.

解：该题也是"$\dfrac{\infty}{\infty}$"型的极限，用分子、分母同除以它们的最高次幂 x^2，再求极限.

$$\lim\limits_{x \to \infty}\dfrac{3x^2+2x-1}{x-1} = \lim\limits_{x \to \infty}\dfrac{3+\dfrac{2}{x}-\dfrac{1}{x^2}}{\dfrac{1}{x}-\dfrac{1}{x^2}} = \infty.$$

例9 求极限 $\lim\limits_{x \to \infty}\dfrac{3x^2+2x-1}{x^3-1}$.

解：该题还是"$\dfrac{\infty}{\infty}$"型的极限，用分子、分母同除以它们的最高次幂 x^3，再求极限.

$$\lim\limits_{x \to \infty}\dfrac{3x^2+2x-1}{x^3-1} = \lim\limits_{x \to \infty}\dfrac{\dfrac{3}{x}+\dfrac{2}{x^2}-\dfrac{1}{x^3}}{1-\dfrac{1}{x^3}} = 0.$$

根据以上三个例题，可得到如下一般结论：

$$\lim_{x \to \infty} \frac{a_0 x^n + a_1 x^{n-1} + \cdots + a_n}{b_0 x^m + b_1 x^{m-1} + \cdots + b_m} = \begin{cases} \dfrac{a_0}{b_0}, & m = n, \\ 0, & m > n, \\ \infty, & m < n. \end{cases}$$

牛 刀 小 试

1.4.2　求极限：（1）$\lim\limits_{x \to \infty} \dfrac{2x^3 + x - 1}{5x^3 - x + 3}$；　（2）$\lim\limits_{x \to \infty} \dfrac{x^2 - 1}{4x^3 + x + 1}$.

例 10　求极限 $\lim\limits_{n \to \infty} \left(\dfrac{1}{2} + \dfrac{1}{2^2} + \cdots + \dfrac{1}{2^n} \right)$.

分析：先用等比数列求和公式 $S_n = \dfrac{a_1(1 - q^n)}{1 - q}$ 求和后再求极限.

解：
$$\lim_{n \to \infty} \left(\frac{1}{2} + \frac{1}{2^2} + \cdots + \frac{1}{2^n} \right) = \lim_{n \to \infty} \frac{\frac{1}{2}\left(1 - \frac{1}{2^n}\right)}{1 - \frac{1}{2}} = \lim_{n \to \infty} \left(1 - \frac{1}{2^n}\right) = 1.$$

小结：（1）运用极限的四则运算法则时，必须注意只有各项极限都存在（求商时还要规定分母的极限不为零）才能适用.

（2）如果所求极限是"$\dfrac{0}{0}$"或"$\dfrac{\infty}{\infty}$"等不定式形式，不能直接用极限法则时，必须先对原式进行恒等变形（因式分解、有理化、约分、通分等），然后再求极限.

1.4.2　极限的应用

例 11　（**野生动物的数量增长**）在某一自然环境保护区内放入一群野生动物，总数为 20 只，假设野生动物数量的增长规律满足：在 t 年后，动物总数 $N = \dfrac{220}{1 + 10 \cdot (0.83)^t}$，求在这一自然环境保护区中，最多能供养多少只野生动物.

解：随着时间的延续，由于受到自然环境保护区内的各种资源限制，故动物总数不可能无限增大，它应达到某一饱和状态.在这一自然环境保护区中，设最多能供养的野生动物数为 $\lim\limits_{t \to \infty} N$.

$$\lim_{t \to +\infty} N = \lim_{t \to +\infty} \frac{220}{1 + 10(0.83)^t} = 220.$$

即在这一自然环境保护区中，最多能供养 220 只野生动物.

例 12　（**游戏销量**）当推出一种新的游戏程序时，其销售量在短期内会迅速增加，然后开始下降，函数关系为 $s(t) = \dfrac{200t}{t^2 + 100}$，其中 t 为月份，如图 1.17 所示.

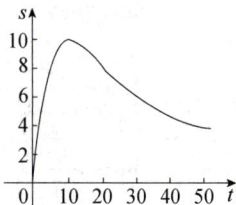
图 1.17

（1）请计算游戏推出后第 6 个月、第 12 个月和第 3 三年最后一个月的销售量.

（2）如果想对该产品的长期销售量做出预测，请建立相应的销售量表达式，并做出分析.

解：（1）$s(6) = \dfrac{200 \times 6}{6^2 + 100} = \dfrac{1200}{136} \approx 8.8235$ ；

$$s(12) = \dfrac{200 \times 12}{12^2 + 100} = \dfrac{2400}{244} \approx 9.8361 ；$$

$$s(36) = \dfrac{200 \times 36}{36^2 + 100} = \dfrac{7200}{1396} \approx 5.1576 .$$

（2）从上面的数据可以看出，随着时间的推移，该游戏的长期销售量应为时间 $t \to +\infty$ 时的销售量，即 $\lim\limits_{t \to +\infty} \dfrac{200t}{t^2 + 100} = 0$. 此式说明当时间 $t \to +\infty$ 时，销售量的极限为 0，即购买此游戏的人会越来越少，直至无人购买.

例 13　（企业融资）某企业获投资 50 万元，该企业将投资作为抵押品向银行贷款，得到相当于抵押品 75% 的贷款. 该企业将此贷款再进行投资，并将再投资作为抵押品又向银行贷款，仍得到相当于抵押品 75% 的贷款. 企业又将此贷款再进行投资，这样贷款→投资→再贷款→再投资，如此反复，进行扩大再生产. 问该企业共计可获得融资多少元？

解：设该企业获投资本金为 A，贷款额占抵押品价值的百分比为 r（$0 < r < 1$），第 n 次投资后获再投资（贷款）额为 a_n，n 次投资与再投资的资金总和为 S_n，最终投资与再投资的资金总和为 S，得到

$$a_1 = A ，\quad a_2 = Ar ，\quad a_3 = Ar^2 \cdots .$$

$$S = a_1 + a_2 + a_3 + \cdots + a_n = A + Ar + Ar^2 + \cdots Ar^{n-1} = \dfrac{A(1 - r^n)}{1 - r} ，$$

于是得到融资模型

$$S = \lim\limits_{n \to \infty} S_n = \lim\limits_{n \to \infty} \dfrac{A(1 - r^n)}{1 - r} = \dfrac{A}{1 - r} .$$

在本题中，$A = 50$，$r = 0.75$，代入上式得 $S = \dfrac{50}{1 - 0.75} = 200$（万元）.

这表明，50 万元的本金通过多次反复融资，最多能融资 200 万元.

习题 1.4

1. 计算下列函数的极限：

（1）$\lim\limits_{x \to 0}(\sin x + \cos x + \tan x)$ ；

（2）$\lim\limits_{x \to 1} \dfrac{x + 1}{x^2 + 2x}$ ；

（3）$\lim\limits_{x \to 1} \dfrac{x^2 + x - 2}{x - 1}$ ；

（4）$\lim\limits_{h \to 0} \dfrac{(x + h)^2 - x^2}{h}$ ；

（5）$\lim\limits_{x \to 4} \dfrac{x - 4}{\sqrt{x + 5} - 3}$ ；

1（5）讲解

（6）$\lim\limits_{x \to 0} \dfrac{\sqrt{1 + x} - 1}{\sqrt{3 + x} - \sqrt{3}}$ ；

（7）$\lim\limits_{x\to\infty}\dfrac{5x^3+3x^2-2x+1}{6x^3-2x^2-5}$；

（8）$\lim\limits_{x\to+\infty}\dfrac{\sqrt[3]{2x^3+3}}{\sqrt{x^2-2}}$；

（9）$\lim\limits_{x\to 1}\left(\dfrac{1}{1-x}-\dfrac{3}{1-x^3}\right)$；

（10）$\lim\limits_{x\to\infty}(\sqrt{x^4+1}-x^2)$．

2. 计算下列数列的极限：

（1）$\lim\limits_{n\to\infty}\left(\dfrac{2}{n^2}+\dfrac{4}{n^2}+\cdots+\dfrac{2n}{n^2}\right)$；

（2）$\lim\limits_{n\to\infty}\left[\dfrac{1}{1\times 2}+\dfrac{1}{2\times 3}+\cdots+\dfrac{1}{n\times(n+1)}\right]$．

3.（1）已知 a,b 是常数，且 $\lim\limits_{x\to -1}\dfrac{ax+b}{x+1}=3$，求 a 和 b．

（2）已知 a,b 是常数，且 $\lim\limits_{x\to 1}\dfrac{x^2+ax+b}{1-x}=5$，求 a 和 b．

（3）已知 a,b 是常数，且 $\lim\limits_{x\to\infty}\left(\dfrac{x^2+1}{x+1}-ax-b\right)=0$，求 a 和 b．

4.（传染人数）假定某种疾病流行 t 天后，感染人数 N 满足 $N=\dfrac{1000000}{1+5000\mathrm{e}^{-0.1t}}$，

问：经过足够长的传染时间后，将有多少人感染上这种病？

5.（物体温度）一个物体放置在温度为 150℃ 的火炉上，它的温度满足如下模型 $T=-100\mathrm{e}^{-0.029t}+100$，$t$ 表示时间（单位：min），问：

（1）物体温度达到 100℃ 所需的时间是多长？

（2）当 $t\to+\infty$ 时，物体的温度为多少？

§1.5 两个重要极限

通过前面几节的学习，我们知道了一些求极限的方法，如运用极限的定义和运算法则及无穷小的性质等．除此之外，我们还可以利用两个重要极限公式和等价无穷小代换的方法来求极限．事实上，很多领域中的一些实际问题都可以利用这两类极限来解决．

1.5.1 两个重要极限公式

1. 第一个重要极限

$$\lim_{x\to 0}\frac{\sin x}{x}=1 \tag{1.1}$$

表 1.3 列出了函数 $\dfrac{\sin x}{x}$ 在 x 无限接近 0 时的一些函数值.

表 1.3

x	−1	−0.5	−0.1	−0.01	⋯	0.01	0.1	0.5	1
$\dfrac{\sin x}{x}$	0.841471	0.95885	0.99833	0.99998	⋯	0.99998	0.99833	0.95885	0.84147

由图 1.18 我们可以看出，当 x 趋近于 0 时，$\sin x$ 与 x 的值无限接近，因此 $\dfrac{\sin x}{x} \to 1$.

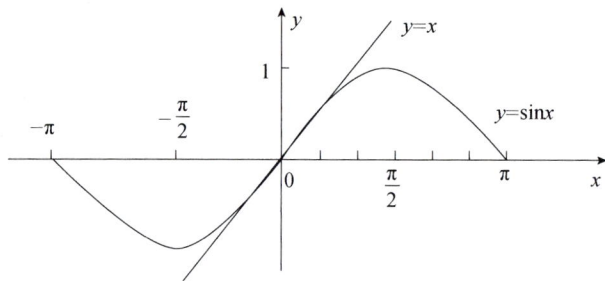

图 1.18

由表 1.3 和图 1.18 可得，当 $x \to 0$ 时，函数 $\dfrac{\sin x}{x} \to 1$，即 $\lim\limits_{x \to 0} \dfrac{\sin x}{x} = 1$. 在此，本书不再给出第一个重要极限的严格证明.

第一个重要极限在极限计算中有重要应用，它在形式上有以下**特点**：

（1）它是 "$\dfrac{0}{0}$" 型不定式；

（2）公式（1.1）的形式可变形成 $\lim\limits_{\varphi(x) \to 0} \dfrac{\sin \varphi(x)}{\varphi(x)} = 1$；

（3）公式（1.1）的另一变形公式：$\lim\limits_{x \to 0} \dfrac{x}{\sin x} = 1$ 仍然成立，其形式可变形成 $\lim\limits_{\varphi(x) \to 0} \dfrac{\varphi(x)}{\sin \varphi(x)} = 1$.

利用公式（1.1），可以求解一些与三角函数有关的 "$\dfrac{0}{0}$" 型不定式的极限.

例 1 求极限 $\lim\limits_{x \to 0} \dfrac{\tan x}{x}$.

解： $\lim\limits_{x \to 0} \dfrac{\tan x}{x} = \lim\limits_{x \to 0} \left(\dfrac{\sin x}{x} \cdot \dfrac{1}{\cos x} \right) = \lim\limits_{x \to 0} \dfrac{\sin x}{x} \cdot \lim\limits_{x \to 0} \dfrac{1}{\cos x} = 1 \times 1 = 1$.

例 2 求极限 $\lim\limits_{x \to 0} \dfrac{\sin 3x}{x}$.

解： $\lim\limits_{x \to 0} \dfrac{\sin 3x}{x} = \lim\limits_{x \to 0} \left(3 \cdot \dfrac{\sin 3x}{3x} \right) = 3 \lim\limits_{x \to 0} \dfrac{\sin 3x}{3x} = 3$.

例 3 求极限 $\lim\limits_{x \to 0} \dfrac{1 - \cos x}{x^2}$.

解： 由三角函数的降幂公式 $\sin^2 \dfrac{x}{2} = \dfrac{1 - \cos x}{2}$ 可得：$1 - \cos x = 2 \sin^2 \dfrac{x}{2}$.

所以 $\lim\limits_{x\to 0}\dfrac{1-\cos x}{x^2}=\lim\limits_{x\to 0}\dfrac{2\sin^2\dfrac{x}{2}}{x^2}=\dfrac{1}{2}\lim\limits_{x\to 0}\dfrac{\sin^2\dfrac{x}{2}}{\left(\dfrac{x}{2}\right)^2}=\dfrac{1}{2}\lim\limits_{x\to 0}\left(\dfrac{\sin\dfrac{x}{2}}{\dfrac{x}{2}}\right)^2=\dfrac{1}{2}\cdot 1^2=\dfrac{1}{2}.$

牛 刀 小 试

1.5.1　求极限 $\lim\limits_{x\to 0}\dfrac{\tan 3x}{\sin 2x}.$

2. 第二个重要极限

$$\lim_{x\to\infty}\left(1+\dfrac{1}{x}\right)^x=\mathrm{e}\quad 或\quad \lim_{x\to 0}(1+x)^{\frac{1}{x}}=\mathrm{e}. \tag{1.2}$$

学习笔记	演示
	第二个重要极限

我们在表 1.4（a）中列出了 $\left(1+\dfrac{1}{x}\right)^x$ 在 x 取正值无限增大时的一些函数值.

表 1.4（a）

x	3	10	100	1000	10000	100000	···
$\left(1+\dfrac{1}{x}\right)^x$	2.370	2.594	2.705	2.717	2.718	2.718	···

表 1.4（b）中列出了 $\left(1+\dfrac{1}{x}\right)^x$ 在 x 取负值无限减小时的一些函数值.

表 1.4（b）

x	-3	-10	-100	-1000	-10000	-100000	···
$\left(1+\dfrac{1}{x}\right)^x$	3.375	2.868	2.732	2.720	2.718	2.718	···

从上面的两个表可以看出，$\lim\limits_{x\to\infty}\left(1+\dfrac{1}{x}\right)^x=\mathrm{e}$，其中数 e 是一个无理数，

$\mathrm{e}=2.718281828459045\cdots.$

在 $\lim\limits_{x\to\infty}\left(1+\dfrac{1}{x}\right)^x=\mathrm{e}$ 中，若令 $\dfrac{1}{x}=t$，则当 $x\to\infty$ 时，$t\to 0$，可得此极限的另一种形式：

$$\lim_{t \to 0}(1+t)^{\frac{1}{t}} = e \quad , \quad 即 \lim_{x \to \infty}(1+x)^{\frac{1}{x}} = e .$$

第二个重要极限是幂指函数的极限，它的两种形式有以下共同**特点**：

（1）它们是"1^∞"型不定式；

（2）函数的底数是"1+无穷小"的形式；

（3）函数的指数是无穷大，并且与底数中的无穷小互为倒数．

第二个重要极限的两个公式的形式也可以变形为

$$\lim_{\varphi(x) \to \infty}\left[1+\frac{1}{\varphi(x)}\right]^{\varphi(x)} = e \quad 或 \quad \lim_{\varphi(x) \to 0}[1+\varphi(x)]^{\frac{1}{\varphi(x)}} = e .$$

利用第二个重要极限我们可以解决一些"1^∞"型不定式的极限，在运用公式时，要注意公式的推广．

例 4 求极限 $\lim\limits_{x \to \infty}\left(1+\dfrac{3}{x}\right)^{x}$ ．

解： $\lim\limits_{x \to \infty}\left(1+\dfrac{3}{x}\right)^{x} = \lim\limits_{x \to \infty}\left(1+\dfrac{3}{x}\right)^{\frac{x}{3} \cdot 3} = \lim\limits_{x \to \infty}\left[\left(1+\dfrac{3}{x}\right)^{\frac{x}{3}}\right]^{3} = \left[\lim\limits_{x \to \infty}\left(1+\dfrac{3}{x}\right)^{\frac{x}{3}}\right]^{3} = e^{3} .$

例 5 求极限 $\lim\limits_{x \to 0}(1-2x)^{\frac{1}{x}}$ ．

解： $\lim\limits_{x \to 0}(1-2x)^{\frac{1}{x}} = \lim\limits_{x \to 0}[1+(-2x)]^{\frac{1}{-2x} \cdot (-2)} = \lim\limits_{x \to 0}\{[1+(-2x)]^{\frac{1}{-2x}}\}^{(-2)}$

$\qquad = \{\lim\limits_{x \to 0}[1+(-2x)]^{\frac{1}{-2x}}\}^{-2} = e^{-2} .$

例 6 求极限 $\lim\limits_{x \to \infty}\left(\dfrac{x}{1+x}\right)^{x}$ ．

解： $\lim\limits_{x \to \infty}\left(\dfrac{x}{1+x}\right)^{x} = \lim\limits_{x \to \infty}\dfrac{1}{\left(1+\dfrac{1}{x}\right)^{x}} = \dfrac{1}{\lim\limits_{x \to \infty}\left(1+\dfrac{1}{x}\right)^{x}} = \dfrac{1}{e} .$

例 7 求极限 $\lim\limits_{x \to \infty}\left(1+\dfrac{2}{x}\right)^{x+5}$

解： $\lim\limits_{x \to \infty}\left(1+\dfrac{2}{x}\right)^{x+5} = \lim\limits_{x \to \infty}\left(1+\dfrac{2}{x}\right)^{\frac{x}{2} \cdot 2}\left(1+\dfrac{2}{x}\right)^{5} = \lim\limits_{x \to \infty}\left[\left(1+\dfrac{2}{x}\right)^{\frac{x}{2}}\right]^{2} \cdot \lim\limits_{x \to \infty}\left(1+\dfrac{2}{x}\right)^{5}$

$\qquad = \left[\lim\limits_{x \to \infty}\left(1+\dfrac{2}{x}\right)^{\frac{x}{2}}\right]^{2} \cdot \lim\limits_{x \to \infty}\left(1+\dfrac{2}{x}\right)^{5} = e^{2} \cdot 1^{5} = e^{2} .$

一般地，有下面的结论：

$$\lim_{x \to \infty}\left(1+\frac{a}{x}\right)^{bx+c} = e^{ab} .$$

思政之窗

第二个重要极限是银行计算复利的重要模型，假设银行某种定期储蓄的年利率是 r ，存款本金为 A_0 万元，以存期 3 年为例：

如果每年计息 1 次，3 年后本息合计值应为 $A_3 = A_0(1+r)^3$ 万元；如果每月计息 1 次，则每年计息 12 次，3 年后本息合计值应为 $A_3 = A_0\left(1+\dfrac{r}{12}\right)^{36}$ 万元；…；如果每年计息 n 次，则每次计息的利率为 $\dfrac{r}{n}$ ，那么 3 年后的本息合计值应为 $A_3 = A_0\left(1+\dfrac{r}{n}\right)^{3n}$ 万元；如果计算瞬时复利，就是 n 的取值应该很大很大乃至无穷大，这种情况下，3 年后的本息合计值 A_3 应为多少呢？这个问题其实就转换成了求当 $n \to \infty$ 时， $A_0\left(1+\dfrac{r}{n}\right)^{3n}$ 的极限问题，利用第二个重要极限就可以解决.

由计算结果可以看出，以复利计算的投资报酬效果是相当惊人的，并且复利期越短，投资时间越长，最终得到的本息合计值就越高. 存款是这样，贷款亦是如此. 现在有很多"校园贷"就是利用了复利计息，再加上高额高息的违约金，使貌似可以还上的钱，本息总额越来越多，逾期还款的违约金也越来越高，甚至使得很多贷款的学生最终无法承受，从而严重影响正常的学习和生活，后果不堪设想.

如今，同学们用所学的数学知识就可以明辨，"校园贷"其实就是走进校园的"套路贷". 大家一定要充分认识网络不良借贷存在的隐患和风险，树立理性、科学的消费观，远离一切不良贷款.

牛 刀 小 试

1.5.2　求极限 $\lim\limits_{n\to\infty} A_0\left(1+\dfrac{r}{n}\right)^{3n}$.

1.5.2　无穷小的比较

我们已经知道，以零为极限的变量称为无穷小. 不过，不同的无穷小收敛于零的速度有快有慢，例如，当 $x \to 0$ 时， $x^2, x^{\frac{1}{3}}, 2x, \sin x$ 都是无穷小，但趋近于零的速度是不同的. 当然快慢是相对的，我们可以用 x 收敛于零的速度作为标准进行比较.

对此，我们通过考察两个无穷小之比，引进无穷小阶的概念.

定义 1.13　设当 $x \to x_0$ 时， $f(x)$ 和 $g(x)$ 都是无穷小，

（1）如果 $\lim\limits_{x\to x_0} \dfrac{f(x)}{g(x)} = 0$ ，则称 $f(x)$ 是比 $g(x)$ 高阶的无穷小，记作 $f(x) = o(g(x))$ ；

（2）如果 $\lim\limits_{x \to x_0} \dfrac{f(x)}{g(x)} = \infty$，则称 $f(x)$ 是比 $g(x)$ **低阶的无穷小**；

（3）如果 $\lim\limits_{x \to x_0} \dfrac{f(x)}{g(x)} = C$（$C$ 为常数），则称 $f(x)$ 与 $g(x)$ 是**同阶无穷小**；

（4）特别地，如果当 $\lim\limits_{x \to x_0} \dfrac{f(x)}{g(x)} = 1$ 时，则称 $f(x)$ 与 $g(x)$ 是**等价无穷小**，记作 $f(x) \sim$
$g(x)$（$x \to x_0$）．

学习笔记	视频
	无穷小比较

例 8 比较下列两组无穷小的阶．

（1）当 $x \to 0$ 时，$\sin x$ 与 $\tan x$；　　　（2）当 $x \to +\infty$ 时，e^{-x} 与 2^{-x}．

解：（1）因为 $\lim\limits_{x \to 0} \dfrac{\sin x}{\tan x} = \lim\limits_{x \to 0} \cos x = 1$，所以，当 $x \to 0$ 时，$\sin x$ 和 $\tan x$ 是等价无穷小．

（2）因为 $\lim\limits_{x \to +\infty} \dfrac{\mathrm{e}^{-x}}{2^{-x}} = \lim\limits_{x \to +\infty} \left(\dfrac{\mathrm{e}}{2}\right)^{-x} = 0$，所以，当 $x \to +\infty$ 时，e^{-x} 是比 2^{-x} 高阶的无穷小．

关于等价无穷小有如下的一个定理，此定理在极限的计算中经常会遇到．

定理 1.6　设当 $x \to x_0$ 时，$f(x) \sim \alpha(x)$，$g(x) \sim \beta(x)$，

若 $\lim\limits_{x \to x_0} \alpha(x) \cdot \beta(x)$ 存在，则 $\lim\limits_{x \to x_0} f(x)g(x) = \lim\limits_{x \to x_0} \alpha(x) \cdot \beta(x)$；

若 $\lim\limits_{x \to x_0} \dfrac{\alpha(x)}{\beta(x)}$ 存在，则 $\lim\limits_{x \to x_0} \dfrac{f(x)}{g(x)} = \lim\limits_{x \to x_0} \dfrac{\alpha(x)}{\beta(x)}$．

当 $x \to 0$ 时，下列几组无穷小是等价的：

$\sin x \sim x$；　　　$\tan x \sim x$；　　　$\arcsin x \sim x$；　　　$\arctan x \sim x$；

$\ln(1+x) \sim x$；　$\mathrm{e}^x - 1 \sim x$；　$\sqrt{1+x} - 1 \sim \dfrac{1}{2}x$；　$1 - \cos x \sim \dfrac{1}{2}x^2$．

利用等价无穷小的性质，在求极限时，分子分母的无穷小因子可用它们相应的等价无穷小代换，从而达到简化计算的目的，这种方法叫作**等价无穷小代换法**．

学习笔记	视频
	定理 1.6

注：若将上述 8 个等价形式的 x 替换为 $\varphi(x)$，只要满足 $\varphi(x) \to 0$，结论仍成立．例如，当

$x \to 0$ 时，$3x \to 0$，则 $\sin 3x \sim 3x$，$\ln(1+3x) \sim 3x$；当 $x \to 1$ 时，$(x-1) \to 0$，则 $\tan(x-1) \sim (x-1)$.

例9 利用等价无穷小代换法求下列极限：

（1）$\lim\limits_{x \to 0} \dfrac{e^{-x}-1}{x}$；

（2）$\lim\limits_{x \to 0} \dfrac{\tan x - \sin x}{x^3}$.

9（2）讲解

解：（1）因为当 $x \to 0$ 时，$-x \to 0$，因此 $e^{-x}-1 \sim -x$，

所以 $\lim\limits_{x \to 0} \dfrac{e^{-x}-1}{x} = \lim\limits_{x \to 0} \dfrac{-x}{x} = -1$.

（2）因为 $\tan x - \sin x = \tan x(1-\cos x)$，当 $x \to 0$ 时，$\tan x \sim x$，$1-\cos x \sim \dfrac{x^2}{2}$，所以

$$\lim\limits_{x \to 0} \dfrac{\tan x - \sin x}{x^3} = \lim\limits_{x \to 0} \dfrac{\tan x(1-\cos x)}{x^3} = \lim\limits_{x \to 0} \dfrac{x \cdot \dfrac{x^2}{2}}{x^3} = \dfrac{1}{2}.$$

注： 在求极限做等价无穷小的代换时，只能对分子或分母整体代换或对乘积因子进行代换，不能对分子或分母的加减项用等价无穷小代换.

牛刀小试

1.5.3 当 $x \to \infty$ 时，函数 $f(x)$ 与 $\dfrac{1}{x}$ 是等价无穷小，求 $\lim\limits_{x \to \infty} 3xf(x)$.

习题 1.5

1. 求下列极限：

（1）$\lim\limits_{x \to 0} \dfrac{\sin 2x}{\sin 5x}$；

（2）$\lim\limits_{x \to \infty} x \sin \dfrac{3}{x}$；

（3）$\lim\limits_{x \to 0} \dfrac{2\arcsin 3x}{x}$；

（4）$\lim\limits_{x \to 0^+} \dfrac{x}{\sqrt{1-\cos x}}$；

（5）$\lim\limits_{x \to 1} \dfrac{\tan(x-1)}{x^2-1}$；

（6）$\lim\limits_{x \to 1} \dfrac{\sin(x^3-1)}{x^2-1}$；

（7）$\lim\limits_{x \to \pi} \dfrac{\sin x}{\pi - x}$；

（8）$\lim\limits_{x \to 0} \dfrac{x+\sin x}{x-2\sin x}$.

2. 求下列极限：

（1）$\lim\limits_{x \to 0}(1+5x)^{\frac{1}{x}}$；

（2）$\lim\limits_{x \to \infty}\left(1-\dfrac{3}{x}\right)^x$；

（3）$\lim\limits_{x \to \infty}\left(1+\dfrac{2}{x}\right)^{-2x}$；

（4）$\lim\limits_{x \to \infty}\left(\dfrac{2+x}{x}\right)^{x-1}$；

（5）$\lim\limits_{x \to \frac{\pi}{2}}(1+\cos x)^{2\sec x}$；

（6）$\lim\limits_{x \to 0}(1-\tan x)^{3\cot x}$；

（7）$\lim\limits_{x \to \infty}\left(\dfrac{x-1}{x+1}\right)^x$；

（8）$\lim\limits_{x \to \infty}\left(\dfrac{2x+3}{2x+1}\right)^x$.

3. 设函数 $f(x) = \begin{cases} \dfrac{\ln(1-x)}{x}, & x < 0, \\ -1, & x = 0, \\ -\dfrac{\sin x}{x}, & x > 0, \end{cases}$ 讨论 $f(x)$ 在 $x = 0$ 处的极限.

4. 利用等价无穷小代换法求下列函数的极限:

（1）$\lim\limits_{x\to 0}\dfrac{\sin 3x}{\ln(1-2x)}$；

（2）$\lim\limits_{x\to 0}\dfrac{\sqrt{1+x^2}-1}{\tan x^2}$；

（3）$\lim\limits_{x\to 0}\dfrac{x^2+2x}{\sin x}$；

（4）$\lim\limits_{x\to 0}\dfrac{\ln(1+x^2)(e^x-1)}{(1-\cos x)\sin 2x}$.

4（4）讲解

§1.6 函数的连续性

有许多自然现象，如气温的变化、河水的流动、植物的生长等，都是随着时间在连续不断地变化的，这些现象反映在数学上就是函数的连续性. 我们学过的很多函数，例如 $y = \sin x$、$y = x^2$，它们的图像是一条连续变化的曲线. 函数连续性的概念从变量关系上看是指当自变量的变化很微小时，函数相应的变化也很微小. 例如，气温随着时间的改变而发生连续变化，当时间的改变量很小时，则该时刻气温的改变量也很小. 本节将以极限的概念来研究函数的连续性. 为此，我们先引入增量的概念.

定义 1.14 设 $y = f(x)$ 在 x_0 的某个邻域内有定义，当自变量从 x_0 变动到 $x_0 + \Delta x$ 时，称 Δx 为**自变量的增量**（或改变量），对应的函数值从 $f(x_0)$ 变动到 $f(x_0 + \Delta x)$，则称 $\Delta y = f(x_0 + \Delta x) - f(x_0)$ 为**函数的增量**（或改变量）.

变量的增量可以是正数、负数或零.

1.6.1 函数连续的概念

首先，我们从函数图像上观察函数 $f(x)$ 在给定点 x_0 处的变化情况. 由图 1.19 可以看出，函数 $y = f(x)$ 是连续变化的，它的图像是一条不间断的曲线. 当 x_0 保持不变而让 Δx 无限趋近于零时，曲线上的点 N 就沿着曲线趋近于点 M，即 Δy 趋近于零.

由图 1.20 可以看出，函数 $y = \varphi(x)$ 不是连续变化的. 它的图像是一条在点 x_0 处间断的曲线. 当 x_0 保持不变，让 Δx 无限趋近于零时，曲线上的点 N 就沿着曲线趋近于点 N'，Δy 不能趋近于零.

下面给出了函数 $y = f(x)$ 在点 x_0 处连续的定义.

定义 1.15 设函数 $y = f(x)$ 在点 x_0 的某个邻域 $U(x_0)$ 内有定义，如果在 x_0 处，当自变量的增量 Δx 趋于零时，对应的函数的增量 Δy 也趋于零，即

$$\lim\limits_{\Delta x\to 0}\Delta y = \lim\limits_{\Delta x\to 0}\left[f(x_0 + \Delta x) - f(x_0)\right] = 0,$$

则称函数 $y = f(x)$ 在点 x_0 **处连续**，点 x_0 称为函数 $f(x)$ 的**连续点**.

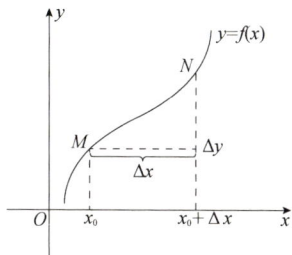

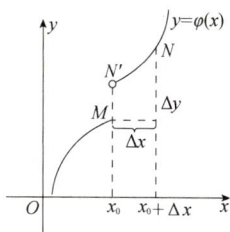

图 1.19　　　　　　　　　　　　　　图 1.20

在定义 1.15 中，若设 $x = x_0 + \Delta x$，则 $\Delta y = f(x_0 + \Delta x) - f(x_0) = f(x) - f(x_0)$. 由 $\Delta x \to 0$，就有 $x \to x_0$；由 $\Delta y \to 0$，就有 $f(x) \to f(x_0)$. 因此，我们可以得到函数在 x_0 处连续的另一等价定义.

定义 1.16　设函数 $y = f(x)$ 在点 x_0 的某个邻域 $U(x_0)$ 内有定义，如果函数 $f(x)$ 当 $x \to x_0$ 时极限存在，且等于它在 x_0 点的函数值，即

$$\lim_{x \to x_0} f(x) = f(x_0),$$

则称函数 $y = f(x)$ 在点 x_0 处**连续**，点 x_0 称为函数的**连续点**.

根据定义 1.16，函数 $f(x)$ 在 x_0 处连续，下述三个条件皆须满足：

（1）$f(x_0)$ 有定义；

（2）极限 $\lim\limits_{x \to x_0} f(x)$ 存在；

（3）极限 $\lim\limits_{x \to x_0} f(x)$ 的值等于该点函数值 $f(x_0)$.

我们常用上述三个条件来讨论函数 $f(x)$ 在某点处是否连续.

例 1　讨论函数 $f(x) = \begin{cases} x\sin\dfrac{1}{x}, & x \neq 0, \\ 0, & x = 0, \end{cases}$ 在 $x = 0$ 处的连续性.

解： 因为当 $x \to 0$ 时，$x\sin\dfrac{1}{x}$ 是无穷小，且

$$\lim_{x \to 0} f(x) = \lim_{x \to 0} \left(x\sin\frac{1}{x} \right) = 0 = f(0).$$

所以，函数 $f(x)$ 在 $x = 0$ 处连续.

由函数在点 x_0 的左极限与右极限的定义，我们还可以得到函数 $f(x)$ 在点 x_0 左连续与右连续的定义.

如果函数 $f(x)$ 在 x_0 有 $\lim\limits_{x \to x_0^-} f(x) = f(x_0)$，则称函数 $y = f(x)$ 在 x_0 点**左连续**；

如果函数 $f(x)$ 在 x_0 有 $\lim\limits_{x \to x_0^+} f(x) = f(x_0)$，则称函数 $y = f(x)$ 在 x_0 点**右连续**.

关于函数的左连续和右连续可得下述定理.

定理 1.7　函数 $f(x)$ 在点 x_0 处连续的**充分必要条件**是函数 $f(x)$ 在该点左连续且右连续.

由定理 1.7 可得，对于有些直接判断连续性不方便的函数（如：分段点两侧表达式不同的分段函数），我们可以分别研究函数在一点是否左、右连续，来判断函数在该点是否连续.

例2 讨论函数 $f(x) = \begin{cases} \dfrac{\sin 3x}{x}, & x < 0, \\ 2, & x = 0, \\ e^x + 1, & x > 0, \end{cases}$ 在 $x = 0$ 处的连续性.

解：由于 $f(x)$ 在 $x = 0$ 的左、右表达式不同，所以先讨论函数 $f(x)$ 在点 $x = 0$ 处的左、右连续性. 由于

$$\lim_{x \to 0^+} f(x) = \lim_{x \to 0^+}(e^x + 1) = 2 = f(0),$$

$$\lim_{x \to 0^-} f(x) = \lim_{x \to 0^-}\frac{\sin 3x}{x} = 3 \neq f(0),$$

所以，函数 $f(x)$ 在点 $x = 0$ 处只是右连续，但不是左连续，因此 $f(x)$ 在点 $x = 0$ 处不连续.

牛 刀 小 试

1.6.1 已知函数 $f(x) = \begin{cases} x^2 \arctan\dfrac{1}{x}, & x \neq 0 \\ a, & x = 0 \end{cases}$ 在 $x = 0$ 处连续，求 a.

如果函数 $f(x)$ 在 (a,b) 内每一点都连续，则称函数 $y = f(x)$ 在 (a,b) 内连续，区间 (a,b) 称为连续区间. 如果函数 $y = f(x)$ 在 (a,b) 内连续，且该函数在左端点处右连续，在右端点处左连续，则称函数 $f(x)$ 在闭区间 $[a,b]$ 上连续.

函数 $f(x)$ 在它的定义域内的每一点都连续，则称 $f(x)$ 为**连续函数**.

从几何直观上，连续函数的图像是一条连续不间断的曲线.

1.6.2 初等函数的连续性

如果函数 $f(x)$ 在一个区间的每一点处都连续，则称 $f(x)$ 在该区间上连续. 可以证明：**基本初等函数在它们的定义域内都是连续的，一切初等函数在其定义区间内都是连续的.**

所谓定义区间，就是包含在定义域内的区间. 因此，求初等函数 $f(x)$ 在其定义区间内的点 x_0 处的极限，我们可以直接用 $\lim_{x \to x_0} f(x) = f(x_0)$ 来求；求初等函数的连续区间就是求定义区间. 分段函数一般不是初等函数，因此关于分段函数的连续性，必须讨论该函数在分段点处的连续性.

1.6.3 函数的间断点及其分类

定义 1.17 设函数 $f(x)$ 在 x_0 的空心邻域内有定义且函数 $f(x)$ 在 x_0 点不连续，则称 x_0 为函数 $f(x)$ 的**间断点**.

我们从函数 $f(x)$ 在点 x_0 连续的定义可知，x_0 是函数 $f(x)$ 的间断点，至少属于下列三种情形之一：

（1）$f(x)$ 在点 x_0 处无定义；

（2）极限 $\lim\limits_{x \to x_0} f(x)$ 不存在；

（3）$f(x)$ 在 x_0 处有定义且极限 $\lim\limits_{x \to x_0} f(x)$ 存在，但 $\lim\limits_{x \to x_0} f(x) \neq f(x_0)$.

如图 1.21 中的四条函数曲线，在 $x = x_0$ 处都断开了，函数在该点处都不连续，因此，$x = x_0$ 均为函数的间断点.

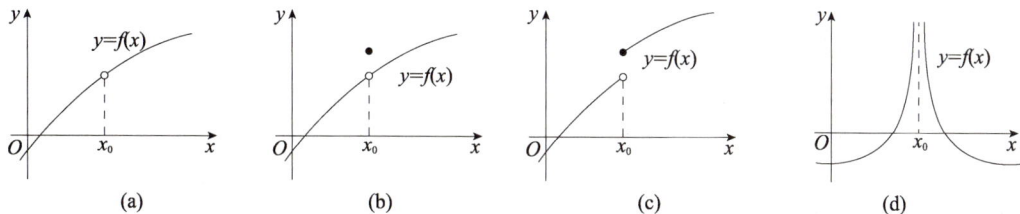

图 1.21

从图 1.21 可见，函数的间断点在间断的"程度"上有很大的差异，为了便于表达，我们把函数的间断点分为以下两种类型.

（1）若函数 $f(x)$ 在间断点 x_0 处的左、右极限都存在，则称 x_0 为函数 $f(x)$ 的**第一类间断点**. 其中左、右极限相等的间断点称为**可去间断点**，如图 1.21(a)、(b)所示；左、右极限不等的间断点称为**跳跃间断点**，如图 1.21(c)所示，函数图像在此点左右两侧发生了突跳所示.

（2）若函数 $f(x)$ 在间断点 x_0 处的左、右极限至少有一个不存在，则称 x_0 为函数 $f(x)$ 的**第二类间断点**. 在第二类间断点中，左、右极限至少有一个为无穷大的间断点称为**无穷间断点**，如图 1.21(d)所示.

例 3 讨论函数 $f(x) = \begin{cases} \dfrac{x^2-1}{x-1}, & x \neq 1, \\ 1, & x = 1, \end{cases}$ 的连续性，若存在间断点，指出间断点的类型.

解： 由于 $\lim\limits_{x \to 1} f(x) = \lim\limits_{x \to 1} \dfrac{x^2-1}{x-1} = 2 \neq f(1)$，

因此 $x = 1$ 是函数 $f(x)$ 的第一类（可去）间断点，如图 1.22 所示，所以函数 $f(x)$ 的连续区间为 $(-\infty, 1) \bigcup (1, +\infty)$.

对于例 3，只要改变函数 $f(x)$ 在 $x = 1$ 的定义，即

$$f(x) = \begin{cases} \dfrac{x^2-1}{x-1}, & x \neq 1, \\ 1, & x = 1, \end{cases}$$ 就可以使函数在 $x = 1$ 处连续.

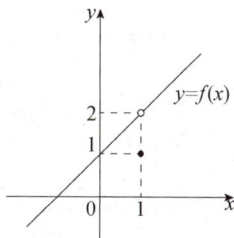

图 1.22

例 4 求函数 $f(x)=\dfrac{\sqrt{1+x^2}-1}{x^2}$ 的间断点，并说明类型.

解：函数 $f(x)$ 在 $x=0$ 时没有定义，所以 $x=0$ 是它的间断点.

又因为 $\lim\limits_{x\to 0}\dfrac{\sqrt{1+x^2}-1}{x^2}=\lim\limits_{x\to 0}\dfrac{1}{\sqrt{1+x^2}+1}=\dfrac{1}{2}$，所以 $x=0$ 是第一类（可去）间断点.

对于例 4，只要补充定义 $f(0)=\lim\limits_{x\to 0}f(x)=\dfrac{1}{2}$，即 $f(x)=\begin{cases}\dfrac{\sqrt{1+x^2}-1}{x^2}, & x\neq 0,\\[2mm]\dfrac{1}{2}, & x=0,\end{cases}$ 则能使函数

$f(x)$ 在 $x=0$ 点连续.

例 5 （冰融化所需要的热量）设 $1g$ 冰从 $-40℃$ 升到 $100℃$ 所需的热量（单位：J）为

$$f(x)=\begin{cases}2.1x+84, & -40\leqslant x\leqslant 0,\\ 4.2x+420, & 0<x\leqslant 100.\end{cases}$$

试问函数在点 $x=0$ 处是否连续？若不连续，指出其间断点的类型，并解释其实际意义.

解：因为 $\lim\limits_{x\to 0^-}f(x)=\lim\limits_{x\to 0^-}(2.1x+84)=84$，

$\lim\limits_{x\to 0^+}f(x)=\lim\limits_{x\to 0^+}(4.2x+420)=420$，

所以 $\lim\limits_{x\to 0^-}f(x)\neq\lim\limits_{x\to 0^+}f(x)$，即 $\lim\limits_{x\to 0}f(x)$ 不存在.

因此，函数 $f(x)$ 在点 $x=0$ 处不连续，且 $x=0$ 是函数 $f(x)$ 的第一类（跳跃）间断点. 这说明冰融化成水时需要的热量会突然增加.

例 6 求函数 $y=\dfrac{1}{(x-3)^2}$ 的间断点，并说明其类型.

解：函数 $f(x)$ 在 $x=3$ 时没有定义，又因为 $\lim\limits_{x\to 3}\dfrac{1}{(x-3)^2}=\infty$，所以 $x=3$ 为 $f(x)$ 的第二类（无穷）间断点.

牛 刀 小 试

1.6.2 求函数 $y=\ln(x-1)$ 的间断点，并说明其类型.

1.6.4 闭区间上连续函数的性质

闭区间上的连续函数有一些非常重要的性质，下面仅给出定理的叙述，不予证明.

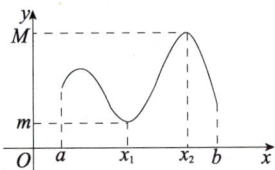

图 1.23

定理 1.8（最值定理） 闭区间上的连续函数一定有最大值和最小值.

由图 1.23 可以看出，包含端点的一段连续曲线上，一定有最低点和最高点，即函数在闭区间内一定能取到最大值 M 和最小值 m.

如果定理 1.8 中"闭区间"和"连续"的条件不具备时，结论可能不成立．如函数 $y = x$ 在开区间 $(0,1)$ 内连续，但它既无最大值也无最小值．

学习笔记	视频

	定理 1.8 和 1.9

推论（有界定理）　闭区间上的连续函数一定有界．

显然，结合最值定理，在闭区间上有最大值与最小值的函数必然是有界函数．

定理 1.9（介值定理）　闭区间上的连续函数必能取到介于最大值和最小值之间的一切值．

即：若函数 $f(x)$ 在闭区间 $[a,b]$ 上连续，c 是介于 $f(x)$ 的最大值 M 和最小值 m 之间的一个值，则至少存在一点 $\xi \in [a,b]$，使得 $f(\xi) = c$（见图 1.24）．

推论（零点定理）　若 $f(x)$ 在闭区间 $[a,b]$ 上连续，且 $f(a)$ 与 $f(b)$ 异号，则至少存在一点 $\xi \in (a,b)$，使得 $f(\xi) = 0$（见图 1.25）．

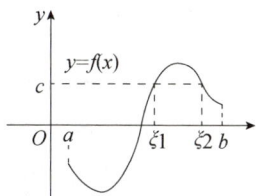

图 1.24

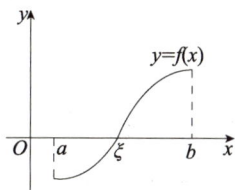

图 1.25

零点定理也可以叙述为：若 $f(x)$ 在闭区间 $[a,b]$ 上连续，且 $f(a)$ 与 $f(b)$ 异号，则方程 $f(x) = 0$ 在 (a,b) 内至少有一个根．因此，这个定理也叫**根的存在性定理**，常用来判断在给定区间内方程是否存在根．

例 7　证明方程 $x^5 - 3x^3 + 1 = 0$ 在区间 $(0,1)$ 内至少有一个根．

证明： 令 $f(x) = x^5 - 3x^3 + 1$，则 $f(x)$ 显然在 $[0,1]$ 上连续，并且有

$$f(0) = 1 > 0 \; ; \quad f(1) = -1 < 0 .$$

例 7 讲解

则由零点定理可知，在 $(0,1)$ 内至少存在一点 ξ，使得 $f(\xi) = 0$，即

$$\xi^5 - 3\xi^3 + 1 = 0 , \quad \xi \in (0,1) .$$

这说明方程 $x^5 - 3x^3 + 1 = 0$ 在 $(0,1)$ 内至少有一个根．

习题 1.6

1. 求下列函数的间断点，并说明其类型：

（1）$y = \dfrac{1}{x-2}$；

（2）$y = \cos\dfrac{1}{x}$；

（3）$y = \dfrac{x-1}{x^2-1}$；

（4）$y = (1+x)^{\frac{1}{x}}$.

2. 讨论下列函数在 $x=0$ 处的连续性，若不连续，指出间断点的类型：

（1）$f(x) = \begin{cases} \dfrac{x}{1-\sqrt{1-x}}, & x<0, \\ 0, & x=0, \\ \dfrac{\ln(1+2x)}{x}, & x>0; \end{cases}$

（2）$f(x) = \begin{cases} \dfrac{1}{x}\sin x, & x<0, \\ 2, & x=0, \\ x\sin\dfrac{1}{x}, & x>0. \end{cases}$

3. 求函数 $f(x) = \dfrac{x^2+x-2}{x^2-4x+3}$ 的连续区间.

4. 设函数 $f(x) = \begin{cases} e^x, & x<0, \\ x+a, & x\geq 0, \end{cases}$ 求：常数 a 为何值时，函数 $f(x)$ 在 $(-\infty,+\infty)$ 内连续.

5. 证明方程 $x^4 - 4x = -2$ 在区间 $(1,2)$ 内至少有一个实根.

6. 证明方程 $x = 2\sin x + 1$ 至少有一个小于 3 的正根.

题 6 讲解

§1.7　数学建模简介

我们在生活实际中遇到的问题是复杂多变的，量与量之间的关系并不明显，并不是套用某个数学公式或只用某个学科、某个领域的知识就可以圆满解决的，这就要求我们有较高的数学素质，能够从众多的事物和现象中找出共同的、本质的东西，善于抓住问题的主要矛盾，从大量数据和定量分析中寻找并发现规律，用数学的理论和数学思维方法及相关知识解决实际问题，为社会服务．要解决实际问题，最重要的一个步骤就是必须建立相应的数学模型，因此人们逐渐认识到建立数学模型的重要性．

1.7.1　数学模型和数学建模的定义

对现实世界中的一个特定对象，为了一个特定目的，根据特有的内在规律，做出一些必要的假设，运用适当的数学工具，得到的一个数学结构，即通过假设变量和参数，运用一些数学方法建立变量和参数间的数学关系，这样抽象出来的数学问题就是**数学模型**．

数学建模是通过对实际问题进行抽象、简化，反复探索，构建一个能够刻画客观原形的本质特征的数学模型，并用来分析、研究和解决实际问题的一种创新活动过程．总的来说，数学建模就是利用数学模型解决实际问题的全过程．

1.7.2　数学建模的全过程

数学建模的全过程分为以下 7 个步骤．

（1）模型准备：了解问题的实际背景，明确其实际意义，掌握对象的各种信息，用数学语言来描述问题．

（2）模型假设：根据实际对象的特征和建模的目的，对问题进行必要的简化，并用精确的语言提出一些恰当的假设．

（3）模型建立：在假设的基础上，利用适当的数学工具来刻画各变量之间的数学关系，建立相应的数学结构（尽量用简单的数学工具）．

（4）模型求解：利用获取的数据资料，对模型的所有参数作出计算（估计）．

（5）模型分析：对所得的结果进行数学上的分析．

（6）模型检验：将模型分析结果与实际情形进行比较，以此来验证模型的准确性、合理性和适用性．如果模型与实际较吻合，则要对计算结果给出其实际含义，并进行解释；如果模型与实际吻合较差，则应该修改假设，再次重复建模过程．

（7）模型应用：应用方式因问题的性质和建模的目的而异．

数学建模是运用数学的语言和方法，通过抽象、简化，建立适合的数学模型近似刻画并"解决"实际问题的一种强有力的数学手段．

1.7.3　数学模型的分类

按不同的分类标准，数学模型可分为以下几类．

（1）按应用领域（或学科）分类：人口模型，交通模型，环境模型，城镇模型，规划模型，生态模型，水资源模型等．

（2）按建模的数学方法（数学分支）分类：初等数学模型、几何模型、微分方程模型、概率统计模型、图论模型等．

（3）按表现特征分类：确定性模型与随机性模型，静态模型与动态模型，线性模型与非线性模型，离散模型与连续模型等．

（4）按建模的目的分类：描述模型、分析模型、预报模型、优化模型、决策模型、控制模型等．

（5）按对模型的了解分类：白箱模型、灰箱模型、黑箱模型等．

1.7.4　数学建模的方法与步骤

1. 数学建模的方法

（1）机理分析法：根据人们对现实对象的了解和已有的知识、经验等，分析研究对象中各变量之间的因果关系，找出反映其内部机理的规律．

（2）测试分析法：当我们对研究对象的机理不清楚的时候，可以把研究对象视为一个"黑箱"系统，对系统的输入/输出进行观测，并以这些实测数据为基础进行统计分析来建立模型．

（3）综合分析法：对于某些实际问题，可将上述两种建模方法结合起来使用．例如用机理分析法确定模型结构，再用测试分析法确定其中的参数．

2. 数学建模的一般步骤

（1）形成问题；
（2）假设与简化；
（3）模型的构建与求解；
（4）模型的检验与评价；
（5）模型的改进．

以上步骤还可以细化为八步建模法：①提出问题；②量的分析；③模型假设；④模型建立；⑤模型求解；⑥模型分析；⑦模型检验；⑧模型应用．

1.7.5 初等数学模型举例——选购手机 SIM 卡模型

1. 问题的提出

某公司新推出 A、B 两种新型手机 SIM 卡，资费情况如表 1.5 所示．

表 1.5

	A	B
月租费	98 元	168 元
免费通话时间	首 60 分钟	首 500 分钟
以后每分钟收费	0.38 元	0.38 元

若要在 A、B 两种 SIM 卡中二选一，问：你将选择哪一种？

2. 模型分析

A 卡月租费少，B 卡免费通话时间长，直观的感觉是：若每月通话业务多时用 B 卡好，业务少则用 A 卡，那么这个划分的标准是多少？即此"临界值"应当是多少？

3. 模型的假设与建立

设通话时间为 t 分钟，消费的话费为 $f(t)$，则对于 A、B 两种 SIM 卡来说，分别有

$$A : f(t) = \begin{cases} 98, & 0 \leqslant t \leqslant 60, \\ 98 + 0.38 \times (t-60), & t > 60; \end{cases}$$

$$B : f(t) = \begin{cases} 168, & 0 \leqslant t \leqslant 500, \\ 168 + 0.38 \times (t-500), & t > 500. \end{cases}$$

比较 A、B 的表达式，讨论究竟通话时间超过多少分钟时 B 比 A 合算，如图 1.26 所示．

4. 结论

通过上图直观地看出，Q 点就是这个划分的标准，也即其"临界值"，可求出 Q 的坐

标．具体求法为：令 0.38（$t-60$）+98=168，求得 t =244.21．

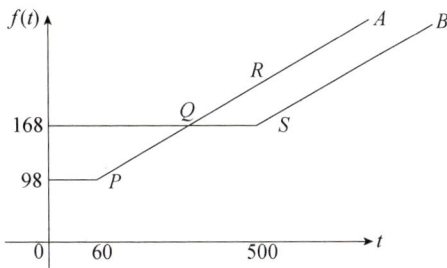

图 1.26

上述结果说明：当每月使用手机时间不超过 244 分钟（约 4 小时）时，应选用 A 卡，否则应选用 B 卡．

知识导图

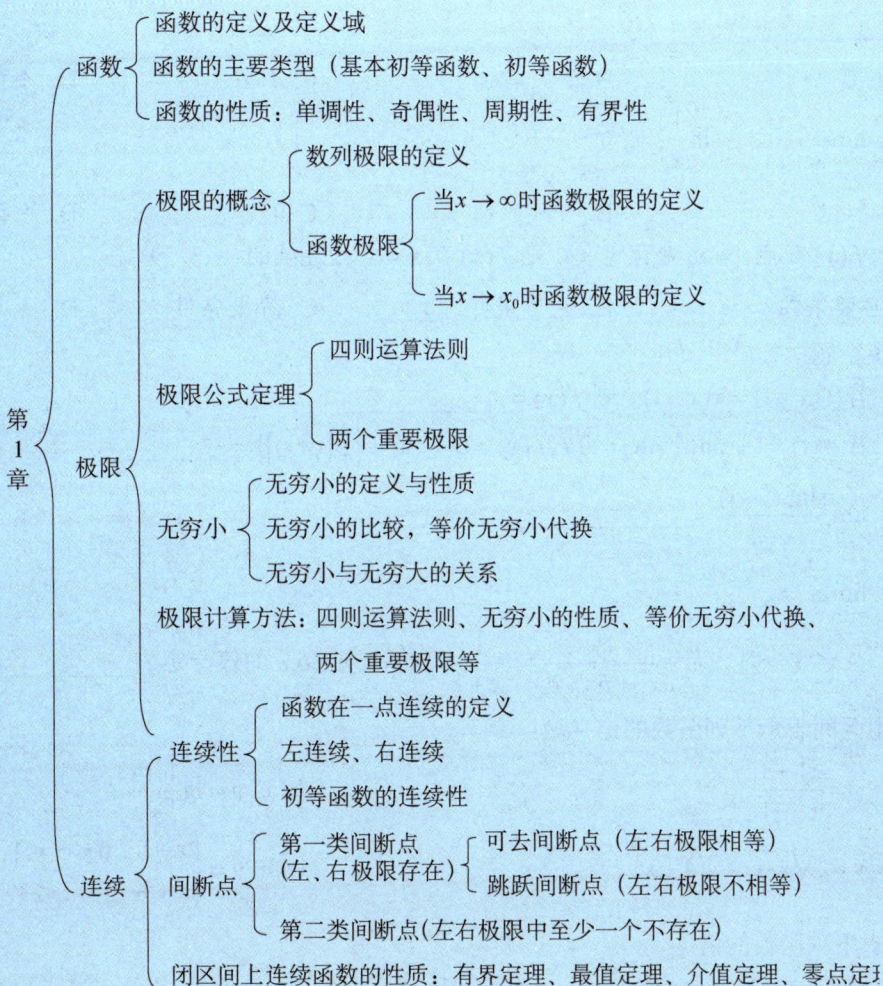

复习题 1

1. 选择题：

（1） $f(x) = \dfrac{1}{\lg|x-5|}$ 的定义域是（　　）.

A. $(-\infty,5) \cup (5,+\infty)$ B. $(-\infty,6) \cup (6,+\infty)$

C. $(-\infty,4) \cup (4,+\infty)$ D. $(-\infty,4) \cup (4,5) \cup (5,6) \cup (6,+\infty)$

（2） 若 $\varphi(x) = \begin{cases} 1, & |x| \leqslant 1, \\ 0, & |x| > 1, \end{cases}$ 则 $\varphi[\varphi(x)] = $ （　　）.

A. $\varphi(x)$，$x \in (-\infty,+\infty)$ B. 1，$x \in (-\infty,+\infty)$

C. 0，$x \in (-\infty,+\infty)$ D. 不存在

（3） 数列 x_n 与 y_n 的极限分别是 A 与 B，但 $A \neq B$，则数列：$x_1,y_1,x_2,y_2,x_3,y_3,\cdots$ 的极限为（　　）.

A. A B. B C. $A+B$ D. 不存在

（4） $\lim\limits_{x\to 0} \dfrac{x^2}{x+1}\left(3 - \sin\dfrac{1}{x}\right) = $ （　　）.

A. 3   B. ∞ C. 0   D. 不存在

（5） $f(x)$ 在点 $x = x_0$ 处有定义，是 $f(x)$ 在 $x = x_0$ 处连续的（　　）.

A. 必要条件   B. 充分条件   C. 充要条件   D. 无关条件

2. 填空题：

（1） 若 $f(x-1) = x(x-1)$，则 $f(x) = $ ＿＿＿＿＿＿.

（2） 若 $\varphi(x) = 1 + \sin x, g(x) = \sqrt{x}, f(x) = e^x$，则 $f\{g[\varphi(x)]\} = $ ＿＿＿＿＿.

（3） $\lim\limits_{x\to 1} \dfrac{\sin(x^2-1)}{x-1} = $ ＿＿＿＿＿＿.

（4） $\lim\limits_{x\to \infty} e^{\frac{1}{x}} = $ ＿＿＿＿＿＿.

（5） 当 $x \to \infty$ 时，若 $\dfrac{1}{ax^2+bx+c}$ 与 $\dfrac{1}{x+1}$ 等价，则 a,b,c 的值一定为＿＿＿＿.

3. 用区间表示下列函数的定义域：

（1） $y = \dfrac{x^2+1}{x^2-1}$；   （2） $y = \lg\dfrac{1-x}{1+x}$；

（3） $y = 2\sqrt{x-1} + \sqrt{4-x^2}$；   （4） $y = \begin{cases} x-1, & 0 \leqslant x \leqslant 1, \\ x+1, & 1 < x \leqslant 3. \end{cases}$

4. 求下列函数的值：

（1） 设 $f(x) = 2x-3$，求 $f(a^2)$，$f[f(a)]$，$[f(a)]^2$；

（2）设 $f(x) = \begin{cases} x \cdot \sin\dfrac{1}{x}, & x \neq 0, \\ 0, & x = 0, \end{cases}$ 求 $f(0)$，$f\left(\dfrac{1}{\pi}\right)$，$f\left(-\dfrac{2}{\pi}\right)$；

（3）设 $f(x) = x\sin x$，求 $f(0)$，$f\left(\dfrac{\pi}{2}\right)$，$f\left(-\dfrac{\pi}{2}\right)$.

5. 写出下列函数的复合过程：

（1）$y = \sin^2 x$；

（2）$y = \mathrm{e}^{\cos x}$；

（3）$y = \arccos(\ln 2x)$；

（4）$y = (1 + \log_2 x)^2$.

6. 求下列函数的极限：

（1）$\lim\limits_{n \to \infty} \dfrac{n-1}{n+1}$；

（2）$\lim\limits_{n \to \infty} \dfrac{\sin n}{n}$；

（3）$\lim\limits_{n \to \infty} \dfrac{2^n + 3^n}{2^{n+1} + 3^{n+1}}$；

（4）$\lim\limits_{n \to \infty} \dfrac{1}{n^3}(1^2 + 2^2 + \cdots + n^2)$；

（5）$\lim\limits_{x \to 2} \sqrt{x^2 - x + 1}$；

（6）$\lim\limits_{x \to -1} \dfrac{x^2 + 3x + 2}{x^2 - 1}$；

（7）$\lim\limits_{x \to 1} \dfrac{x^4 - 1}{x^2 - 1}$；

（8）$\lim\limits_{x \to \infty} \dfrac{x+1}{x^2 + 2x}$；

（9）$\lim\limits_{x \to 0} \dfrac{\sin(\sin x)}{x}$；

（10）$\lim\limits_{x \to 0} x^2 \cos\dfrac{1}{x^2}$；

（11）$\lim\limits_{x \to 0} \dfrac{\sqrt{1+x} - \sqrt{1-x}}{2x}$；

（12）$\lim\limits_{x \to \infty} \left(\dfrac{1+3x}{-2+3x}\right)^x$；

（13）$\lim\limits_{x \to 0} \dfrac{\ln(1+4x)}{\sin 4x}$；

（14）$\lim\limits_{x \to 0} \dfrac{\mathrm{e}^x - 1}{2x}$.

7. 设函数

$$f(x) = \begin{cases} \arctan\dfrac{1}{x-1}, & x \neq 1, \\ 0, & x = 1, \end{cases}$$

求 $\lim\limits_{x \to 1^-} f(x)$ 和 $\lim\limits_{x \to 1^+} f(x)$，并由此说明在点 $x=1$ 处函数的极限是否存在，以及在点 $x=1$ 处函数 $f(x)$ 的连续性.

8. 证明方程 $x^4 - 3x = 1$ 在区间 $(1,2)$ 上至少有一个根.

9. 讨论下列函数的连续性，若有间断点，说明该间断点的类型：

（1）$f(x) = \dfrac{x+1}{\cos x}$；

（2）$f(x) = \begin{cases} x, & |x| \leqslant 1, \\ 1, & |x| > 1. \end{cases}$

10. 设函数 $f(x)$ 在闭区间 $[a,b]$ 上连续，$a < x_1 < x_2 < b$. 证明：在 $[x_1, x_2]$ 上必有 ξ，使得 $f(\xi) = \dfrac{f(x_1) + f(x_2)}{2}$.

在线测试

扫描二维码进行本章在线测试

走近中国数学家

	突出贡献	视频微课
	华罗庚，1910—1985，中国数学家．他在解析数论、典型群、矩阵几何学、自守函数论与多复变函数论等方面有深刻的研究和开创性的贡献．其主要著作有《堆垒素数论》《数论导引》《高等数学引论》《典型群》《典型域上的调和分析》《优选法平话及其补充》《统筹方法平话及补充》等．	

学海拾贝

牛顿简介

牛顿（Isaac，Newton）是英国数学家、物理学家、天文学家．1643年1月4日生于英格兰林肯郡的伍尔索普，1727年3月31日卒于伦敦．

牛顿出身于农民家庭，幼年颇为不幸：他是一个遗腹子，又是早产儿，3岁时母亲改嫁，把他留给了外祖父母，所以他从小过着贫困孤苦的生活．他在条件较差的地方学校接受了初等教育，中学时也没有显示出特殊的才华．1661年牛顿考入剑桥大学三一学院，由于家庭经济困难，学习期间还要从事一些勤杂劳动以减免学费．他学习勤奋，有幸得到著名数学家巴罗教授的指导，并认真钻研了伽利略、开普勒、沃利斯、笛卡儿、巴罗等人的著作，还做了不少实验，打下了坚实的基础，1665年获学士学位．

1665年，伦敦地区流行鼠疫，剑桥大学暂时关闭．牛顿回到伍尔索普，在乡村幽居的两年中，终日思考各种问题、探索大自然的奥秘．他平生三大发明——微积分、万有引力定律、光谱分析，都萌发于此，这时他年仅23岁．后来牛顿在追忆这段峥嵘的青春岁月时，深有感触地说："当年我正值发明创造能力最强的年华，比以后任何时期更专心致志于数学和科学．"并说，"我的成功当归功于尽力的思索．""没有大胆的猜想就作不出伟大的发现."1667 年，他回到剑桥大学攻读硕士学位，在获得学位后，成为三一学院的教师，并协助巴罗编写讲义、撰写微积分和光学论文．他的学术成就得到了巴罗的高度评价．例如，巴罗在 1669 年 7 月向皇家学会数学顾问柯林斯（Collins）推荐牛顿的《运用无穷多项方程的分析学》时，称牛顿为"卓越的天才"．巴罗还坦然宣称牛顿的学识已超过自己，并在 1669 年 10 月把"卢卡斯教授"的职位让给了牛顿，当时牛顿年仅 26 岁．

牛顿发现微积分，首先得益于他的老师巴罗，巴罗关于"微分三角形"的深刻思想，给他极大影响，另外费马作切线的方法和沃利斯的《无穷算术》也给了他很大启发．牛顿的微积分思想（流数术）最早出现在他 1665 年 5 月 21 日写的一页文件中．他的微积分理论主要体现在下述三部论著里．

《运用无穷多项方程的分析学》，在这一著作中他给出了求瞬时变化率的普遍方法，阐明了求变化率和求面积是两个互逆问题，从而揭示了微分与积分的联系，即沿用至今的所谓微积分的基本定理．当然，牛顿的论证在逻辑上是不够严密的．正如他所说："与其说是精确的证明，不如说是简短的说明．"他还应用这一方法得到许多曲线下的面积，并解决了一些能够表示成积分和式的其他问题．在 1669 年，牛顿将这本专论印成小册子给朋友，直到 1711 年才正式出版．

《流数术和无穷级数》，在这一论著中，牛顿对他的微积分理论作了更加广泛而深入的说明，并在概念、计算技巧和应用各方面作了很大改进．例如，他改变了过去静止的观点，认为变量是由点、线、面连续运动而产生的．他把变量叫做"流"，把变量的变化率叫作"流数"，并引进了高阶流数的概念．他用更清晰准确的语言阐明了微积分的基本问题：一是，已知两个流 x 与 y 之间的关系，求它们的流数之间的关系；二是，已知流数 $\dot{x}$ 与 $\dot{y}$ 之间的关系，求它们的流之间的关系，并指出这是两个互逆问题．该书中，牛顿还把流数法用于隐函数的微分，求函数的极值，求曲线的切线、长度、曲率和拐点，并给出了直角坐标和极坐标下的曲率半径公式，附了一张积分简表．这部著作完成于 1671 年，但却经历了半个多世纪直到 1736 年才正式出版．

《求曲边形的面积》，这是一篇研究可积分曲线的经典文献．这篇论文的一个主要目的是为澄清一些遭到非议的基本概念．牛顿试图排除由"无穷小"而造成的混乱局面．为此他把流数定义为"增量消逝"时获得的最终比和"初生增量"的最初比，尽管这种说法仍然是含糊其辞而有失严谨，但把求极限的思想方法作为微积分的基础在这里已初露端倪．这篇论文写成于 1676 年，发表于 1704 年．

牛顿上述三个论著是微积分发展史上的重要里程碑，也为近代数学甚至近代科学的产生与发展开辟了新纪元．

牛顿的名著《自然哲学的数学原理》不仅首次以几何形式发表了流数术及其应用，更重要的是它完成了对日心地动说的力学解释，把开普勒的行星运动规律、伽利略的运动论和惠更斯的振动论等统一成为力学的三大定律．这部巨著 1687 年一问世，立刻被公认为人类智慧的最高结晶，哈雷赞誉它是"无与伦比的论著". 出版后广受欢迎，很快被抢购一空，有人买不到就用手抄写. 这本书在社会上引起了强烈的反响，例如，过去许多人认为彗星是魔鬼的产物，是预示将要发生不祥事件的信号，《自然哲学的数学原理》出版之后，受过教育的人再也不相信这种鬼话了.

由于牛顿对科学作出了巨大贡献，因而受到了人们的崇敬：他于 1688 年当选为国会议员，1689 年被选为法国科学院院士，1703 年当选为英国皇家学会会长，1705 年被英国女王封为爵士. 牛顿的研究工作为近代自然科学奠定了四个重要基础：他创建的微积分，为近代数学奠定了基础；他的光谱分析，为近代光学奠定了基础；他发现的力学三大定律，为经典力学奠定了基础；他发现的万有引力定律，为近代天文学奠定了基础. 1701 年莱布尼茨说："纵观有史以来的全部数学，牛顿做了一半多的工作."汤姆生（Thomson）说："牛顿的发现对英国及人类的贡献超过所有英国国王."然而，即使像牛顿这样的伟大人物，也并非完美无缺. 例如，由于他的一些学术成就或论著常常受到同时代一些科学家的质疑或抨击，使他对争论简直厌恶到病态的程度，德摩根（De Morgan）说："一种病态的害怕别人反对的心理统治了他一生."他的大部分著作都是在朋友们的劝告和坚决请求下才勉强整理出来的. 晚年他在神学势力的影响下几乎完全放弃了科学而潜心于神学的研究，撰写了 150 多万字的有关宗教、神学方面的文稿，其文字之晦涩、见解之荒谬、推理之混乱简直令人不敢相信它是出自一位大科学家之手.

牛顿临终时说："我不知道世人对我有怎样的看法，但是在我看来，我只不过像一个在海滨玩耍的孩子，偶尔很高兴地拾到几颗光滑美丽的石子或贝壳，但那浩瀚无涯的真理的大海，却还在我的前面未曾被我发现."他还说，"如果我之所见比笛卡儿等人要远一点，那只是因为我是站在巨人肩上的缘故."

牛顿终生未娶. 他死后安葬在威斯敏斯特大教堂之内，与英国的英雄们安葬在一起. 当时法国大文豪伏尔泰正在英国访问，他看到英国的大人物们都争抬牛顿的灵柩时感叹地评论说："英国人悼念牛顿就像悼念一位造福于民的国王."牛顿墓碑上拉丁语墓志铭的最后一句是："他是人类的真正骄傲，让我们为之欢呼吧！"

第2章 导数与微分

　　微分学是研究导数理论，求函数的导数与微分的方法及其应用的科学，是微积分的重要组成部分．本章我们将在第 1 章所学的函数极限概念的基础上，讨论微分学的主要内容——函数的导数与微分．在工程建设、社会经济管理等各个领域，有大量与变化率有关的量，它们都可以用导数表示，如物体运动的速度、加速度，经济增长率，人口出生率等．导数概念能反映函数相对于自变量的变化快慢程度，而微分概念能刻画自变量有一微小改变量时，相应的函数改变了多少．本章将从实际问题出发，引入导数与微分的概念，讨论其计算方法，并介绍导数的应用．

§2.1　导数的概念

　　文艺复兴时期，欧洲的生产力得到迅速发展，在此刺激下，自然科学也进入了一个崭新的时期，一些微分学的基本问题受到人们空前的关注．比如：如何求曲线在某一点处的切线斜率；再如，如何确定非匀速运动物体的速度与加速度，这些问题使瞬时变化率问题，也就是导数的研究成了当务之急．17 世纪上半叶，几乎所有的科学大师都致力于寻求解决这些难题的方法．17 世纪后期，在此背景下，微积分学应运而生．微积分学主要包括微分和积分两部分，而导数就是微分学的重要概念之一．

2.1.1　引例

　　在历史上，导数的概念主要起源于两个著名的问题：一个是求曲线的切线问题；另一个是求非匀变速运动的瞬时速度问题．本节就从这两个经典引例的研究出发，从而归纳出导数的概念．

引例 1. 曲线的切线问题

　　设曲线 L 的方程为 $y = f(x)$，求其在点 $x = x_0$ 处切线的斜率．

　　所谓曲线 L 在点 M_0 处的切线，是指当 L 上另一动点 M 沿曲线 L 趋向定点 M_0 时，割线 M_0M 的极限位置，如图 2.1 所示，割线 M_0M 的斜率

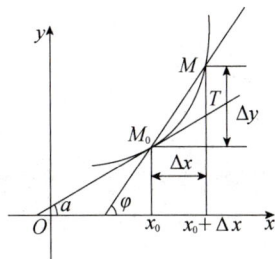

图 2.1

$$\tan\varphi = \frac{\Delta y}{\Delta x} = \frac{f(x_0 + \Delta x) - f(x_0)}{\Delta x}$$

当动点 M 沿曲线 L 趋向点 M_0 时（$\Delta x \to 0$），割线 M_0M 的斜率就越接近于切线 M_0T 的斜率，从而有

$$\tan \alpha = \lim_{\Delta x \to 0} \tan \varphi .$$

即切线斜率为

$$k = \lim_{\Delta x \to 0} \frac{\Delta y}{\Delta x} = \lim_{\Delta x \to 0} \frac{f(x_0 + \Delta x) - f(x_0)}{\Delta x} .$$

因为曲线在一点处的切线是割线的极限位置，所以可以通过求割线斜率，利用极限思想来求切线斜率，由此得到曲线在一点处的切线斜率的表达形式为：**当自变量的增量趋近于 0 时，函数的增量与自变量增量之比的极限**.

引例 2．变速直线运动的瞬时速度问题

设一物体做变速直线运动，位移 s 是时间 t 的函数，记作 $s = s(t)$，求该物体在 $t = t_0$ 时刻的瞬时速度 $v(t_0)$.

在时刻 $t = t_0$ 到 $t = t_0 + \Delta t$ 这一段时间内的平均速度

$$\overline{v} = \frac{\Delta s}{\Delta t} = \frac{s(t_0 + \Delta t) - s(t_0)}{\Delta t} .$$

当 Δt 越小，$\overline{v}$ 就越接近 t_0 的瞬时速度 $v(t_0)$，即

$$v(t_0) = \lim_{\Delta t \to 0} \frac{\Delta s}{\Delta t} = \lim_{\Delta t \to 0} \frac{s(t_0 + \Delta t) - s(t_0)}{\Delta t} .$$

直接求变速直线运动的物体在某一时刻的瞬时速度比较困难，所以可以在该时刻附近再取另一时刻，先求这段时间内的平均速度，然后让两时刻无限接近，即时间段长度无限趋近于 0，此时这段时间的平均速度也就无限趋近于该时刻的瞬时速度．利用极限的思想最终得到在某一时刻的瞬时速度的表达形式为：**当自变量时间的增量趋近于 0 时，位移函数的增量与自变量时间的增量之比的极限**.

虽然上述两个引例分属几何和物理的问题，但得出了相同形式的结果，即都要计算**当自变量的改变量趋于零时，函数的改变量与自变量的改变量之比的极限**．在实际中，凡是考查一个变量随着另一个变量变化的变化率问题，如加速度、电流强度、角速度、线密度等都可以归结为这种形式的极限．我们抛开这些实际问题的具体背景，抓住它们在数学上的共——当自变量改变量趋于 0 时，求增量比的极限，由此抽象出导数的概念．

思政之窗

物体做变速直线运动，速度随时发生变化，其本质是变化的过程．在问题研究过程中，我们将变化的量用不变的量来近似代替，实现对变化过程的研究和突破，这正体现了变与不变的辩证唯物论的观点．变化是绝对的，不变是相对的，变化和不变构成了相互依赖并可以

相互转换的关系.平时,我们面对变化无常的事物和生活,也应该保持一种平和的心态,以不变应万变,运用辩证法的思想化解矛盾、解决问题,无限接近目标,并最终实现理想.

2.1.2　导数的概念

1. 导数的定义

定义 2.1　设函数 $y=f(x)$ 在 $U(x_0)$ 内有定义,当自变量 x 在 x_0 处有增量 Δx 时,相应函数的增量为 $\Delta y=f(x_0+\Delta x)-f(x_0)$.如果当 $\Delta x\to 0$ 时,极限 $\lim\limits_{\Delta x\to 0}\dfrac{\Delta y}{\Delta x}$ 存在,则称函数 $y=f(x)$ 在 x_0 处**可导**,并把这个极限值称为函数 $y=f(x)$ 在 x_0 处的**导数**,记作

$$f'(x_0),\quad y'\big|_{x=x_0},\quad \frac{\mathrm{d}f}{\mathrm{d}x}\Big|_{x=x_0},\quad \frac{\mathrm{d}y}{\mathrm{d}x}\Big|_{x=x_0}.$$

即

$$f'(x_0)=\lim_{\Delta x\to 0}\frac{\Delta y}{\Delta x}=\lim_{\Delta x\to 0}\frac{f(x_0+\Delta x)-f(x_0)}{\Delta x} \tag{2.1}$$

如果当 $\Delta x\to 0$(或 $x\to x_0$)时,这个比值的极限不存在,则称函数 $y=f(x)$ 在 x_0 处**不可导**或没有导数.

学习笔记	视频
_____ _____	导数定义讲解视频

式(2.1)中的自变量的增量 Δx 也常用 h 来表示,因此式(2.1)也可以写作

$$f'(x_0)=\lim_{h\to 0}\frac{f(x_0+h)-f(x_0)}{h} . \tag{2.2}$$

在式(2.1)中,若 $x=x_0+\Delta x$,则上式又可写作

$$f'(x_0)=\lim_{x\to x_0}\frac{f(x)-f(x_0)}{x-x_0} . \tag{2.3}$$

由定义可得,引例 1 中,曲线在某一点的切线斜率正是该曲线的函数在这一点的导数;而引例 2 中,变速直线运动在某一时刻的瞬时速度正是位移函数在该时刻对时间的导数.

如函数 $y=f(x)$ 在 (a,b) 内每一点都可导,即在 (a,b) 内每一点的导数都存在,则称 $y=f(x)$ 在 (a,b) 内可导.此时对区间内的任一点 x ,都对应着 $f(x)$ 的一个确定的导数值,于是就构成了一个新的函数,这个函数称为原来函数 $f(x)$ 的**导函数**(简称为**导数**),

记为

$$f'(x)，\quad y'(x)，\quad \frac{\mathrm{d}f}{\mathrm{d}x} 或 \frac{\mathrm{d}y}{\mathrm{d}x}.$$

即

$$f'(x) = \lim_{\Delta x \to 0} \frac{f(x + \Delta x) - f(x)}{\Delta x}.$$

或

$$f'(x) = \lim_{h \to 0} \frac{f(x + h) - f(x)}{h}.$$

显然，$f'(x_0)$ 是导函数 $f'(x)$ 在 x_0 点的函数值，即 $f'(x_0) = f'(x)\big|_{x=x_0}$.

思政之窗

　　导数是按一定规律变化的函数，它在任何瞬时（自变量取某一值时的导数）都有一定值（极限值），并且这定值并不妨碍它自身的继续运动. 导数是运动与静止的统一体：二者互为前提，相互转化，并在这个不停歇的转化运动中构成了函数这个统一体. 至于函数在某特定点处不存在导数的情况，也可以认为是运动中的一处突变（中断，亦即一种特殊的静止，发生质变的静止），这一特殊点仍是统一体的一部分.

例 1 求函数 $f(x) = C$ 的导数（其中 C 为常数）.

解： $f'(x) = \lim\limits_{\Delta x \to 0} \dfrac{f(x + \Delta x) - f(x)}{\Delta x} = \lim\limits_{\Delta x \to 0} \dfrac{C - C}{\Delta x} = 0$，即 $C' = 0$.

例 2 求 $f(x) = x^2$ 的导数.

解： $f'(x) = \lim\limits_{\Delta x \to 0} \dfrac{f(x + \Delta x) - f(x)}{\Delta x} = \lim\limits_{\Delta x \to 0} \dfrac{(x + \Delta x)^2 - x^2}{\Delta x} = \lim\limits_{\Delta x \to 0} (2x + \Delta x) = 2x$，即 $(x^2)' = 2x$.

牛 刀 小 试

　　2.1.1. 求函数 $f(x) = x^3$ 的导数.

可以证明，对任意的实数 α 有，$(x^\alpha)' = \alpha x^{\alpha-1}$.

例 3 求函数 $f(x) = \sin x$ 的导数及它在 $x = \dfrac{\pi}{2}$ 处的导数.

解： $f'(x) = \lim\limits_{\Delta x \to 0} \dfrac{f(x + \Delta x) - f(x)}{\Delta x} = \lim\limits_{\Delta x \to 0} \dfrac{\sin(x + \Delta x) - \sin x}{\Delta x}$

$$= \lim_{\Delta x \to 0} \frac{2\cos\left(x + \dfrac{\Delta x}{2}\right)\sin\dfrac{\Delta x}{2}}{\Delta x} = \lim_{\Delta x \to 0} \cos\left(x + \frac{\Delta x}{2}\right) \cdot \lim_{\Delta x \to 0} \frac{\sin\dfrac{\Delta x}{2}}{\dfrac{\Delta x}{2}} = \cos x.$$

$$f'\left(\frac{\pi}{2}\right) = \cos x\big|_{x=\frac{\pi}{2}} = 0.$$

所以 $(\sin x)' = \cos x$. 同理可得 $(\cos x)' = -\sin x$.

例 4　已知 $f'(x_0) = A$,

求：（1）$\lim\limits_{h \to 0} \dfrac{f(x_0 + 3h) - f(x_0)}{h}$ ；　（2）$\lim\limits_{h \to 0} \dfrac{f(x_0 + h) - f(x_0 - h)}{h}$.

例 4 讲解

解：（1）$\lim\limits_{h \to 0} \dfrac{f(x_0 + 3h) - f(x_0)}{h} = 3 \lim\limits_{h \to 0} \dfrac{f(x_0 + 3h) - f(x_0)}{3h} = 3f'(x_0) = 3A$ ；

（2）$\lim\limits_{h \to 0} \dfrac{f(x_0 + h) - f(x_0 - h)}{h} = \lim\limits_{h \to 0} \left[\dfrac{f(x_0 + h) - f(x_0)}{h} - \dfrac{f(x_0 - h) - f(x_0)}{h} \right]$

$= \lim\limits_{h \to 0} \dfrac{f(x_0 + h) - f(x_0)}{h} + \lim\limits_{h \to 0} \dfrac{f(x_0 - h) - f(x_0)}{-h} = 2f'(x_0) = 2A$.

牛 刀 小 试

2.1.2. 已知 $f'(x_0) = A$ ，求 $\lim\limits_{h \to 0} \dfrac{f(x_0 - 2h) - f(x_0)}{h}$.

由极限定义我们知道，函数在一点处极限存在的充要条件是函数在该点的左、右极限都存在且相等．导数是用极限来定义的，所以类似地也有如下的定理．

定理 2.1　函数 $y = f(x)$ 在 x_0 点导数 $f'(x_0)$ 存在的**充要条件**是

$$\lim\limits_{\Delta x \to 0^-} \dfrac{f(x_0 + \Delta x) - f(x_0)}{\Delta x} \text{ 和 } \lim\limits_{\Delta x \to 0^+} \dfrac{f(x_0 + \Delta x) - f(x_0)}{\Delta x} \text{ 都存在且相等.}$$

上述两个极限分别称为函数 $f(x)$ 在 x_0 点的**左导数**和**右导数**，分别记作 $f'_-(x_0)$ 和 $f'_+(x_0)$. 即

$$f'_-(x_0) = \lim\limits_{\Delta x \to 0^-} \dfrac{f(x_0 + \Delta x) - f(x_0)}{\Delta x} = \lim\limits_{x \to x_0^-} \dfrac{f(x) - f(x_0)}{x - x_0} ;$$

$$f'_+(x_0) = \lim\limits_{\Delta x \to 0^+} \dfrac{f(x_0 + \Delta x) - f(x_0)}{\Delta x} = \lim\limits_{x \to x_0^+} \dfrac{f(x) - f(x_0)}{x - x_0} .$$

从而上述充要条件又可描述为：**函数 $f(x)$ 在 x_0 处可导的充要条件是左、右导数都存在且相等.**

若 $f(x)$ 在 (a,b) 内的每一点都可导，则 $f(x)$ 在开区间 (a,b) 内可导．

若 $f(x)$ 在 (a,b) 内可导，且在 $x = a$ 处右导数存在，在 $x = b$ 处左导数存在，则称 $f(x)$ 在 $[a,b]$ 上可导．

2. 函数的改变量、平均变化率和瞬时变化率的关系

函数的改变量、平均变化率和瞬时变化率三个概念有一定的联系，由第 1 章所学可知，对于函数 $y = f(x)$ ，$\Delta y = f(x_0 + \Delta x) - f(x_0)$ 称为**函数的改变量**（增量），在研究和比较变量的数量变化时，只考虑变量的改变量是不够的．如有 A、B 两个城市，若某年 A 市第一季度出生了 30 人，B 市前两个月出生了 30 人，虽然人口的改变量是相同的，但显然，按

这样的出生速度计算，一年后，A 市的出生人数比 B 市少，因为 A 市的平均出生率（单位时间的出生人数）低于 B 市．

$\dfrac{\Delta y}{\Delta x}=\dfrac{f(x_0+\Delta x)-f(x)}{\Delta x}$ 称为函数 $y=f(x)$ 在区间 $[x_0,x_0+\Delta x]$ 上的**平均变化率**．它描述了函数 $y=f(x)$ 在区间 $[x_0,x_0+\Delta x]$ 上变化的快慢程度．

$\lim\limits_{\Delta x\to 0}\dfrac{\Delta y}{\Delta x}=\lim\limits_{\Delta x\to 0}\dfrac{f(x_0+\Delta x)-f(x)}{\Delta x}$ 称为函数 $y=f(x)$ 在 x_0 处的**瞬时变化率（导数）**．它描述了函数 $y=f(x)$ 在 x_0 点变化的快慢程度．

一般情况下，无特殊说明，变化率指的是瞬时变化率．

3. 用导数表示实际量——变化率模型

生活中，哪些问题的研究可以用到导数呢？和瞬时变化率或一点处变化率相关的问题，都可以借助导数作为研究工具建立数学模型．为了更深刻地理解变化率，掌握用导数表示变化率的方法，下面给出几个应用模型．

应用模型 1（加速度） 由引例知，若物体的运动方程为 $s=s(t)$，则物体在时刻 t 的瞬时速度为 $v=s'(t)$．因为加速度是速度关于时间的变化率，而物体在 t 到 $t+\Delta t$ 时间段的平均加速度为 $\overline{a}=\dfrac{\Delta v}{\Delta t}$，于是物体在时刻 t 的加速度为 $a=\lim\limits_{\Delta t\to 0}\dfrac{\Delta v}{\Delta t}=v'(t)$．

应用模型 2（电流强度） 带电粒子（电子、离子等）的有序运动形成电流，通过某处的电荷量与所需时间之比称为**电流强度**，简称**电流**．若在 $[0,t]$ 时间段内通过导线横截面的电荷为 $Q=Q(t)$，则在 $[t,t+\Delta t]$ 时间段的平均电流为 $\overline{i}=\dfrac{\Delta Q(t)}{\Delta t}$，时刻 t 的电流为 $i=\lim\limits_{\Delta t\to 0}\dfrac{\Delta Q(t)}{\Delta t}=Q'(t)=\dfrac{\mathrm{d}Q}{\mathrm{d}t}$．

从以上例子的分析，归纳出建立函数 $y=f(x)$ 的变化率（导数）模型的方法为：

（1）取自变量的改变量 Δx 和函数的改变量 Δy；

（2）求平均变化率 $\dfrac{\Delta y}{\Delta x}$；

（3）取极限，得瞬时变化率 $\lim\limits_{\Delta x\to 0}\dfrac{\Delta y}{\Delta x}$．

用导数表示变化率的例子还很多，如出生率、角速度、线密度、传染病的传染率等，这里不再一一列举．

思政之窗

2020 年年初，新冠病毒疫情爆发，从武汉开始快速蔓延至全国．疫情来势汹汹，在党中央的领导和部署下，全国人民齐心抗"疫"，与病毒赛跑，多赢得一分时间，就多了一分胜利的把握，就能解救更多的生命，挽回更多的经济损失．作为科学家，更是跑在了疫情的最前面，用可靠的数学模型预测疫情的发展趋势，为党中央的各项部署提供决策依据．

很多科学家最初就是利用了流行病传播的数学模型，并根据新冠病毒的传播特点对模型进行了优化和改进，从而初步把握感染新冠病毒人数的变化特点，对做好一系列疫情防控工作提供了有力的数据支持．在流行病传播模型中，主要利用导数来研究单位时间内感染病毒的人数，从而列出含导数的微分方程进行分析预测．导数是非常常用的变化率模型，在社会进步和科技发展的过程中有很多重要的应用．通过数学的学习，我们就能在专业领域和生活实践中利用数学知识去解决一些实际问题，学好数学，用好数学，为建设我们的美好家园贡献出自己的一份力量．

2.1.3 导数的几何意义

由前面引例 1 可知，$f'(x_0)$ 就是曲线 $y = f(x)$ 在点 $(x_0, f(x_0))$ 处切线 的斜率，这就是导数的**几何意义**．

如图 2.2 所示，若曲线 $y = f(x)$ 在 $(x_0, f(x_0))$ 处的切线倾角为 α，则 $f'(x_0) = \tan\alpha$．

（1）若 $f'(x_0) > 0$，由 $\tan\alpha > 0$ 知，倾角 α 为锐角，在 x_0 的某领域内曲线是上升的，函数 $f(x)$ 随 x 的增加而增加；

（2）若 $f'(x_0) < 0$，由 $\tan\alpha < 0$ 知，倾角 α 为钝角，在 x_0 的某领域内曲线是下降的，函数 $f(x)$ 随 x 的增加而减少；

（3）若 $f'(x_0) = 0$，由 $\tan\alpha = 0$ 知，切线与 x 轴平行，这样的点 x_0 称为函数 $f(x)$ 的**驻点**或**稳定点**．

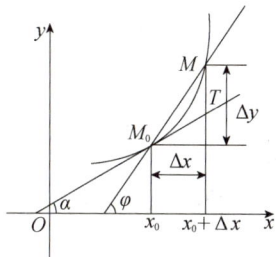

图 2.2

根据导数的几何意义及直线的点斜式方程，若函数 $f(x)$ 在 $x = x_0$ 处可导，则曲线 $y = f(x)$ 在点 $(x_0, f(x_0))$ 处的

切线方程为

$$y - f(x_0) = f'(x_0)(x - x_0)，$$

法线方程为

$$y - f(x_0) = -\frac{1}{f'(x_0)}(x - x_0)\ \ (f'(x_0) \neq 0)．$$

例 5 求曲线 $y = x^2$ 在点 $P(1,1)$ 处的切线方程和法线方程．

解： 由导数的几何意义知，曲线 $y = x^2$ 在点 $P(1,1)$ 处的切线斜率为

$$y'|_{x=1} = 2x|_{x=1} = 2，$$

于是所求切线方程为 $y - 1 = 2(x - 1)$，即 $y = 2x - 1$．

所以法线方程为 $y - 1 = -\dfrac{1}{2}(x - 1)$，即 $2y + x - 3 = 0$．

2.1.4 可导与连续的关系

连续是我们第 1 章中研究的重要概念，函数在一点的连续性是通过该点处的极限值是否和该点的函数值相等来判断的．而可导是我们第 2 章的重点概念，导数也是借助极限定义的，当自变量的增量趋近于 0 时，增量比的极限存在，则函数在该点处可导．这两个概念都和函数在一点的极限相关，那么可导和连续之间又有什么样的关系呢？

若函数 $f(x)$ 在点 x_0 处可导，由导数定义可得

$$f'(x_0) = \lim_{x \to x_0} \frac{f(x) - f(x_0)}{x - x_0}.$$

可以看出，在上述极限存在的条件下，由于分母有 $\lim_{x \to x_0}(x - x_0) = 0$，必然有

$$\lim_{x \to x_0}[f(x) - f(x_0)] = 0 \quad \text{或} \quad \lim_{x \to x_0} f(x) = f(x_0).$$

因此，函数在一点可导必定在该点连续，然而这个推导过程能否逆推回去呢？

如果函数 $f(x)$ 在点 x_0 连续，则

$$\lim_{x \to x_0} f(x) = f(x_0),$$

将右边的常数移到左边，根据极限的四则运算法则可得

$$\lim_{x \to x_0}[f(x) - f(x_0)] = 0,$$

此时，对于导数的定义式 $f'(x_0) = \lim_{x \to x_0} \frac{f(x) - f(x_0)}{x - x_0}$ 而言，是 "$\frac{0}{0}$" 型的极限．通过第 1 章极限的学习，我们知道 "$\frac{0}{0}$" 型是一类不定式，这类极限有可能存在，也有可能不存在，所以由函数在一点处连续无法推出函数在该点处可导．

因此，我们有下述结论：

定理 2.2　如果函数 $y = f(x)$ 在 x_0 处可导，则 $y = f(x)$ 在 x_0 处连续．

需要指出，定理 2.2 的**逆命题**却不一定成立，即若函数在某点连续，不一定在该点可导．连续是可导的必要条件，不是充分条件．但是定理 2.2 的**逆否命题**成立，即**若 $y = f(x)$ 在 x_0 处不连续，则它在 x_0 处一定不可导**．

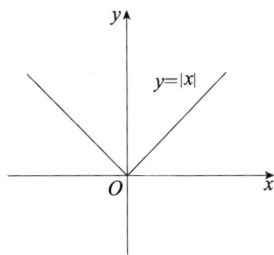

图 2.3

例如，函数 $f(x) = |x|$ 在 $x = 0$ 处连续，但在 $x = 0$ 处不可导（见图 2.3）．事实上

$$f'_-(0) = \lim_{\Delta x \to 0^-} \frac{|\Delta x| - 0}{\Delta x} = \lim_{\Delta x \to 0^-} \frac{-\Delta x}{\Delta x} = -1;$$

$$f'_+(0) = \lim_{\Delta x \to 0^+} \frac{|\Delta x| - 0}{\Delta x} = \lim_{\Delta x \to 0^+} \frac{\Delta x}{\Delta x} = 1.$$

因此，$f'_-(0) \neq f'_+(0)$．

由定理 2.1 可知，　$f(x) = |x|$ 在 $x = 0$ 处导数不存在.

通俗地讲，如果函数 $y = f(x)$ 的图形在点 x_0 处出现"**尖点**"（在 x_0 处不光滑），则它在点 x_0 处不可导，此时曲线 $y = f(x)$ 在点 (x_0, y_0) 处的切线不存在. 另外，如果函数 $y = f(x)$ 在点 x_0 处的切线垂直于 x 轴，则它在点 x_0 处也不可导.

习题 2.1

1. 选择题：

（1）设 $f(x)$ 在 $x = x_0$ 处可导，则 $f'(x_0) = $（　　）.

A. $\lim\limits_{\Delta x \to 0} \dfrac{f(x_0 - \Delta x) - f(x_0)}{\Delta x}$　　　　　　B. $\lim\limits_{h \to 0} \dfrac{f(x_0 + h) - f(x_0 - h)}{2h}$

C. $\lim\limits_{x \to 0} \dfrac{f(x_0) - f(x_0 + 2x)}{2x}$　　　　　　D. $\lim\limits_{x \to 0} \dfrac{f(x) - f(0)}{x}$

（2）函数 $f(x)$ 在 $x = x_0$ 处连续是 $f(x)$ 在 $x = x_0$ 处可导的（　　）.

A. 必要但非充分条件　　　　　　　　B. 充分但非必要条件

C. 充分必要条件　　　　　　　　　　D. 既非充分又非必要条件

（3）若 $f(x)$ 在 $x = x_0$ 处可导，则 $|f(x)|$ 在 $x = x_0$（　　）.

A. 可导　　　　　　　　　　　　　　B. 不可导

C. 连续但未必可导　　　　　　　　　D. 不连续

（4）曲线 $y = \ln x$ 在点（　　）处的切线平行于直线 $y = 2x - 3$.

A. $\left(\dfrac{1}{2}, -\ln 2\right)$　　　　B. $\left(\dfrac{1}{2}, -\ln \dfrac{1}{2}\right)$　　　　C. $(2, \ln 2)$　　　　D. $(2, -\ln 2)$

（5）设函数 $f(x)$ 在 $x = 0$ 处可导，则 $\lim\limits_{h \to 0} \dfrac{f(2h) - f(-3h)}{h} = $（　　）.

A. $-f'(0)$　　　　　　B. $f'(0)$　　　　　　C. $5f'(0)$　　　　　　D. $2f'(0)$

2. 指出图 2.4 中的函数图形在 a、b、c 点是否连续，是否可导？

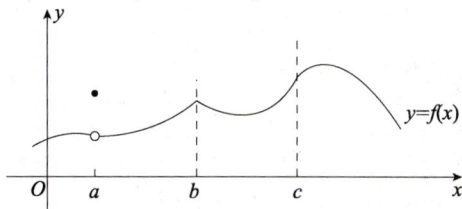

图 2.4

3. 已知函数 $f(x) = \begin{cases} x\sin\dfrac{1}{x}, & 0 < x < 1 \\ 0, & x \leqslant 0 \end{cases}$，判断 $f(x)$ 在 $x = 0$ 处的连续性和可导性.

习题中第 3 题讲解

4. （**自由落体运动**）设一物体做自由落体运动，只考虑重力，不考虑阻力等因素，求：

（1）物体在 $2s \leqslant t \leqslant 3s$ 段的平均速度；

（2）物体在 $t = 2.5s$ 时的瞬时速度；

（3）什么时候物体的瞬时速度达到 100m/s？

§2.2　初等函数的导数

上一节中，我们给出了函数的导数的定义，由导数定义，计算函数 $f(x)$ 的导数只要计算极限 $f'(x) = \lim\limits_{\Delta x \to 0} \dfrac{f(x + \Delta x) - f(x)}{\Delta x}$ 即可．但直接计算上述极限却不是一件容易的事，特别当 $f(x)$ 是较复杂的函数时，计算就更困难了．上节中，我们已经通过导数定义推出了常数函数、幂函数、正弦函数的求导公式．为了方便计算，本节中我们给出所有基本初等函数的求导公式和导数的四则运算法则及复合函数的求导法则．

2.2.1　导数公式与四则运算求导法则

1. 基本初等函数的求导公式

基本初等函数的求导公式如表 2.1 所示。

表 2.1

常函数的导数	1.　$C' = 0$
幂函数的导数	2.　$(x^\mu)' = \mu x^{\mu-1}$ 常用的：$\left(\dfrac{1}{x}\right)' = -\dfrac{1}{x^2}$　　$\left(\sqrt{x}\right)' = \dfrac{1}{2\sqrt{x}}$
指数函数的导数	3.　$(a^x)' = a^x \ln a$　　　　4.　$(e^x)' = e^x$
对数函数的导数	5.　$(\log_a x)' = \dfrac{1}{x \ln a}$　　6.　$(\ln x)' = \dfrac{1}{x}$
三角函数的导数	7.　$(\sin x)' = \cos x$　　　　8.　$(\cos x)' = -\sin x$ 9.　$(\tan x)' = \sec^2 x$　　　10.　$(\cot x)' = -\csc^2 x$ 11.　$(\sec x)' = \sec x \tan x$　　12.　$(\csc x)' = -\csc x \cot x$
反三角函数的导数	13.　$(\arcsin x)' = \dfrac{1}{\sqrt{1-x^2}}$　　14.　$(\arccos x)' = -\dfrac{1}{\sqrt{1-x^2}}$ 15.　$(\arctan x)' = \dfrac{1}{1+x^2}$　　16.　$(\operatorname{arc\,cot} x)' = -\dfrac{1}{1+x^2}$

2. 函数的四则运算求导法则

定理 2.3　设函数 $u(x), v(x)$ 在点 x 处可导，则函数

$$u(x) \pm v(x), \quad u(x) \cdot v(x), \quad \frac{u(x)}{v(x)}\,(v(x) \neq 0).$$

在点 x 处也可导，且

（1）$\left[u(x) \pm v(x)\right]' = u'(x) \pm v'(x)$；

（2）$\left[u(x) \cdot v(x)\right]' = u'(x) \cdot v(x) + u(x) \cdot v'(x)$，

特别地，$\left[Cu(x)\right]' = Cu'(x)$（$C$ 为常数）；

（3）$\left[\dfrac{u(x)}{v(x)}\right]' = \dfrac{u'(x) \cdot v(x) - u(x) \cdot v'(x)}{v^2(x)}$，特别地，$\left[\dfrac{1}{v(x)}\right]' = -\dfrac{v'(x)}{v^2(x)}$.

注：法则（1）（2）可以推广到任意有限个可导函数相加减和相乘的情形.

例如，$(u \pm v \pm w)' = u' \pm v' \pm w'$，$(uvw)' = u'vw + v'uw + w'uv$.

例 1　设 $y = \cos x + \ln x - x^3 + 3^x$，求 y'.

解：$y' = (\cos x + \ln x - x^3 + 3^x)'$

$= (\cos x)' + (\ln x)' - (x^3)' + (3^x)'$

$= -\sin x + \dfrac{1}{x} - 3x^2 + 3^x \ln 3$.

例 2　设 $y = \sqrt{x} \log_3 x + 2^x \sin x$，求 y'.

解：$y' = (\sqrt{x} \log_3 x)' + (2^x \sin x)'$

$= (\sqrt{x})' \log_3 x + \sqrt{x}(\log_3 x)' + (2^x)' \sin x + 2^x (\sin x)'$

$= \dfrac{1}{2\sqrt{x}} \log_3 x + \sqrt{x} \cdot \dfrac{1}{x \ln 3} + 2^x \ln 2 \cdot \sin x + 2^x \cos x$.

例 3　设 $y = \tan x$，证明 $y' = \sec^2 x$.

证：$y' = (\tan x)' = \left(\dfrac{\sin x}{\cos x}\right)' = \dfrac{(\sin x)' \cos x - \sin x (\cos x)'}{\cos^2 x}$

$= \dfrac{\cos^2 x + \sin^2 x}{\cos^2 x} = \dfrac{1}{\cos^2 x} = \sec^2 x$，

即 $(\tan x)' = \sec^2 x$.

牛 刀 小 试

2.2.1.　设 $y = \cot x$，证明 $y' = -\csc^2 x$.

本题的证法和例 3 类似，将余切函数转换成余弦与正弦的商再求导，利用之前推导的正余弦的导数公式和商的求导法则来推导.

例 4 设 $y = \sec x$，证明 $y' = \sec x \tan x$．

证：$y' = (\sec x)' = \left(\dfrac{1}{\cos x}\right)' = -\dfrac{(\cos x)'}{\cos^2 x} = \dfrac{\sin x}{\cos^2 x} = \sec x \tan x$，

即 $(\sec x)' = \sec x \tan x$．

牛 刀 小 试

2.2.2 设 $y = \csc x$，证明 $y' = -\csc x \cot x$．

2.2.2 复合函数求导法则

第 1 章中学习了复合函数的概念，复合函数是生活中常见的函数形式，那么在研究函数的变化率问题时，也经常需要对复合函数进行求导．复合函数可以分解成几个基本初等函数，而基本初等函数的导数我们给出了所有公式，因此，复合函数的导数就可以借助分解后的基本初等函数的导数，利用链式求导法则来求解．

定理 2.4 如果函数 $u = \varphi(x)$ 在点 x 处可导，函数 $y = f(u)$ 在对应点 $u = \varphi(x)$ 可导，则复合函数 $y = f[\varphi(x)]$ 在点 x 处也可导，且

$$\{f[\varphi(x)]\}' = f'(u) \cdot \varphi'(x) = f'[\varphi(x)] \cdot \varphi'(x)．$$

或写作

$$\frac{\mathrm{d}y}{\mathrm{d}x} = \frac{\mathrm{d}y}{\mathrm{d}u} \cdot \frac{\mathrm{d}u}{\mathrm{d}x}．$$

即复合函数对自变量的导数等于函数对中间变量的导数乘以中间变量对自变量的导数．此法则称为复合函数的**链式求导法则**．

学习笔记	视频
	利用链式求导法则分析比较 $y = \sin x^2$ 与 $y = \sin^2 x$ 求导过程

例 5 求下列函数的导数：

（1）$y = \cos^3 x$；　　（2）$y = \mathrm{e}^{\frac{1}{x}}$；　　（3）$y = \sqrt{4 - 3x^2}$．

解：（1）设 $y = u^3$，$u = \cos x$，

则 $y' = (u^3)'(\cos x)' = 3u^2(-\sin x) = -3\cos^2 x \cdot \sin x$．

（2）设 $y = \mathrm{e}^u$，$u = \dfrac{1}{x}$，

则 $y' = (\mathrm{e}^u)' \left(\dfrac{1}{x}\right)' = \mathrm{e}^u \cdot \left(-\dfrac{1}{x^2}\right) = -\dfrac{1}{x^2} \mathrm{e}^{\frac{1}{x}}$．

在熟练掌握复合函数的求导公式后，求导时可不必写出中间过程和中间变量．

（3）$y' = \dfrac{1}{2\sqrt{4-3x^2}} \cdot (-6x) = \dfrac{-3x}{\sqrt{4-3x^2}}$．

牛 刀 小 试

2.2.3 设 $y = \arcsin\sqrt{x}$，求 y'．

例 6 求下列函数的导数：

（1）$y = \ln\sin x^3$；　　（2）$y = 2^{\tan\frac{1}{x}}$；　　（3）$y = \sin^2(2-3x)$．

解：（1）设 $y = \ln u$，$u = \sin v$，$v = x^3$，则

例 6 讲解

$$y' = (\ln u)'(\sin v)'(x^3)' = \dfrac{1}{u} \cdot (\cos v) \cdot 3x^2 = \dfrac{3x^2\cos x^3}{\sin x^3} = 3x^2\cot x^3 .$$

（2）$y' = 2^{\tan\frac{1}{x}} \ln 2 \cdot \sec^2\dfrac{1}{x} \cdot \left(-\dfrac{1}{x^2}\right) = -\dfrac{2^{\tan\frac{1}{x}} \ln 2}{x^2\cos^2\dfrac{1}{x}}$．

（3）$y' = 2\sin(2-3x) \cdot \cos(2-3x) \cdot (-3) = -3\sin(4-6x)$．

注：在对复合函数求导时，可以像（2）（3）的解法一样，省略通过设出中间变量对复合函数进行分解的过程．对每一层求导时，其内层函数作为整体看待，这样可以利用链式法则直接写出函数每一层导数的乘积形式．

例 7 （钢棒长度的变化率）假设某钢棒的长度 L（单位：cm）取决于气温 H（单位：℃），而气温 H 又取决于时间 t（单位：h），如果气温每升高 $1℃$，钢棒长度增加 2cm，每隔 1 小时，气温上升 $3℃$，问：钢棒长度关于时间的增加有多快？

解：由题意得：长度对气温的变化率为 $\dfrac{\mathrm{d}L}{\mathrm{d}H} = 2\,\mathrm{cm}/℃$，气温对时间的变化率为 $\dfrac{\mathrm{d}H}{\mathrm{d}t} = 3℃/\mathrm{h}$，要求长度对时间的变化率，即求 $\dfrac{\mathrm{d}L}{\mathrm{d}t}$．

将 L 看作 H 的函数，H 看作 t 的函数，由复合函数求导的链式法则得

$$\dfrac{\mathrm{d}L}{\mathrm{d}t} = \dfrac{\mathrm{d}L}{\mathrm{d}H} \cdot \dfrac{\mathrm{d}H}{\mathrm{d}t} = 2 \times 3 = 6(\mathrm{cm}/\mathrm{h}) .$$

所以，钢棒长度关于时间的增长率为 $6\mathrm{cm}/\mathrm{h}$．

例 8 （供应商服务范围的增速）某餐饮供应商在一个圆形区域内提供服务，并且在其服务半径达到 5 千米时，其服务半径 r 以每年 2 千米的速度在扩展，问：此时该供应商的服务范围以多快的速度在增长？

解 由题意知，$\dfrac{\mathrm{d}r}{\mathrm{d}t}=2$，$r=5$，且服务面积与服务半径的函数关系为 $A=\pi r^2$，则 $\dfrac{\mathrm{d}A}{\mathrm{d}r}=2\pi r$，因此由复合函数求导法则得

$$\frac{\mathrm{d}A}{\mathrm{d}t}=\frac{\mathrm{d}A}{\mathrm{d}r}\cdot\frac{\mathrm{d}r}{\mathrm{d}t}=2\pi r\cdot\frac{\mathrm{d}r}{\mathrm{d}t}\,,$$

将 $\dfrac{\mathrm{d}r}{\mathrm{d}t}=2$，$r=5$ 代入上式，得 $\dfrac{\mathrm{d}A}{\mathrm{d}t}=2\pi\times5\times2=20\pi\approx63$（平方千米/年）.

2.2.3　高阶导数

一般来说，函数 $y=f(x)$ 的导数 $y=f'(x)$ 仍然是关于 x 的函数，因此可以继续对 $y=f'(x)$ 求导，我们把 $y=f'(x)$ 的导数称为函数 $y=f(x)$ 的**二阶导数**，记作 y'' 或 $\dfrac{\mathrm{d}^2y}{\mathrm{d}x^2}$. 函数 $f(x)$ 二阶导数 $f''(x)=[f'(x)]'$ 实际上是函数 $f(x)$ 的变化率 $f'(x)$ 的变化率.

类似地，二阶导数的导数称为三阶导数；三阶导数的导数称为四阶导数；$\cdots$一般地，$n-1$ 阶导数的导数称为 n **阶导数**，分别记作

$$y''',y^{(4)},\cdots,y^{(n)}\ \text{或}\ \frac{\mathrm{d}^3y}{\mathrm{d}x^3},\frac{\mathrm{d}^4y}{\mathrm{d}x^4},\cdots,\frac{\mathrm{d}^ny}{\mathrm{d}x^n}\,.$$

二阶及二阶以上的导数统称为函数的**高阶导数**.

很多实际问题中都需要高阶导数的概念. 例如，变速直线运动的速度 $v(t)$ 是位置函数 $s(t)$ 对时间 t 的导数，而如果再考查 $v(t)$ 对时间 t 的导数，即"速度变化的速度"，那么就是加速度 $a(t)$，或者说

$$a(t)=\frac{\mathrm{d}v}{\mathrm{d}t}=\frac{\mathrm{d}}{\mathrm{d}t}\left(\frac{\mathrm{d}s}{\mathrm{d}t}\right)=\frac{\mathrm{d}^2s}{\mathrm{d}t^2}\,.$$

由 n 阶导数定义容易看出，求高阶导数不需用新的方法，只要按照求导方法逐阶来求即可.

例 9　设 $y=4x^3-\mathrm{e}^{2x}+5\ln x$，求 y''.

解：因为 $y'=12x^2-2\mathrm{e}^{2x}+\dfrac{5}{x}$，

所以对 y' 继续求导，得 $y''=24x-4\mathrm{e}^{2x}-\dfrac{5}{x^2}$.

例 10　（刹车问题）某一汽车厂在测试一汽车的刹车性能时发现，刹车后汽车行驶的路程 s（单位：m）与时间 t（单位：s）满足 $s=19.2t-0.4t^3$. 假设汽车做直线运动，求汽车在 $t=3\mathrm{s}$ 时的速度和加速度.

解：汽车刹车后的速度为 $v=\dfrac{\mathrm{d}s}{\mathrm{d}t}=(19.2t-0.4t^3)'=19.2-1.2t^2$，

汽车刹车后的加速度为 $a=\dfrac{\mathrm{d}v}{\mathrm{d}t}=(19.2-1.2t^2)'=-2.4t$，

$t=3\text{s}$ 时汽车的速度为 $v=(19.2-1.2t^2)\big|_{t=3}=8.4\,(\text{m}/\text{s})$，

$t=3\text{s}$ 时汽车的加速度为 $a=-2.4t\big|_{t=3}=-7.2\,(\text{m}/\text{s}^2)$．

例 11　求下列函数的 n 阶导数：

（1）$y=a^x$；　　（2）$y=\sin x$．

解：（1）$y'=a^x\ln a$；$y''=a^x(\ln a)^2$；$\cdots$ 所以 $y^{(n)}=a^x(\ln a)^n$．

特别地 $(\text{e}^x)^{(n)}=\text{e}^x$．

（2）$y'=\cos x=\sin\left(x+\dfrac{\pi}{2}\right)$；

$y''=\cos\left(x+\dfrac{\pi}{2}\right)=\sin\left(x+2\cdot\dfrac{\pi}{2}\right)$；

$y'''=\cos\left(x+2\cdot\dfrac{\pi}{2}\right)=\sin\left(x+3\cdot\dfrac{\pi}{2}\right)$；

$\cdots$

所以，$y^{(n)}=(\sin x)^{(n)}=\sin\left(x+n\cdot\dfrac{\pi}{2}\right)$．

类似地，$(\cos x)^{(n)}=\cos\left(x+n\cdot\dfrac{\pi}{2}\right)$．

思政之窗

求高阶导数的过程如同盖楼，前期必须打好基础，后面的工作才能顺利进行，不能急于求成．盖楼需要打好地基后，一层一层建设；求高阶导数也是如此，必须在一阶导数的基础上求二阶导数，在二阶导数的基础上再求三阶导数……前期功课做充分，后面的规律就容易寻找，就能实现事半功倍的效果．我们在工作和学习上，也需要有这种一步一个脚印的精神，不盲目追求一步登顶，不忘初心，踏踏实实，不断积累，逐渐提升，终将实现自己的奋斗目标．

习题 2.2

1. 选择题：

（1）设 $y=\ln|x|$，则 $y'=$（　　）．

A. $\dfrac{1}{x}$；　　　B. $-\dfrac{1}{x}$；　　　C. $\dfrac{1}{|x|}$；　　　D. $-\dfrac{1}{|x|}$．

（2）若对于任意 x，有 $f'(x)=4x^3+x$，$f(1)=-1$，则此函数为（　　）．

A. $f(x)=x^4+\dfrac{x^2}{2}$；　　　　　　B. $f(x)=x^4+\dfrac{x^2}{2}-\dfrac{5}{2}$；

C. $f(x)=12x^2+1$；　　　　　　　D. $f(x)=x^4+x^2-3$．

（3）曲线 $y = x^3 - 3x$ 上切线平行于 x 轴的点是（   ）．

A.（0,0）；　　　　　B.（-2,-2）；　　　　C.（-1,2）；　　　　D.（1,2）．

2．求下列各函数的导数或在给定点处的导数：

（1）$y = 5x^3 - 2^x + 3\mathrm{e}^x + 2$；

（2）$y = \dfrac{\ln x}{x}$；

（3）$s = \dfrac{1 + \sin t}{1 + \cos t}$；

（4）$y = (x^2 + 1)\ln x$；

（5）$y = \dfrac{\sin 2x}{x}$；

（6）$y = \sin x - \cos x$，求 $y'\big|_{x=\frac{\pi}{6}}$；

（7）$f(x) = \dfrac{3}{5-x} + \dfrac{x^2}{5}$，求 $[f(0)]'$、$f'(0)$ 和 $f'(2)$．

3．求下列函数的导数：

（1）$y = \arcsin x^2$；

（2）$y = \mathrm{e}^{-x^2}$；

（3）$y = \tan^3 4x$；

（4）$y = \mathrm{e}^{x+2} \cdot 2^{x-3}$；

（5）$y = (x+1)\sqrt{3-4x}$；

（6）$y = \arctan\dfrac{1-x}{1+x}$；

习题中 3.（8）讲解

（7）$y = \sqrt{x + \sqrt{x + \sqrt{x}}}$；

（8）$y = x\arcsin\dfrac{x}{2} + \sqrt{4 - x^2}$；

4．求下列函数的二阶导数：

（1）$y = \mathrm{e}^{2x-1} \cdot \sin x$；

（2）$y = \ln(x + \sqrt{1 + x^2})$．

5．求下列函数的 n 阶导数：

（1）$y = \ln x$；　　　　（2）$y = a_0 x^n + a_1 x^{n-1} + \cdots + a_{n-1} x + a_n$．

6．（**制冷效果**）某电器厂在对冰箱制冷后断电测试其制冷效果，t 小时后冰箱的温度为 $T = \dfrac{2t}{0.05t+1} - 20$（单位：℃），问：冰箱温度 T 关于时间 t 的变化率是多少？

7．（**瞬时速度**）已知某物体做直线运动，运动方程为 $s = (t^2+1)(t+1)$（位移 s 的单位：m；时间 t 的单位：s），求在 $t = 3\mathrm{s}$ 时物体的速度．

§2.3　隐函数和由参数方程确定的函数求导

2.3.1　隐函数的求导方法

以前我们所遇到的函数如 $y = x^2 + 1$，$y = \sin 3x$ 等都是**显函数**，其特点是式子左端是因变量，右端是仅关于自变量的表达式．而一个函数的对应法则可以有多种多样的表达方式，第 1 章中我们介绍过隐函数，如果在方程 $F(x,y) = 0$ 中，当 x 在某区间 I 内任意取定一个值时，相应地总有满足该方程的唯一的 y 值存在，则称方程 $F(x,y) = 0$ 在区间 I 内确定了一个**隐函数**．

我们知道，把一个隐函数化为显函数，叫**隐函数的显化**，另外我们还知道有一些隐函数是很难显化或无法显化的，这样我们就需要考虑直接由方程入手来计算其所确定的隐函数导数的方法. 下面由几个具体的例子来说明它的求法.

例 1　求由方程 $xy = e^{x+y}$ 所确定的隐函数的导数.

解：把 y 看成是 x 的函数，方程两边对 x 求导，得

$$y + xy' = e^{x+y}(1 + y')$$

整理得

$$\left(x - e^{x+y}\right)y' = e^{x+y} - y$$

解得

$$y' = \frac{e^{x+y} - y}{x - e^{x+y}}.$$

小结：隐函数求导不需要对函数进行显化，很多隐函数也无法显化，也不需要对方程做任何恒等变形. 隐函数求导可以直接由方程入手，让方程两边同时对自变量 x 求导，关键是求导时要把 x 看作自变量，y 看作关于 x 的函数，凡是含 y 的因式都相当于是关于 x 的复合函数，利用复合函数求导. 内函数 y 的导数正是我们要求的量，用 y' 表示，最终将 y' 的表达式整理出来即可.

学习笔记	视频
	讲解对数求导法

例 2　求由方程 $xy + \ln y = x^2$ 所确定的隐函数的导数.

解：把 y 看成是 x 的函数，方程两边对 x 求导，得

$$y + xy' + \frac{1}{y} \cdot y' = 2x$$

从而有

$$\left(x + \frac{1}{y}\right)y' = 2x - y$$

即

$$y' = \frac{2xy - y^2}{1 + xy}.$$

注：此隐函数中 $(xy)'$ 要用乘积的求导法则，x 和 y 一个是自变量，一个是函数，所以求导以后的形式不同. $\ln y$ 一定要看成关于 x 的复合函数，所以 $(\ln y)' = \frac{1}{y} \cdot y'$.

从上面的例子可以看出，隐函数的求导过程如下：

（1）方程 $F(x,y)=0$ 两边同时对 x 求导，把 $F(x,y)$ 中的 y 看作是 x 的函数，利用复合函数求导法则计算.

（2）整理解出 y'.

牛 刀 小 试

2.3.1　设 $x^3+y^3-y=0$，求 y'.

2.3.2　对数求导方法

在一般情况下，当遇到由多个函数的积、商、幂构成的函数求导，我们可以利用"对数求导方法"（方程两端同取对数后再看成隐函数求导）.

例3　求 $y=\sqrt{\dfrac{(x-1)(x-2)}{(x-3)(x-4)}}$ 的导数.

解：方程两边同取对数，得

$$\ln y=\frac{1}{2}[\ln|x-1|+\ln|x-2|-\ln|x-3|-\ln|x-4|]$$

两边求 x 的导数，得

$$\frac{1}{y}\cdot y'=\frac{1}{2}\left(\frac{1}{x-1}+\frac{1}{x-2}-\frac{1}{x-3}-\frac{1}{x-4}\right)$$

即

$$y'=\frac{1}{2}\sqrt{\frac{(x-1)(x-2)}{(x-3)(x-4)}}\left(\frac{1}{x-1}+\frac{1}{x-2}-\frac{1}{x-3}-\frac{1}{x-4}\right).$$

此题通过运用对数求导法，方程两边同取对数后，把原来复杂函数进行了简化，再借助隐函数的求导方法实现求导. 但由于该函数并不是真正的隐函数，所以结果中的 y 要换回含 x 的函数形式.

思政之窗

对数求导法就是一种求导时运用的变通的方法，对于直接求导比较复杂或者不易求解的，通过方程两边取对数使求解过程由繁化简，由难变易，从而快速准确地实现求导目标. 解题要学会灵活选择方法，我们在生活中和学习上遇到问题时，也要学会变通，不能钻牛角尖，有时一条路走不通，换一个思路，换一种方法，也许会收到事半功倍的效果.

例4　求 $y=x^{\sin x}$（$x>0$）的导数.

解：对方程两边取对数，得

$$\ln y=\sin x\cdot\ln x$$

两边对 x 求导，得

$$\frac{1}{y} \cdot y' = \cos x \cdot \ln x + \sin x \cdot \frac{1}{x}$$

即

$$y' = x^{\sin x}\left(\cos x \cdot \ln x + \frac{1}{x}\sin x\right).$$

注：函数 $y = f(x)^{g(x)}$ 既不是幂函数，又不是指数函数，但同时具有幂函数与指数函数的部分特征，称为**幂指函数**. 幂指函数不作任何变形是无法看成复合函数的，因此不能直接用复合函数的求导方法. 但除了对数求导法，幂指函数也可以利用公式 $y = f(x)^{g(x)} = \mathrm{e}^{g(x) \cdot \ln f(x)}$ 变形成复合函数后再求导. 例 4 中 $y = x^{\sin x} = \mathrm{e}^{\sin x \cdot \ln x}$，用公式变形成复合函数后求导得

$$y' = (\mathrm{e}^{\sin x \cdot \ln x})' = \mathrm{e}^{\sin x \cdot \ln x} \cdot (\sin x \cdot \ln x)' = x^{\sin x}\left(\cos x \cdot \ln x + \frac{1}{x}\sin x\right).$$

2.3.3　由参数方程确定的函数的求导法则

有时，函数 $y = f(x)$ 的关系由参数方程 $\begin{cases} x = \varphi(t), \\ y = \psi(t), \end{cases} (\alpha \leqslant t \leqslant \beta)$ 给出，其中 t 为参数，例如椭圆的参数方程为 $\begin{cases} x = a\cos t, \\ y = b\sin t, \end{cases} (0 \leqslant t \leqslant 2\pi).$ 通过消去参数，有的参数方程可以化成 y 是 x 的显函数的形式，但是这种变化过程有时不能进行，或者即使可以进行也比较麻烦，下面介绍直接由参数方程求导数 $\dfrac{\mathrm{d}y}{\mathrm{d}x}$ 的方法.

设 $x = \varphi(t), y = \psi(t)$ 都是可导函数，$\varphi'(t) \neq 0$，且 $x = \varphi(t)$ 有反函数 $t = \varphi^{-1}(x)$. 把 $t = \varphi^{-1}(x)$ 代入 $y = \psi(t)$ 中，得复合函数 $y = \psi[\varphi^{-1}(x)]$. 由复合函数与反函数的求导法则，得

$$\frac{\mathrm{d}y}{\mathrm{d}x} = \frac{\mathrm{d}y}{\mathrm{d}t} \cdot \frac{\mathrm{d}t}{\mathrm{d}x} = \frac{\dfrac{\mathrm{d}y}{\mathrm{d}t}}{\dfrac{\mathrm{d}x}{\mathrm{d}t}} = \frac{\psi'(t)}{\varphi'(t)}.$$

例 5　设 $\begin{cases} x = \ln(1+t^2), \\ y = t - \arctan t, \end{cases}$ 求 $\dfrac{\mathrm{d}y}{\mathrm{d}x}$.

解：$\dfrac{\mathrm{d}y}{\mathrm{d}x} = \dfrac{(t - \arctan t)'}{\left[\ln(1+t^2)\right]'} = \dfrac{1 - \dfrac{1}{1+t^2}}{\dfrac{2t}{1+t^2}} = \dfrac{t}{2}.$

例 6　（圆的切线方程）已知圆的参数方程为 $\begin{cases} x = \cos t, \\ y = \sin t, \end{cases} (0 \leqslant t \leqslant 2\pi),$ 求该圆在 $t = \dfrac{\pi}{4}$ 处的切线方程.

例 6 讲解

解： 当 $t = \dfrac{\pi}{4}$ 时，$x = \cos\dfrac{\pi}{4} = \dfrac{\sqrt{2}}{2}$，$y = \sin\dfrac{\pi}{4} = \dfrac{\sqrt{2}}{2}$，所以切点为 $P\left(\dfrac{\sqrt{2}}{2}, \dfrac{\sqrt{2}}{2}\right)$.

$$\frac{\mathrm{d}y}{\mathrm{d}x} = \frac{(\sin t)'}{(\cos t)'} = \frac{\cos t}{-\sin t} = -\cot t.$$

圆在点 P 的切线斜率为 $k = \dfrac{\mathrm{d}y}{\mathrm{d}x}\bigg|_{t=\frac{\pi}{4}} = -\cot t\big|_{t=\frac{\pi}{4}} = -1$，

所求切线为 $y - \dfrac{\sqrt{2}}{2} = -\left(x - \dfrac{\sqrt{2}}{2}\right)$，即 $x + y - \sqrt{2} = 0$.

习题 2.3

1. 求由下列方程所确定的隐函数的导数：

（1）$y^2 - 2xy + 9 = 0$；

（2）$x^3 + y^3 - 3axy = 0$；

（3）$\cos y = \ln(x+y)$；

（4）$y = 1 - x\mathrm{e}^y$.

2. 用对数求导方法求下列函数的导数：

（1）$y = \dfrac{\sqrt{x+2}(3-x)^4}{(x+1)^5}$；

（2）$y = (\sin x)^{\tan x}$.

习题第 2（1）
讲解

3. 求下列参数方程所确定的函数的导数 $\dfrac{\mathrm{d}y}{\mathrm{d}x}$：

（1）$\begin{cases} x = at^2, \\ y = bt^3; \end{cases}$

（2）$\begin{cases} x = \theta(1 - \sin\theta), \\ y = \theta\cos\theta. \end{cases}$

4. 一质点做曲线运动，其位置坐标与时间 t 的关系为 $\begin{cases} x = t^2 + t - 2, \\ y = 3t^2 - 2t - 1, \end{cases}$ 求 $t = 1$ 时该质点的速度的大小.

§2.4　函数的微分及其应用

在自然科学与工程技术中，常遇到这样一类问题：在运动变化过程中，当自变量有微小改变量 Δx 时，需要计算相应的函数改变量 Δy.

对于函数 $y = f(x)$，在 x_0 处的函数增量可表示为 $\Delta y = f(x_0 + \Delta x) - f(x_0)$，而在很多函数关系中，用上式表达的 Δy 与 Δx 之间的关系相对比较复杂，这一点不利于计算 Δy 相应于自变量 Δx 的改变量. 能否有较简单的关于 Δx 的线性关系去近似代替 Δy 的上述复杂关系呢？近似后所产生的误差又是怎样的呢？现在我们以可导函数 $y = f(x)$ 来研究这个问题，先看一个例子.

引例　受热金属片面积的改变量

如图 2.5 所示，一个正方形金属片受热后，其边长由 x_0 变化到 $x_0 + \Delta x$，问：此时金属片的面积改变了多少？

学习笔记	视频
	微分概念的引例

设此正方形金属片的边长为 x，面积为 S，则 S 是 x 的函数：$S(x) = x^2$. 正方形金属片面积的改变量，可以看成是当自变量 x 在 x_0 取得增量 Δx 时，函数 S 相应的增量 ΔS，即

$$\Delta S = \left(x_0 + \Delta x\right)^2 - x_0^2 = 2x_0\Delta x + (\Delta x)^2 .$$

从上式可以看出，ΔS 分成两部分，第一部分 $2x_0\Delta x$ 是关于 Δx 的线性主部，在图 2.5 中对应带有斜线的两个矩形面积之和，而第二部分 $(\Delta x)^2$ 在图中是带有交叉斜线的小正方形的面积. 很显然，求面积的改变量 ΔS 时，第一部分面积 $2x_0\Delta x$ 起到了主要的作用.

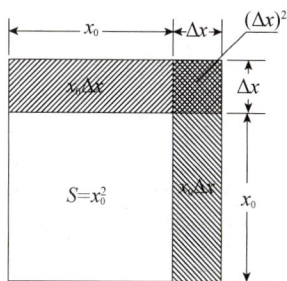

当 $\Delta x \to 0$ 时，第二部分 $(\Delta x)^2$ 是比 Δx 高阶的无穷小，即 $(\Delta x)^2 = o(\Delta x)$. 由此可见，如果边长改变很微小，即 $|\Delta x|$ 很小时，面积函数 $S(x) = x^2$ 的改变量 ΔS 可近似地用第一部分 $2x_0\Delta x$ 来代替，而 $2x_0 = (x^2)'\big|_{x=x_0} = S'(x_0)$，即

$$当 \Delta x \to 0 时，\quad \Delta S \approx S'(x_0)\Delta x .$$

拓展到一般情况可知，求这类近似值问题的总体思路为：

若已知某一函数 $y = f(x)$ 在点 x_0 有改变量 Δx，求 y 的相应改变量 Δy，只要 $f'(x_0)$ 存在，则有

$$当 \Delta x \to 0 时，\quad \Delta y \approx f'(x_0)\Delta x .$$

2.4.1　微分的概念

定义 2.2　设函数 $y = f(x)$ 在 $U\left(x_0\right)$ 内有意义，如果函数的增量

$$\Delta y = f\left(x_0 + \Delta x\right) - f\left(x_0\right)$$

可表示为

$$\Delta y = f'\left(x_0\right)\Delta x + o(\Delta x)$$

其中 $o(\Delta x)$ 是比 Δx 高阶的无穷小,则称函数 $y = f(x)$ 在点 x_0 处**可微**,而 $f'(x_0)\Delta x$ 称为 $y = f(x)$ 在点 x_0 处的**微分**,记作 $\mathbf{d}y$,即

$$dy = f'(x_0) \cdot \Delta x.$$

通常把自变量 x 的改变量 Δx 称为**自变量的微分**,记作 dx,即 $dx = \Delta x$. 则在任意点 x 处函数的微分又可记作

$$dy = f'(x) \cdot dx$$

因此,在任意点 x 处,当 $\Delta x \to 0$ 时,函数的增量 Δy 主要取决于第一部分 $f'(x)\Delta x$ 的大小,可记为 $\Delta y \approx f'(x)\Delta x$ 或 $\Delta y \approx f'(x)dx$,即 $\Delta y \approx dy$.

从微分的定义 $dy = f'(x) \cdot dx$ 可以推出,函数的导数就是函数的微分与自变量的微分之商,即 $f'(x) = \dfrac{dy}{dx}$,因此导数又叫"**微商**". 由此可以得出,一元函数可导和可微是**等价**的.

定理 2.4 函数 $y = f(x)$ 在 x 点可微的充分必要条件是它在该点可导.

对于微分学中的两个概念导数和微分,大家要理解它们的不同和联系,导数概念能反映函数相对于自变量的变化快慢程度,用来研究函数的变化率问题. 而微分概念能刻画自变量发生微小改变量时,相应的函数改变了多少,用来研究函数的改变量的问题. 导数和微分是不同的两个概念,但是它们之间又有密切的联系,一元函数可导与可微是等价的,而且函数的微分可以借助函数的导数来进行计算.

2.4.2 微分的几何意义

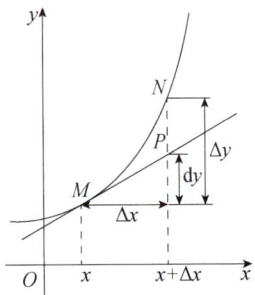

图 2.6

由本章前几节的学习,我们知道函数在一点处的导数在几何上表示函数在该点处的切线斜率,而微分的概念和导数密切相关,那么微分在几何上又表示什么呢?它的几何意义应该如何来表述,我们结合图像分析观察一下.

如图 2.6 所示,曲线 $y = f(x)$ 在点 $M(x, y)$ 处的横坐标 x 有改变量 Δx 时,M 点处**切线纵坐标的改变量为 $\mathbf{d}y$**. 用 dy 近似代替 Δy 就是用切线的改变量近似代替曲线的改变量,所产生的误差当 $\Delta x \to 0$ 时,它也趋近于 0,且趋于 0 的速度比 Δx 要快.

思政之窗

当 $|\Delta x|$ 很小时,曲线弧 MN 可以近似地看成直线段 MP,这是数学上经典的"以直代曲"的思想. 生活中有很多地方也需要"以直代曲"——处理问题学会变通,学会转变,利用已知的去探求未知的,借助简单的去研究复杂的,抓住事物的关键和本质,不纠结于细枝末节,才能更高效地解决更多复杂问题.

2.4.3　微分的计算

根据微分公式 $\mathrm{d}y = f'(x) \cdot \mathrm{d}x$ 可以看出，求函数的微分实际上就是在求函数的导数后再乘上 $\mathrm{d}x$．求导数的一切基本公式和运算法则完全适用于微分，因此我们不再罗列微分的公式和法则了．

例 1　求下列函数的微分或给定点处的微分：

（1）$y = x^3 \mathrm{e}^{2x}$，求 $\mathrm{d}y$；　　　　　（2）$y = \arctan \dfrac{1}{x}$，求 $\mathrm{d}y$ 及 $\mathrm{d}y|_{x=1}$．

解　（1）因为 $y' = 3x^2 \mathrm{e}^{2x} + 2x^3 \mathrm{e}^{2x} = x^2 \mathrm{e}^{2x}(3 + 2x)$，

所以 $\mathrm{d}y = y'\mathrm{d}x = x^2 \mathrm{e}^{2x}(3 + 2x)\mathrm{d}x$．

（2）因为　$y' = \dfrac{-\dfrac{1}{x^2}}{1 + \dfrac{1}{x^2}} = -\dfrac{1}{1 + x^2}$，　　$y'|_{x=1} = -\dfrac{1}{1 + x^2} = -\dfrac{1}{2}$，

所以 $\mathrm{d}y = -\dfrac{1}{1 + x^2}\mathrm{d}x$，　$\mathrm{d}y|_{x=1} = -\dfrac{1}{2}\mathrm{d}x$．

牛 刀 小 试

2.4.1　在下列等式左端的括号中填入适当的函数，使等式成立．

（1）$\mathrm{d}(\quad) = x\mathrm{d}x$；　　　　　（2）$\mathrm{d}(\quad) = \cos \omega t \, \mathrm{d}t$．

2.4.4　微分的应用

由于当自变量的改变量趋于零时，可用微分近似代替函数的改变量，且这种近似计算比较简便，因此，微分公式被广泛应用于计算函数改变量的近似值．

由微分定义可知，函数 $y = f(x)$ 在点 x_0 处可导，且 $|\Delta x|$ 很小时，

$$\Delta y \approx \mathrm{d}y = f'(x_0)\Delta x. \qquad\qquad （公式 1）$$

公式 1 可用来求函数改变量的近似值．

而 $\Delta y = f(x_0 + \Delta x) - f(x_0)$，因此公式 1 可以变形为

$$f(x_0 + \Delta x) \approx f(x_0) + f'(x_0)\Delta x. \qquad\qquad （公式 2）$$

公式 2 可用来求函数在一点处的近似值．

例 2　（受热金属球体积的改变量）半径为 10cm 的实心金属球受热后，半径伸长了 0.05cm，求体积增大的近似值．

解：该题是求函数改变量的问题．设金属球的体积为 V，半径为 r，则

例 2 讲解

$$V = \frac{4}{3}\pi r^3$$

所以 $V' = 4\pi r^2$. 现在 $r = 10\text{cm}$，$\Delta r = 0.05\text{cm}$，则

$$\Delta V \approx \mathrm{d}V = V'\big|_{r=10} \cdot \Delta r = 4\pi (10)^2 \cdot 0.05 = 62.8319\,(\text{cm}^3).$$

例 3 （国民经济消费增量）设某国国民经济消费模型为

$$f(x) = 10 + 0.4x + 0.01x^{\frac{1}{2}},$$

其中 $f(x)$ 为总消费（单位：十亿元），x 为可支配收入（单位：十亿元），当 $x = 100.05$ 时，总消费是多少？

解 因为 $f(x) = 10 + 0.4x + 0.01x^{\frac{1}{2}}$，所以 $f'(x) = 0.4 + \dfrac{0.005}{\sqrt{x}}$.

令 $x_0 = 100$，$\Delta x = 0.05$，因为 Δx 相对于 x_0 较小，由公式 2 得

$$f(x_0 + \Delta x) \approx f(x_0) + f'(x_0)(x - x_0)$$

$$f(100.05) \approx \left(10 + 0.4 \times 100 + 0.01 \times 100^{\frac{1}{2}}\right) + \left(0.4 + \frac{0.005}{\sqrt{100}}\right) \cdot 0.05$$

$$= 50.120025\,（\text{十亿元}）.$$

习题 2.4

1. 选择题：

（1）当 $|\Delta x|$ 充分小，$f'(x_0) \neq 0$ 时，函数 $y = f(x)$ 的改变量 Δy 与微分 $\mathrm{d}y$ 的关系是（　　）．

A. $\Delta y = \mathrm{d}y$

B. $\Delta y < \mathrm{d}y$

C. $\Delta y > \mathrm{d}y$

D. $\Delta y \approx \mathrm{d}y$

（2）若 $f(x)$ 可微，当 $\Delta x \to 0$ 时，在点 x 处的 $\Delta y - \mathrm{d}y$ 是关于 Δx 的（　　）．

A. 高阶无穷小

B. 等价无穷小

C. 同阶无穷小

D. 低阶无穷小

2. 将适当的函数填入下列括号内，使等式成立：

（1）$\mathrm{d}(\quad) = 2x\mathrm{d}x$；

（2）$\mathrm{d}(\quad) = \dfrac{1}{1+x^2}\mathrm{d}x$；

（3）$\mathrm{d}(\quad) = \dfrac{1}{\sqrt{x}}\mathrm{d}x$；

（4）$\mathrm{d}(\quad) = \mathrm{e}^{2x}\mathrm{d}x$；

（5）$\mathrm{d}(\quad) = \sin \omega x\,\mathrm{d}x$；

（6）$\mathrm{d}(\quad) = \sec^2 3x\,\mathrm{d}x$．

3. 求下列函数的微分：

（1）$y = \arcsin\sqrt{1 - x^2}$（$x > 0$）；

（2）$\ln\sqrt{x^2 + y^2} = \arctan\dfrac{y}{x}$

习题第 3（2）
讲解

4.（**圆环面积**）水管壁的正截面是一个圆环，设它的内半径为 R_0，壁厚为 h，利用微分计算这个圆环面积的近似值.

5.（**球面镀铜量**）有一批半径为 1cm 的球，为了提高球面的光洁度，要镀上一层铜，厚度为 0.01cm，估计每只球需用铜多少克？（铜的密度是 $8.9 \mathrm{g} / \mathrm{cm}^3$）

§2.5　数学建模案例——旅行社交通费用模型

2.5.1　问题提出

某旅行社将租用客车公司大、中、小型客车举办风景区旅行团一日游. 客车公司大、中、小型客车的载客数及租车费用（含司机费用燃油费用等）详见表 2.2.

表 2.2

客车类型	可载人数	费用（元/天，辆）
大型客车	50	900
中型客车	40	750
小型客车	30	650

旅行社向旅行团收取交通费的标准为：若每团人数不超过 30 人，每人的交通费为 30 元；若每团人数多于 30 人，则给予优惠，每多 2 人，交通费每人减少 1 元，直至降到 20 元为止. 试问：每团人数为多少时，旅行社获得的交通费利润最大？最大利润是多少？

学习笔记	视频
	旅行社交通费用模型

2.5.2　模型假设和符号说明

1. 租车费用包括司机的劳务费和汽车的燃油费等所有与交通相关的费用.

2. 设旅行社租用大、中、小型三种客车的租金为 $r_i(i=1,2,3)$，$i=1,2,3$ 分别对座大、中、小型客车. 当每团人数为 x 人时，旅行团交纳的交通费为 $M(x)$ 元，旅行社获得的交通费利润为 $L(x)$ 元.

2.5.3 模型的分析与建立

旅行社获得的交通费利润=旅行团交纳的交通费−租用相应客车的费用，即

$$L(x) = M(x) - r_i \, (i=1,2,3).$$

具体地，当旅行困人数 $r \leqslant 30$ 时，旅行社将租用小型客车，租车费用为 $r_3 = 650$ 元，交通费利润为

$$L(x) = 30x - 650.$$

当旅行困人数 $30 < x \leqslant 40$ 时，旅行社将租用中型客车，租车费用为 750 元，收取每个游客的交通费为 $30 - \left[\dfrac{x-30}{2}\right]$（其中 [ ] 为取整符号，表示对其内部函数值取整数值），交通费利润为

$$L(x) = \left(30 - \left[\frac{x-30}{2}\right]\right)x - 750.$$

当旅行团人数 $40 < x \leqslant 50$ 时，旅行社将租用大型客车，租车费用为 900 元，收取每个游客的交通费为 $\max\left\{30 - \left[\dfrac{x-30}{2}\right], 20\right\} = 30 - \left[\dfrac{x-30}{2}\right]$，交通费利润为

$$L(x) = \left(30 - \left[\frac{x-30}{2}\right]\right)x - 900.$$

综上分析，旅行社获得的交通费利润为

$$L(x) = \begin{cases} 30x - 650, & x \leqslant 30, \\ \left(30 - \left[\dfrac{x-30}{2}\right]\right)x - 750, & 30 < x \leqslant 40, \\ \left(30 - \left[\dfrac{x-30}{2}\right]\right)x - 900, & 40 < x \leqslant 50. \end{cases}$$

2.5.4 模型求解

由于交通费利润函数中有取整函数，而取整函数是一个离散的分段函数，不便于讨论，为此，我们用如下函数近似简化分析

$$P(x) = \begin{cases} 30x - 650, & 0 \leqslant x \leqslant 30, \\ \left(30 - \dfrac{x-30}{2}\right)x - 750, & 30 < x \leqslant 40, \\ \left(30 - \dfrac{x-30}{2}\right)x - 900, & 40 < x \leqslant 50. \end{cases}$$

$$P'(x) = \begin{cases} 30, & 0 \leqslant x \leqslant 30, \\ 45-x, & 30 < x \leqslant 40, \\ 45-x, & 40 < x \leqslant 50. \end{cases}$$

当 $x \leqslant 30$ 时，$P'(x) > 0$，故当 $x = 30$ 时，旅行社获得的交通费利润最大，最大利润为 250 元；

当 $30 < x \leqslant 40$ 时 $P'(x) > 0$，故当 $x = 40$ 时，旅行社获得的交通费利润最大，最大利润为 $25 \times 40 - 750 = 250$ 元；

当 $40 < x \leqslant 50$ 时，令 $P'(x) = 0$，解得驻点 $x = 45$，故当 $x = 45$ 时，旅行社获得的交通费利润最大，最大利润为 $23 \times 45 - 900 = 135$ 元. 另外，可补充考虑 $x = 44$ 和 $x = 46$ 时函数 $L(x)$ 的值. 因为 $L(44) = L(46) = 112 < 135$，所以，此时函数的最大值 $L(45) = 135$.

综上分析，因 $L(30) = L(40) > L(45)$，所以当旅行团人数为 30 或 40 时，旅行社获得的交通费利润最大，最大利润为 250 元.

知识导图

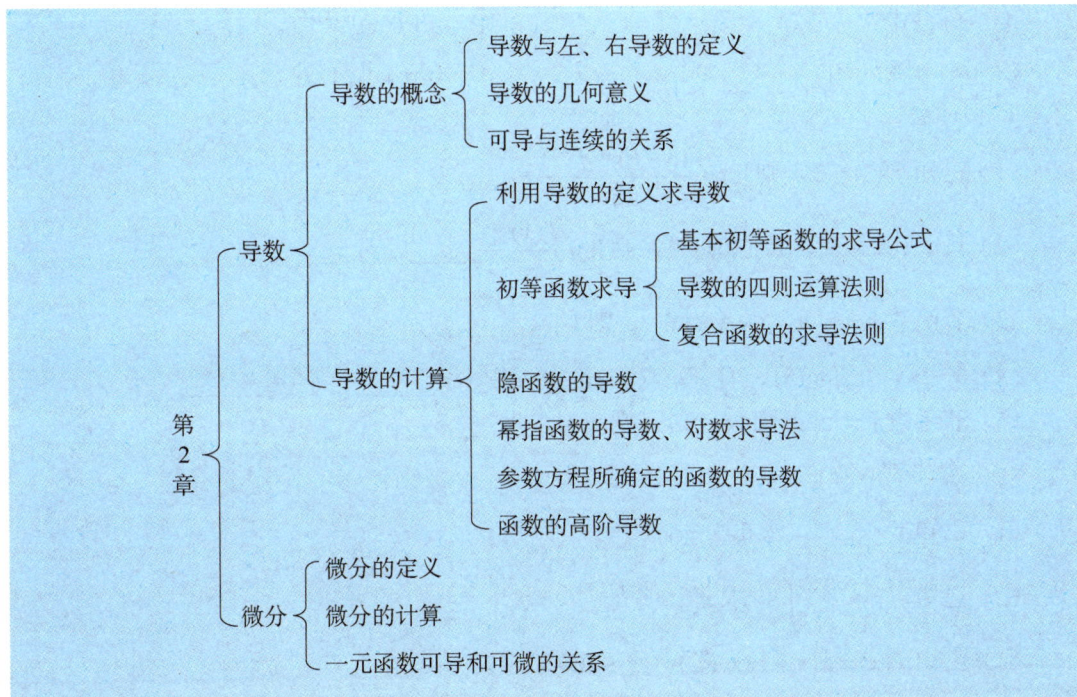

复习题 2

1. 选择题：

（1）设曲线 $y = \dfrac{1}{x}$ 和 $y = x^2$ 在它们交点处两切线的夹角为 φ，则 $\tan \varphi = ($　　$)$.

A. -1 B. 1 C. -2 D. 3

（2）设 $f(x)$ 在 $x=a$ 的某个邻域内有定义，则 $f(x)$ 在 $x=a$ 处可导的一个充分条件是（ ）.

A. $\lim\limits_{h\to+\infty} h\left[f\left(a+\dfrac{1}{h}\right)-f(a)\right]$ 存在   B. $\lim\limits_{h\to 0}\dfrac{f(a+2h)-f(a-h)}{h}$ 存在

C. $\lim\limits_{h\to 0}\dfrac{f(a+h)-f(a-h)}{2h}$ 存在   D. $\lim\limits_{h\to 0}\dfrac{f(a)-f(a-h)}{h}$ 存在

（3）已知 $f(x)$ 为可导的偶函数，且 $\lim\limits_{x\to 0}\dfrac{f(1+x)-f(1)}{2x}=-2$，则曲线 $y=f(x)$ 在 $(-1,2)$ 处的切线方程是（ ）.

A. $y=4x+6$ B. $y=-4x-2$ C. $y=x+3$ D. $y=-x+1$

（4）设 $f(x)$ 可导，则 $\lim\limits_{\Delta x\to 0}\dfrac{f^2(x+\Delta x)-f^2(x)}{\Delta x}=$（ ）.

A. 0 B. $2f(x)$ C. $2f'(x)$ D. $2f(x)\cdot f'(x)$

（5）函数 $f(x)$ 有任意阶导数，且 $f'(x)=[f(x)]^2$，则 $f^{(n)}(x)=$（ ）.

A. $n[f(x)]^{n+1}$ B. $n![f(x)]^{n+1}$

C. $(n+n!)[f(x)]^{n+1}$ D. $(n+1)![f(x)]^2$.

2. 填空题：

（1）已知 $f'(3)=2$，则 $\lim\limits_{h\to 0}\dfrac{f(3-h)-f(3)}{2h}=$ _____.

（2）设 $f'(0)$ 存在，且 $f(0)=0$，则 $\lim\limits_{x\to 0}\dfrac{f(x)}{x}=$ _____.

（3）若函数 $y=\pi^2+x^n+\arctan\dfrac{1}{\pi}$，则 $y'\big|_{x=1}=$ _____.

（4）若 $f(x)$ 二阶可导，且 $y=f(1+\sin x)$，则 $y'=$ _____；$y''=$ _____.

（5）若函数 $y=\ln[\arctan(1-x)]$，则 $\mathrm{d}y=$ _____.

3. 计算下列各题：

（1）已知 $y=\mathrm{e}^{\sin^2\frac{1}{x}}$，求 $\mathrm{d}y$；

（2）已知 $y=\left(\dfrac{\sin x}{x}\right)^x$，求 y'；

（3）已知 $f(x)=x(x+1)(x+2)\cdots(x+2004)$，求 $f'(0)$；

（4）设 $f(x)$ 在 $x=1$ 处有连续的一阶导数，且 $f'(1)=2$，求 $\lim\limits_{x\to 1^+}\dfrac{\mathrm{d}}{\mathrm{d}x}f(\cos\sqrt{x-1})$.

4. 计算下列各题：

（1）已知 $\begin{cases}x=\ln t,\\ y=t^3,\end{cases}$ 求 $\dfrac{\mathrm{d}^2y}{\mathrm{d}x^2}\Big|_{t=1}$；

（2）已知 $x + \arctan y = y$，求 $\dfrac{\mathrm{d}^2 y}{\mathrm{d} x^2}$；

（3）已知 $y = \sin x \cos x$，求 $y^{(50)}$；

5. 设曲线 $y = \mathrm{e}^x$ 在点 $A(a,b)$ 处的切线与连接曲线上两点 $(0,1)$、$(1,\mathrm{e})$ 的弦平行，求 a,b 的值.

6. 试确定常数 a，b 的值，使函数 $f(x) = \begin{cases} b(1+\sin x) + a + 2, & x \geq 0, \\ \mathrm{e}^{ax} - 1, & x < 0 \end{cases}$ 处处可导.

在线测试

扫描二维码进行本章在线测试

走近中国数学家

突出贡献

陈景润，1933—1996，中国数学家. 他在短期任中学教师后调入厦门大学任资料员，同时研究数论. 1956 年，调入中国科学院数学研究所，主要研究解析数论. 1966 年发表《大偶数表为一个素数及一个不超过二个素数的乘积之和》，成为哥德巴赫猜想研究上的里程碑. 著有《初等数论》等.

视频微课

学海拾贝

莱布尼茨简介

莱布尼茨（Leibniz, Gottfriend Wilhelm）是德国数学家、自然主义哲学家、自然科学家. 1646 年 7 月 1 日生于莱比锡，1716 年 11 月 14 日卒于汉诺威.

莱布尼茨的父亲是莱比锡大学的哲学教授，在莱布尼茨 6 岁时就去世了，留给他十分丰富的藏书. 莱布尼茨自幼聪敏好学，经常到父亲的书房里阅读各种不同学科的书籍，中小学的基础课程主要是自学完成的. 16 岁进莱比锡大学学习法律，并钻研哲学，广泛地阅读了培根、开普勒、伽利略等人的著作，并且对前人的著述进行深入的思考和评价. 1663 年 5 月，他以题目为《论个体原则方面的形而上学争论》的论文获得学士学位. 1664 年 1 月, 他又写出论文《论法学之艰难》取得该校哲学学士学位. 从 1665 年开始, 莱比锡大学审查他提交的博士论文《论身份》, 但 1666 年以他年轻 (20 岁) 为由, 不授予他博士学位. 对此他气愤地离开了莱比锡前往纽伦堡的阿尔特多夫大学. 1667 年 2 月阿尔特多夫大学授予他法学博士学位, 该校要聘他为教授, 被他谢绝了. 1672—1676 年, 担任外交官并到欧洲各国游历, 在此期间他结识了惠更斯等科学家, 并在他们的影响下深入钻研了笛卡儿、帕斯卡、巴罗等人的论著, 并写下了很有见地的数学笔记, 这些笔记显示出了他的才智, 可以看出莱布尼茨深刻的理解力和超人的创造力. 1676 年, 他来到德国西部的汉诺威, 在之后的近40 年, 担任腓特烈公爵的顾问及图书馆馆长, 这使他有充足的时间钻研自己喜爱的问题, 撰写各种题材的论文. 莱布尼茨 1673 年被选为英国皇家学会会员, 1682 年创办《博学文摘》, 1700 年被选为法国科学院院士, 同年创建了柏林科学院, 并担任第一任院长.

莱布尼茨把一切领域的知识作为自己追求的目标. 他企图扬弃机械论的近世纪哲学与目的论的中世纪哲学, 调和新旧教派的纷争, 并且为发展科学制订了世界科学院计划, 还想建立通用符号、通用语言, 以便统一一切科学. 莱布尼茨的研究涉及数学、哲学、法学、力学、光学、流体静力学、气体学、海洋学、生物学、地质学、机械学、逻辑学、语言学、历史学、神学等 41 个范畴. 他被誉为 "17 世纪的亚里士多德" "德国的百科全书式的天才". 他终生努力寻求的是一种普遍的方法, 这种方法既是获得知识的方法, 也是创造发明的方法. 他最突出的成就是创建了微积分的方法.

莱布尼茨才气横溢, 美国数学史家贝尔 (Bell) 说: "莱布尼茨具有在任何地点、任何时候、任何条件下工作的能力, 他不停地读着、写着、思考着." 他思如泉涌, 有哲人的宏识.

莱布尼茨的微积分思想的最早记录, 是出现在 1675 年他写的数学笔记中.

莱布尼茨研究了巴罗的《几何讲义》之后, 意识到微分与积分是互逆的关系, 并得出了求曲线的切线依赖于纵坐标与横坐标的差值 (当这些差值变成无穷小时) 的比; 而求面积则依赖于在横坐标的无穷小区间上的纵坐标之和或无限窄矩形面积之和, 并且这种求和与求差的运算是互逆的. 即莱布尼茨的微分学是把微分看作变量相邻二值的无限小的差, 而他的积分概念则以变量分成的无穷多个微分之和的形式出现.

莱布尼茨的第一篇微分学论文《一种求极大极小和切线的新方法, 它也适用于分式和无理量, 以及这种新方法的奇妙类型的计算》, 于 1684 年发表在《博学文摘》上, 这也是历史上最早公开发表的关于微分学的文献. 文中介绍了微分的定义, 并广泛采用了微分记号 dx, dy, 函数的和、差、积、商以及乘幂的微分法则, 关于一阶微分不变形式的定理、关于二阶微分的概念以及微分学对于研究极值、作切线、求曲率及拐点的应用. 他关于积分学的第一篇论文发表于 1686 年, 其中首次引进了积分号 $\int$, 并且初步论述了积分或求积问题与微分或求切线问题的互逆关系, 该文的题目为《探奥几何与不可分量及无限的分析》. 关于积分常数的论述发表于 1694 年，他得到的特殊积分法有：变量替换法、分部积分法、在积分号下对参变量的积分法、利用部分分式求有理式的积分方法等. 他还给出了判断交错级数收敛性的准则. 在常微分方程中，他研究了分离变量法，得出了一阶齐次方程通过用 $y=vx$ 的代换可使其变量分离，得出了如何求一阶线性方程的解的方法. 他给出用微积分求旋转体体积的公式等.

菜布尼茨是数学史上最伟大的符号学者，他在创建微积分的过程中，花了很多时间来选择精巧的符号. 他认识到好的符号不仅可以起到速记作用，更重要的是它能够精确、深刻地表达某种概念、方法和逻辑关系. 他曾说："要发明，就得挑选恰当的符号，要做到这一点，就要用含义简明的少量符号来表达或比较忠实地描绘事物的内在本质，从而最大限度减少人的思维劳动." 现在微积分学中的一些基本符号，例如，dx，dy，$\dfrac{dy}{dx}$，d''，$\int$，$\log$ 等，都是他创立的. 他创立的优越的符号为以后分析学的发展带来了极大方便.

菜布尼茨和牛顿研究微积分学的基础，都达到了同一个目的，但各自采用了不同的方法. 菜布尼茨是作为哲学家和几何学家对这些问题产生兴趣的，而牛顿则主要是从研究物体运动的需要而提出这些问题的. 他们都研究了导数、积分的概念和运算法则，阐明了求导数和求积分是互逆的两种运算，从而建立了微积分的重要基础. 牛顿在时间上比菜布尼茨早 10 年，而菜布尼茨公开发表的时间却比牛顿早 3 年.

作为一个数学家，菜布尼茨的声望虽然是凭借他在微积分的创建中树立起来的，但他对其他数学分支也是有重大贡献的. 例如，对笛卡儿的解析几何，他就提出过不少改进意见，"横坐标"及"纵坐标"等术语都是他给出的. 他提出了行列式的某些理论，他为包络理论做了很多基础性的工作，并给出了曲率中的密切圆的定义. 菜布尼茨还是组合拓扑的先驱，也是数理逻辑学的鼻祖，他系统地阐述了二进制记数法.

菜布尼茨是现代机器数学的先驱，他在帕斯卡加、减法机械计算机的基础上进行改进，使这种机械计算机能进行乘法、除法、自乘的演算.

菜布尼茨虽然脾气急躁，但容易平息. 他一生没有结婚，一生不愿进教堂. 作为一位伟大的科学家和思想家，他把自己的一生奉献给了科学文化事业. 他的著述如林. 20 世纪初，柏林科学院曾计划出版 40 卷的菜布尼茨全集，后因世界大战而未实现. 仅是 1850—1863 年编辑的《菜布尼茨数学著作集》就有 7 卷.

菜布尼茨曾说："我有非常多的思想，如果别人比我更加深入透彻地研究这些思想，并把他们心灵的美好创造与我的工作结合起来，总有一天会有某些用处."

法国数学家、天文学家丰唐内尔（Fontenelle）评论说："菜布尼茨是乐于看到自己提供的种子在别人的植物园里开花的人."

第**3**章 微分中值定理与导数的应用

美国著名数学家、哲学家、数理逻辑学家怀特黑德（Whitehead，1861—1974）曾经说过："只有将数学应用到社会科学的研究之后，才能使文明社会的发展成为可控制的现实."数学中导数概念刻画了函数的一种局部特性，作为函数变化率的模型，在自然科学、工程技术及社会科学等领域中已得到了广泛的应用，而联系导数和函数的纽带是微分中值定理，它是用导数研究函数形态的理论基础，从而也成为导数应用的理论基础.本章将在学习微分中值定理的基础上进一步从局部性质去推断函数在某个区间上的整体性态，从而研究函数的单调性、极值、最值、凹凸性及拐点等.

§3.1　微分中值定理

微分中值定理的核心是拉格朗日中值定理，罗尔定理是它的特例.现在先介绍罗尔定理.

3.1.1　罗尔定理

定理 3.1（罗尔定理）　设函数 $f(x)$ 满足：

（1）在闭区间 $[a，b]$ 上连续；

（2）在开区间 $(a，b)$ 内可导；

（3）$f(a)=f(b)$.

则至少存在一点 $\xi \in (a，b)$，使得 $f'(\xi)=0$.

罗尔定理的**几何意义**是明显的，即在两端高度相同的一段连续曲线上，若除两端点外，处处都存在不垂直于 x 轴的切线，则其中至少存在一条水平切线（见图 3.1）.

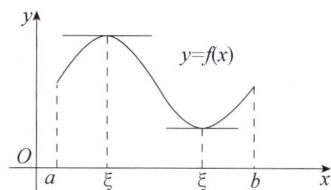

图 3.1

学习笔记	视频
_____ _____	 罗尔定理

罗尔定理的**代数意义**是：当 $f(x)$ 可导时，在函数 $f(x)$ 的两个等值点之间至少存在方程

$f'(x)=0$ 的一个根.

例1　验证函数 $f(x)=x\sqrt{3-x}$ 在区间 $[0,3]$ 上满足罗尔定理的三个条件，并求出 ξ 的值.

解：函数 $f(x)=x\sqrt{3-x}$ 是初等函数，在有定义的区间 $[0,3]$ 上连续；

其导数 $f'(x)=\sqrt{3-x}+\dfrac{-x}{2\sqrt{3-x}}=\dfrac{6-3x}{2\sqrt{3-x}}$ 在开区间 $(0,3)$ 内有意义，即 $f(x)$ 在 $(0,3)$ 内可导；又 $f(0)=f(3)$；所以 $f(x)=x\sqrt{3-x}$ 在区间 $[0,3]$ 上满足罗尔定理的三个条件.

令 $f'(x)=\dfrac{6-3x}{2\sqrt{3-x}}=0$，解得 $x=2$，即在区间 $(0,3)$ 内存在一点 $\xi=2$，使 $f'(\xi)=0$.

例2　设 $f(x)=(x-1)(x-2)(x-3)(x-4)$，不求导数证明 $f'(x)=0$ 有三个实根.

证明：显见 $f(x)$ 有 4 个等值点：$x=1,2,3,4$，即 $f(1)=f(2)=f(3)=f(4)$. 考查区间 $[1,2],[2,3],[3,4]$，$f(x)$ 在这 3 个区间上显然满足罗尔定理的 3 个条件，于是得 $f'(x)=0$ 在 3 个区间内各至少有一个实根，所以方程 $f'(x)=0$ 至少有 3 个实根.

另一方面，$f'(x)$ 是一个三次多项式函数，在实数范围内方程 $f'(x)=0$ 至多有 3 个实根.

综上可知，$f'(x)=0$ 有且仅有 3 个实根.

注意：仅用罗尔定理只能证明在给定区间上方程根的存在性，但不能确定方程根的个数.

牛刀小试

3.1.1　设函数 $f(x)$ 在 $\left[0,\dfrac{\pi}{2}\right]$ 上连续，在 $\left(0,\dfrac{\pi}{2}\right)$ 内可导，且 $f(0)=0$，$f\left(\dfrac{\pi}{2}\right)=1$，求证：$f'(x)=\cos x$ 在 $\left(0,\dfrac{\pi}{2}\right)$ 内至少有一个根.

牛刀小试题目详解

如果我们去掉罗尔定理的第三个条件，可以得到下面更一般的结论.

3.1.2　拉格朗日中值定理

定理 3.2（拉格朗日中值定理）　设函数 $f(x)$ 满足：

（1）在闭区间 $[a,b]$ 上连续；

（2）在开区间 (a,b) 内可导.

则至少存在一点 $\xi\in(a,b)$，使得

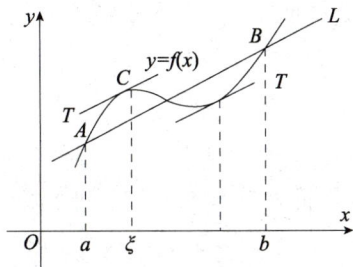

图 3.2

$$f'(\xi)=\dfrac{f(b)-f(a)}{b-a},$$

拉格朗日定理的结论也可以写作

$$f(b)-f(a)=f'(\xi)(b-a)\quad(a<\xi<b).$$

拉格朗日中值定理的**几何意义**为：在一段连续曲线上，若除两端点外处处都存在不垂直于 x 轴的切线，则其中至少有一条切线平行于两端点的连线（见图 3.2）.

由此容易看出拉格朗日中值定理是罗尔定理的一种推广，而罗尔定理是拉格朗日中值定理的一个特例．拉格朗日中值定理的适用范围更广．

例 3 设 $f(x) = 3x^2 + 2x + 5$，求 $f(x)$ 在 $[a,b]$ 上满足拉格朗日中值定理的 ξ 值．

解： $f(x)$ 为多项式函数，在 $[a,b]$ 上满足拉格朗日中值定理的条件，故有

$$f'(\xi) = \frac{f(b) - f(a)}{b - a}$$

即

$$6\xi + 2 = \frac{(3b^2 + 2b + 5) - (3a^2 + 2a + 5)}{b - a} = 3(b + a) + 2 ,$$

由此解得 $\xi = \dfrac{b+a}{2}$，即此时 ξ 为区间 $[a,b]$ 的中点．

推论 1 若在区间 I 上，$f'(x) \equiv 0$，则 $f(x)$ 在 I 上是常数函数，即 $f(x) = C$．

推论 2 若在区间 I 上 $f'(x) \equiv g'(x)$，则在 I 上有 $f(x) - g(x) = C$，C 是常数．

例 4 证明：在 $(-\infty, +\infty)$ 上有

$$\arctan x + \operatorname{arc cot} x = \frac{\pi}{2} .$$

证明 设 $f(x) = \arctan x + \operatorname{arc cot} x$，则 $f(x)$ 在 $(-\infty, +\infty)$ 上连续．

对任意的 $x \in (-\infty, +\infty)$ 有

$$f'(x) = \frac{1}{1 + x^2} - \frac{1}{1 + x^2} \equiv 0 ,$$

由拉格朗日定理的推论知，在 $(-\infty, +\infty)$ 内有 $f(x) = \arctan x + \operatorname{arc cot} x = C$，

再选一个特殊的 x 值确定 C，取 $x = 0$，有

$$\arctan 0 + \operatorname{arc cot} 0 = 0 + \frac{\pi}{2} = \frac{\pi}{2} .$$

因此，在 $(-\infty, +\infty)$ 内有

$$\arctan x + \operatorname{arc cot} x = \frac{\pi}{2} .$$

思政之窗

罗尔定理与拉格朗日定理体现了从简单到复杂，从特殊到一般的关系，从罗尔定理到拉格朗日定理，通过放宽条件，进而得到的更具有普遍意义的结论，而这个过程本身也是一种理论进步．

罗尔定理着眼在静止的一点（特殊的、静止的、绝对的、条件严格的），而拉格朗日着眼在变化的瞬间（运动的、相对的、稍微放宽条件的）．两大中值定理的关系，让我们发现，当你看待问题的视角更发展、更宽泛时，会获得更多、更进步、更具有普遍意义的结果，而这些，本质上却又是一样的．只静止在特殊一点的结论是比较是

局限的，但特殊情况有时也是问题的突破口，所以我们既要能够敏锐地找到突破口，又要善于将特殊到一般进行转化，放眼全局，用运动变化的观点去寻找事物发展的更一般的规律．

习题 3.1

1. 验证下列函数是否满足罗尔定理的条件？若满足，求出定理中的 ξ；若不满足，说明其原因：

（1） $f(x)=\begin{cases} x, & 0\leqslant x\leqslant 1, \\ 0, & x=1; \end{cases}$ 　　　（2） $f(x)=\sqrt[3]{8x-x^2}, \ x\in[0,8]$.

2. 验证下列函数是否满足拉格朗日中值定理的条件？若满足，求出定理中的 ξ；若不满足，说明其原因：

（1） $f(x)=\ln x, \quad x\in[1,e]$ ；　　　（2） $f(x)=x^3-3x, \quad x\in[0,2]$.

3. 证明：在区间 $[-1,1]$ 上，有 $\arcsin x+\arccos x=\dfrac{\pi}{2}$.

第 3 题证明题
讲解

§3.2　导数的应用

导数作为研究函数的变化率的工具，在自然科学、工程技术、经济金融及社会科学等领域中已经得到广泛的应用．本节将利用函数的导数理论来研究函数的单调性、极值、最值及凹凸性和拐点等．

3.2.1　函数的单调性

单调性是函数的重要特性，下面我们讨论怎样利用导数这一工具来判断函数的单调性．首先观察下面的两图（如图 3.3 所示）．

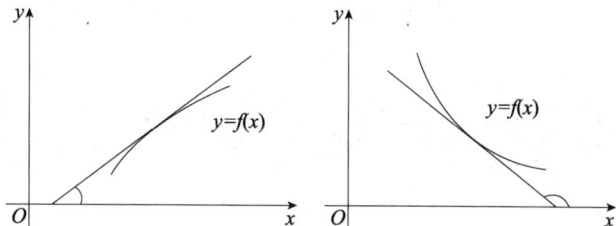

图 3.3

由图可以看出，当函数图形随着自变量的增大而上升时，曲线上每点处的切线与 x 轴正向的夹角为锐角，从而斜率大于零，由导数的几何意义知导数大于零；同样可知，当函数图形随自变量的增大而下降时，导数小于零．所以我们得到函数单调性的判定定理．

定理 3.3 设函数 $f(x)$ 在区间 I 上可导，如果在区间 I 上满足：

（1）在 I 上 $f'(x) > 0$，则函数 $f(x)$ 在 I 上**单调增加**；

（2）在 I 上 $f'(x) < 0$，则函数 $f(x)$ 在 I 上**单调减少**.

在此，我们需要指出，函数 $f(x)$ 在某区间内单调增加（减少）时，在个别点 x_0 处，可以有 $f'(x_0) = 0$. 例如，函数 $y = x^3$ 在区间 $(-\infty, +\infty)$ 内是单调增加的，而

$$y' = 3x^2 \begin{cases} = 0, & \text{当 } x = 0 \text{ 时，} \\ > 0, & \text{当 } x \neq 0 \text{ 时.} \end{cases}$$

对此，我们有更一般性的**结论**：在函数 $f(x)$ 的可导区间 I 内，若 $f'(x) \geq 0$ 或 $f'(x) \leq 0$（等号仅在一些点处成立），则函数 $f(x)$ 在 I 内单调增加或单调减少.

例 1 讨论函数 $f(x) = 2x^3 - 9x^2 + 12x - 3$ 的单调增减区间.

解：首先确定函数的连续区间（对初等函数就是定义域）：该函数定义域为 $(-\infty, +\infty)$.

其次，求导数并确定函数的**驻点**（使函数的一阶导数为零的点）和**导数不存在的点**：

$$f'(x) = 6x^2 - 18x + 12 = 6(x-1)(x-2),$$

由 $f'(x) = 0$ 得驻点 $x_1 = 1, x_2 = 2$，该函数没有导数不存在的点.

最后将找到的点划分连续区间列表讨论判定函数的增减区间.

由表 3.1 可知，函数的单调增区间为 $(-\infty, 1]$、$[2, +\infty)$，单调减区间为 $[1, 2]$.

表 3.1

x	$(-\infty, 1)$	1	$(1, 2)$	2	$(2, +\infty)$
$f'(x)$	+	0	−	0	+
$f(x)$	单增↗		单减↘		单增↗

例 2 证明当 $x > 0$ 时，不等式 $e^x > x + 1$ 成立.

证明：设 $f(x) = e^x - x - 1$，则 $f(0) = 0$.（下证 $f(x) > f(0)$ 即可.）

$f(x)$ 在 $[0, +\infty)$ 上连续，且当 $x > 0$ 时，$f'(x) = e^x - 1 > 0$，所以函数 $f(x) = e^x - x - 1$ 在 $(0, +\infty)$ 上是单调增加的，即 $f(x) > f(0) = 0$.

所以当 $x > 0$ 时，$f(x) = e^x - x - 1 > 0$，即当 $x > 0$ 时，$e^x > x + 1$.

例 2 分析及
证明

牛 刀 小 试

3.2.1 求函数 $f(x) = x^3 + 3x^2 - 24x + 1$ 的单调减区间.

3.2.2 函数的极值

1. 极值的定义

定义 3.1 设 $f(x)$ 在 $U(x_0)$ 内有定义，则对于 $U(x_0)$ 内异于 x_0 的点 x 都满足：

（1）若有 $f(x) < f(x_0)$，则称 $f(x_0)$ 为函数的**极大值**，x_0 称作**极大值点**；

（2）若有 $f(x) > f(x_0)$，则称 $f(x_0)$ 为函数的**极小值**，x_0 称作**极小值点**.

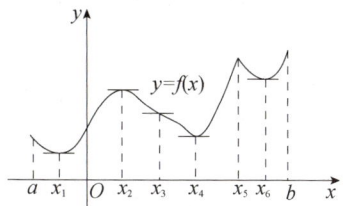

图 3.4

函数的极大值和极小值统称为函数的**极值**，使函数取得极值的点称作**极值点**.

由定义可见，极大值和极小值都是**局部**概念，函数在某个区间上的极大值不一定大于极小值. 观察图 3.4 可以看到：点 x_1，x_2，x_4，x_5，x_6 为函数 $y = f(x)$ 的极值点，其中 x_1，x_4，x_6 为极小值点，x_2，x_5 为极大值点，但 $f(x_2) < f(x_6)$. 由图 3.4 还可以发现：在极值点处或者函数的导数为零（如 x_1，x_2，x_4，x_6）或者导数不存在（如 x_5）.

因此，关于函数极值应注意以下几点：

（1）函数极值的概念是局部性的，函数的极大值和极小值之间并无确定大小关系；

（2）由极值的定义知，函数的极值只能在区间内部取得，不能在区间端点上取得.

思政之窗

　　北宋文学家苏轼写的《题西林壁》中"横看成岭侧成峰，远近高低各不同. 不识庐山真面目，只缘身在此山中"，描绘的是庐山随着观察者角度不同，呈现出不同的样貌. 本节中给出的极值概念，数形结合后画出来的图形，就像庐山的山岭一样连绵起伏，极大值在山顶取得，极小值在山谷出现.

　　人生的轨迹也像连绵不断的曲线，有低谷，也有高峰，起起落落是必经之路，也是成长和成熟的需要. 一方面，低谷并不可怕，那只是临时（局部）的，从长远（整体）来看，也许只是一时的波动，将来还会有高潮，任何时候都不要气馁，不能放弃希望和努力. 从另一方面看，一时的突出成绩也不一定是人生的顶峰，眼光仍要放长远，也许会有更高的山峰等着我们去攀登. 生活中，我们要保持一颗平和的心，跌入低谷不气馁，甘于平淡不放纵，矗立高峰不张扬，胸怀天下不松懈. 要学会用运动的观点看待问题，低谷和顶峰都只是人生路上的一个转折点，要积极乐观地面对生活. 同时，要想认清事物的真相与全貌，必须跳出狭小的、局限的范围，从全局着眼，摆脱主观成见.

2. 极值的判别法

结合定义 3.1，我们再来观察图 3.4，函数 $f(x)$ 在 x_1，x_4，x_6 取得极小值，在 x_2 取得极大值，曲线 $y = f(x)$ 在这几个点处都可作切线，且切线一定平行于 x 轴，因此有 $f'(x_1) = 0$，$f'(x_4) = 0$，$f'(x_6) = 0$，$f'(x_2) = 0$. 函数 $f(x)$ 在 x_5 处虽然也取得极大值，但曲线 $y = f(x)$ 在该点处不能做出切线，函数在该点不可导. 由此，有下面的定理：

定理 3.4（极值存在的必要条件）　若可导函数 $y = f(x)$ 在 x_0 点取得极值，则点 x_0 一定是其**驻点**，即 $f'(x_0) = 0$.

对于定理 3.4，我们要进行两点说明：

（1）在 $f'(x_0)$ 存在时，$f'(x_0) = 0$ 不是极值存在的**充分条件**，即**函数的驻点不一定是函数的极值点**. 例如，$x = 0$ 是函数 $y = x^3$ 的驻点但不是极值点.

（2）函数在导数不存在的点处也可能取得极值. 例如，图 3.4 中函数 $f(x)$ 在 x_5 点取得极大值；再如，$y = |x|$ 在 $x = 0$ 处导数不存在，函数在该点取得极小值 $f(0) = 0$. 但导数不存在的点也可能不是极值点，例如，$y = x^{\frac{1}{3}}$ 在 $x = 0$ 处切线垂直于 x 轴，导数不存在，但 $x = 0$ 不是函数的极值点.

我们把驻点和导数不存在的点统称为**可能极值点**. 为了找出极值点，首先我们要找出所有的可能极值点，然后再判断它们是否是极值点.

从几何直观上容易理解，如果曲线通过某点时先增后减，则该点处取得极大值；反之，如果先减后增，则该点处取得极小值. 利用单调性的判定很容易得到判定函数极值点的方法. 对此，我们有下面的判定定理.

定理 3.5（极值存在的第一充分条件） 设函数 $f(x)$ 在 x_0 处连续，在 $U(\hat{x}_0)$ 内可导，如果满足：

（1）当 $x < x_0$ 时，$f'(x) > 0$；当 $x > x_0$ 时，$f'(x) < 0$，则 $f(x)$ 在 x_0 处取得极大值；

（2）当 $x < x_0$ 时，$f'(x) < 0$；当 $x > x_0$ 时，$f'(x) > 0$，则 $f(x)$ 在 x_0 处取得极小值；

（3）当在 x_0 点左右邻近，$f'(x)$ 的符号不发生改变时，则 $f(x)$ 在 x_0 处没有极值.

综合以上讨论，我们可按如下**步骤**求函数的极值：

（1）确定函数的连续区间（初等函数即为定义域）；

（2）求出函数的驻点和导数不存在的点；

（3）利用充分条件依次判断这些点是否是函数的极值点.

例 3 求函数 $f(x) = (x-1)\sqrt[3]{x^2}$ 的极值.

解： 函数 $f(x) = (x-1)\sqrt[3]{x^2}$ 的定义域为 $(-\infty, +\infty)$.

$$f'(x) = \sqrt[3]{x^2} + \frac{2(x-1)}{3\sqrt[3]{x}} = \frac{5x-2}{3\sqrt[3]{x}} ,$$

令 $f'(x) = 0$ 得驻点 $x = \dfrac{2}{5}$；当 $x = 0$ 时，导数不存在.

下面列表讨论，如表 3.2 所示.

表 3.2

x	$(-\infty, 0)$	0	$\left(0, \dfrac{2}{5}\right)$	$\dfrac{2}{5}$	$\left(\dfrac{2}{5}, +\infty\right)$
$f'(x)$	$+$	不存在	$-$	0	$+$
$f(x)$	单增 ↗	极大值 0	单减 ↘	极小值 $-\dfrac{3}{25}\sqrt[3]{20}$	单增 ↗

所以函数在 $x = 0$ 处取得极大值 $f(0) = 0$，在 $x = \dfrac{2}{5}$ 处取得极小值 $f\left(\dfrac{2}{5}\right) = -\dfrac{3}{25}\sqrt[3]{20}$．

用函数的二阶导数可判定函数的**驻点**是否为极值点，有如下定理．

定理 3.6（极值存在的第二充分条件）　设函数 $f(x)$ 在 x_0 点处二阶可导，且 $f'(x_0) = 0$，则

（1）若 $f''(x_0) < 0$，则 $f(x_0)$ 是 $f(x)$ 的极大值；

（2）若 $f''(x_0) > 0$，则 $f(x_0)$ 是 $f(x)$ 的极小值；

（3）当 $f''(x_0) = 0$ 时，$f(x_0)$ 有可能是极值也有可能不是极值．

说明　此定理虽然适用的范围比定理 3.5 要小，只适用于驻点的判定，不能判定导数不存在的点是否为极值点，但对某些题目来讲，应用此定理可以使题目的解答更简捷．当遇到不符合定理 3.6 条件的题目时，我们要选择第一充分条件去判定．

例 4　求函数 $f(x) = x^2 - \ln x^2$ 的极值．

解：函数的定义域为 $(-\infty, 0) \bigcup (0, +\infty)$．

因为

$$f'(x) = 2x - \frac{2}{x} = \frac{2(x^2 - 1)}{x},$$

令 $f'(x) = 0$，得驻点 $x_1 = -1, x_2 = 1$．

用定理 3.6 判定，求二阶导数

$$f''(x) = 2 + \frac{2}{x^2},$$

因为 $f''(-1) = 4 > 0$，$f''(1) = 4 > 0$，所以 $x_1 = -1, x_2 = 1$ 都是极小值点；$f(-1) = 1$，$f(1) = 1$ 都是函数的极小值．

牛 刀 小 试

3.2.2　求函数 $y = x^3 - 3x^2 - 9x + 5$ 的单调区间与极值．

3.2.3　函数的最值

在生产实践和工程技术中经常会遇到最值问题：在一定条件下，怎样才能使得成本最低、利润最高、原材料最省等．下面我们就来讨论函数的最值问题．

1. 闭区间上函数的最值

设函数 $f(x)$ 在闭区间 $[a, b]$ 上连续，且至多有有限个极值点．根据闭区间上连续函数的性质（最值定理），$f(x)$ 在 $[a, b]$ 上一定存在最值．而且，如果函数的最值是在区间内部取得的话，那么其最值点也一定是函数的极值点．当然，函数的最值点也可能取在区间的端点上．

因此，我们可以按照如下的**步骤**来求给定闭区间上函数的最值：

（1）在给定区间上求出函数的所有驻点和导数不存在的点（可能极值点）；

（2）求出函数在所有驻点、导数不存在的点和区间端点的函数值；

（3）比较这些函数值的大小，最大者即函数在该区间的最大值，最小者即最小值.

例 5　求函数 $f(x)=x^4-2x^2+5$ 在区间 $[-2,2]$ 上的最值.

解：解方程 $f'(x)=4x^3-4x=4x(x^2-1)=0$，得函数的驻点为 $x=0$，$x=\pm1$，没有不可导的点. 计算这些点上的函数值，得

$$f(0)=5, \qquad f(\pm1)=4 .$$

另外，函数在两端点处的函数值为

$$f(-2)=13, \qquad f(2)=13 .$$

比较可知，函数的最大值为 13，最小值为 4.

2. 实际应用中的最值

对于实际问题，往往根据问题的性质就可以断定函数 $f(x)$ 在定义区间内部确实存在最大值或最小值. 理论上可以证明这样一个**结论**：在实际问题中，若函数 $f(x)$ 的定义域是开区间，且在此开区间内的可能极值点只有一个驻点 x_0，而最值又存在，则可以直接确定该驻点 x_0 就是最值点，$f(x_0)$ 即为相应的最值.

例 6　（水槽设计问题）有一块宽为 $2a$ 的长方形铁皮，如图 3.5 所示，将宽所在的两个边缘向上折起，做成一个开口水槽，其横截面为矩形，问：横截面的高取何值时水槽的流量最大（流量与横截面积成正比）？

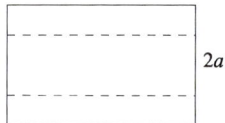

解：设横截面的高为 x，根据题意得该水槽的横截面积为

$$s(x)=2x(a-x)\ (0<x<a),$$

图 3.5

由于 $s'(x)=2a-4x$，

所以，令 $s'(x)=0$ 得 $s(x)$ 的唯一驻点 $x=\dfrac{a}{2}$.

又因为铁皮的两边折得过大或过小，都会使横截面积变小，这说明该问题一定存在着最大值. 所以，唯一驻点 $x=\dfrac{a}{2}$ 也是最大值点，即横截面的高为 $\dfrac{a}{2}$

例 7 讲解

时水槽的流量最大.

例 7　（最省用料问题）如图 3.6 所示，要做一圆柱形无盖铁桶，要求铁桶的容积 V 是一定值，问：怎样设计才能使制造铁桶的用料最省？

解：设铁桶底面半径为 x，高为 h，则由 $V=\pi x^2 h$，得 $h=\dfrac{V}{\pi x^2}$，

除去顶面的圆柱表面积为

$$S=\pi x^2+2\pi xh=\pi x^2+2\pi x\frac{V}{\pi x^2}=\pi x^2+\frac{2V}{x}\ (x>0).$$

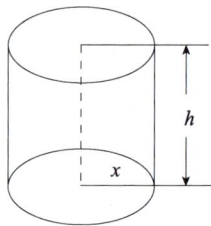

图 3.6

因为 $S' = 2\pi x - \dfrac{2V}{x^2} = \dfrac{2\pi x^3 - 2V}{x^2}$ ，

令 $S' = 0$ ，得唯一驻点 $x = \sqrt[3]{\dfrac{V}{\pi}}$.

由于在容积一定的情况下，铁桶用料一定存在最小值，所以求得的唯一的驻点 $x = \sqrt[3]{\dfrac{V}{\pi}}$

即是 S 的最小值点，此时 $h = \dfrac{V}{\pi x^2} = \sqrt[3]{\dfrac{V}{\pi}}$. 因此只要铁桶底面半径和高都为 $\sqrt[3]{\dfrac{V}{\pi}}$ ，就会使制造铁桶的用料最省.

*3.2.4　曲线的凹凸性与拐点

在研究函数时，仅仅知道函数的单调性、极值和最值，还不足以确定一个函数的具体形状，即使都是单调增加的函数，它对应曲线的弯曲方向也有可能不同，所以为了更好地研究函数，除了要了解函数的增减变化，还需要进一步研究函数曲线的弯曲方向，才能最终描述出函数的具体形态.

在前面，我们讨论学习了函数单调性和极值的判定方法，这些对于我们研究函数性态有很大的帮助，在本节中我们就函数的单调性作更细致的研究.

我们首先来观察下面的两条曲线，如图 3.7 所示. 看一看它们有什么不同.

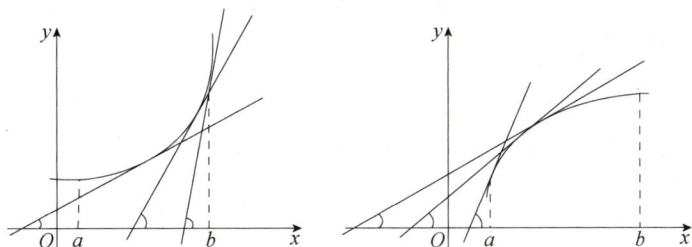

图 3.7

一个很明显的区别是：虽然它们都是单调递增的，但一个是向上弯曲且递增，另一个是向下弯曲且递增，它们递增的方式是不同的. 那么如何判定函数的单调变化方式呢？我们先引入如下定义.

定义 3.2　设函数 $f(x)$ 在开区间 (a,b) 内可导，如果在该区间内 $f(x)$ 的曲线位于其上任何一点切线的上方，则称该曲线在 (a,b) 内是**凹的**，区间 (a,b) 称为**凹区间**；反之，如果 $f(x)$ 的曲线位于其上任一点切线的下方，则称该曲线在 (a,b) 内是**凸的**，区间 (a,b) 称为**凸区间**. 曲线上凹凸弧的分界点称为曲线的**拐点**.

注：拐点位于曲线上而不是坐标轴上，因此应表示为 $(x_0, f(x_0))$. 而 $x = x_0$ 仅是拐点的横坐标，为了表示出拐点，还须算出相应的纵坐标.

思政之窗

2020年，新冠病毒疫情爆发后，"疫情拐点"一词频繁出现在各大新闻媒体上．很多人误以为疫情达到峰值转而下降的点就是疫情的拐点，这是混淆了极值点和拐点的概念；也有很多人认为疫情拐点只会出现一次，疫情拐点到来后就意味着疫情要结束了．这些都是对疫情拐点的错误认识，有可能会影响社会的防控大局．

根据拐点的定义，疫情拐点并不是很多人心理上认为的峰值下降点，疫情拐点出现的次数也可能不止一次．疫情拐点出现的时间需根据流行病学模型来得出，通过建立数学模型拟合新冠肺炎的累计发病数据，来推测发病高峰、发病持续时间、累计发病人数，并绘制出流行曲线，从而研究疫情拐点，掌握疫情动态．

下面讨论函数凹凸性的判定．

直观上看，凹曲线的切线斜率越变越大，而凸曲线的切线斜率越变越小．这种特征我们可以用函数的二阶导数来判定．

定理 3.7 设函数 $f(x)$ 在 (a,b) 内二阶可导，那么

（1）若在 (a,b) 内，$f''(x)>0$，则 $f(x)$ 在 $[a,b]$ 上的图形是凹的；

（2）若在 (a,b) 内，$f''(x)<0$，则 $f(x)$ 在 $[a,b]$ 上的图形是凸的．

由于拐点是曲线凹凸的分界点，由定理 3.7 可得拐点的左右近旁的 $f''(x)$ 必然**异号**．

综合以上讨论，我们可按如下**步骤**求曲线的凹凸区间和拐点：

（1）确定函数的连续区间（初等函数即为定义域）；

（2）求出函数二阶导数为零的点和二阶导数不存在的点，划分连续区间；

（3）利用定理 3.7 依次判断每个区间上二阶导数的符号，从而确定每个区间的凹凸性，并进一步求出拐点坐标．

例 8 求曲线 $y=\ln x$ 在 $(0,+\infty)$ 内的凹凸性．

解： 因为 $y'=\dfrac{1}{x}$，$y''=-\dfrac{1}{x^2}<0$（$x>0$），所以，曲线 $y=\ln x$ 在 $(0,+\infty)$ 内是凸的．

例 9 求曲线 $y=x^4-4x^3+2x-5$ 的凹凸区间和拐点．

解： 定义域为 $(-\infty,+\infty)$，

$$y'=4x^3-12x^2+2，$$
$$y''=12x^2-24x=12x(x-2)．$$

令 $y''=0$，解得 $x_1=0, x_2=2$．列表讨论，如表 3.3 所示．

表 3.3

x	$(-\infty,0)$	0	$(0,2)$	2	$(2,+\infty)$
y''	+	0	−	0	+
y	凹	拐点$(0,-5)$	凸	拐点$(2,-17)$	凹

即函数的凹区间为 $(-\infty,0]$ 和 $[2,+\infty)$，凸区间为 $(0,2)$，拐点为 $(0,-5)$、$(2,-17)$．

习题 3.2

1. 确定下列函数的单调区间：

（1）$y=2x^3-6x^2-18x-7$；　　　　　（2）$y=\dfrac{1}{4x^3-9x^2+6x}$．

2. 证明当 $x>0$ 时，$1+\dfrac{1}{2}x>\sqrt{1+x}$．

3. 求下列函数的极值：

（1）$y=x^3-3x$；　　　　　（2）$y=\dfrac{x^3}{(x-1)^2}$；

4. 试问：a 为何值时，函数 $f(x)=a\sin x+\dfrac{1}{3}\sin 3x$ 在 $x=\dfrac{\pi}{3}$ 处取得极值？它是极大值还是极小值？并求此极值．

5. 求下列函数的最大值与最小值：

（1）$y=2x^3-3x^2$，$-1\leqslant x\leqslant 4$；　　　　（2）$y=x+\sqrt{1-x}$，$-5\leqslant x\leqslant 1$．

6. 欲用长 6m 的木料加工一个日字形的窗框，问：它的边长和边宽分别为多少时，才能使窗框的面积最大？最大面积为多少？

7. 某车间靠墙壁要盖长方形小屋，现有存砖只够砌 20 米长的墙壁，问：应围成怎样的长方形才能使这间小屋的面积最大？

8. 将边长为 48cm 的一块正方形铁皮，四角各截去一个大小相同的小正方形，然后将四边折起做一个无盖的方盒．问：截掉的小正方形边长多大时，所得方盒的容积最大？

9. 求下列函数的拐点及凹凸区间：

（1）$y=x^3-5x^2+3x+5$；　　　　　（2）$y=\ln(x^2+1)$．

10. 试确定曲线 $y=ax^3+bx^2+cx+d$ 中的 a,b,c,d，使得 $x=-2$ 处曲线有水平切线，$(1,-10)$ 为拐点，且点 $(-2,44)$ 在曲线上．

习题 3.2 第 10 题讲解

§3.3　利用导数求极限——洛必达法则

在自变量的某个变化过程中，两个无穷小量或无穷大量之比的极限可能存在也可能不存在，通常称为 "$\dfrac{0}{0}$" 型和 "$\dfrac{\infty}{\infty}$" 型的不定式或未定式．根据第 1 章的学习，我们知道不定式求极限不能直接用极限的四则运算法则来求，而且很多不定式也无法用我们第 1 章中介绍过的几种方法来求，这就需要寻求另一种求解 "$\dfrac{0}{0}$" 型和 "$\dfrac{\infty}{\infty}$" 型的不定式的方法．

1696 年，法国数学家**洛必达**（1661—1704）在《无穷小分析》中给出了求解"$\dfrac{0}{0}$"型和"$\dfrac{\infty}{\infty}$"型这种不定式的方法，他将函数比的极限化为导数比的极限，后人称这种方法为洛必达法则.

定理 3.8（洛必达法则）   设函数 $f(x)$，$g(x)$ 满足：

（1）在 $U(x_0)$ 内，$f'(x),g'(x)$ 都存在，且 $g'(x) \neq 0$；

（2）$\lim\limits_{x \to x_0} \dfrac{f(x)}{g(x)}$ 是"$\dfrac{0}{0}$"型或"$\dfrac{\infty}{\infty}$"型；

（3）$\lim\limits_{x \to x_0} \dfrac{f'(x)}{g'(x)} = A$（或 ∞）.

则

$$\lim_{x \to x_0} \frac{f(x)}{g(x)} = \lim_{x \to x_0} \frac{f'(x)}{g'(x)} = A \quad（或 \infty）.$$

说明   洛必达法则中，极限过程 $x \to x_0$ 若换成 $x \to x_0^+$，$x \to x_0^-$ 及 $x \to \infty$，$x \to +\infty$，$x \to -\infty$ 结论仍然成立.

学习笔记	视频
_____ _____	洛必达法则 讲解视频

下面通过几个例子熟悉一下洛必达法则的应用.

3.3.1   "$\dfrac{0}{0}$"型或"$\dfrac{\infty}{\infty}$"型不定式

例 1   计算极限 $\lim\limits_{x \to 0} \dfrac{e^x - 1}{x^2 - x}$.

解：该极限属于"$\dfrac{0}{0}$"型不定式，由洛必达法则，得

$$\lim_{x \to 0} \frac{e^x - 1}{x^2 - x} = \lim_{x \to 0} \frac{e^x}{2x - 1} = \frac{1}{-1} = -1.$$

例 2   计算极限 $\lim\limits_{x \to 1} \dfrac{\ln x}{(x - 1)^2}$.

解：该极限属于"$\dfrac{0}{0}$"型不定式，由洛必达法则，得

$$\lim_{x \to 1} \frac{\ln x}{(x-1)^2} = \lim_{x \to 1} \frac{\dfrac{1}{x}}{2(x-1)} = \infty .$$

例 3　计算极限 $\displaystyle\lim_{x \to 2} \frac{x^3 - 12x + 16}{x^3 - 2x^2 - 4x + 8}$.

解： 该极限仍属于 " $\dfrac{0}{0}$ " 型不定式，由洛必达法则，得

$$\lim_{x \to 2} \frac{x^3 - 12x + 16}{x^3 - 2x^2 - 4x + 8} = \lim_{x \to 2} \frac{3x^2 - 12}{3x^2 - 4x - 4} = \lim_{x \to 2} \frac{6x}{6x - 4} = \frac{3}{2} .$$

注： 若 $\displaystyle\lim \frac{f'(x)}{g'(x)}$ 又是 " $\dfrac{0}{0}$ " 型或 " $\dfrac{\infty}{\infty}$ " 型不定式时，则可对 $\displaystyle\lim \frac{f'(x)}{g'(x)}$ 继续应用洛必达法则，即

$$\lim_{x \to a} \frac{f(x)}{g(x)} = \lim_{x \to a} \frac{f'(x)}{g'(x)} = \lim_{x \to a} \frac{f''(x)}{g''(x)} = \cdots = A \text{ 或 } \infty .$$

牛 刀 小 试

3.3.1　求极限 $\displaystyle\lim_{x \to 0} \frac{e^x + e^{-x} - 2}{x^2}$.

例 4　计算极限 $\displaystyle\lim_{x \to 0} \frac{\tan x - x}{x^2 \sin x}$.

解： 该极限属于 " $\dfrac{0}{0}$ " 型不定式，先对分母中的乘积因子 $\sin x$ 利用等

例 4 讲解视频

价无穷小 x （ $x \to 0$ ）进行代换，再由洛必达法则，得

$$\lim_{x \to 0} \frac{\tan x - x}{x^2 \sin x} = \lim_{x \to 0} \frac{\tan x - x}{x^3} = \lim_{x \to 0} \frac{\sec^2 x - 1}{3x^2} = \lim_{x \to 0} \frac{\tan^2 x}{3x^2} = \frac{1}{3} \lim_{x \to 0} \left(\frac{\tan x}{x} \right)^2 = \frac{1}{3} .$$

注： 由该例可以看出，求不定式的极限时，洛必达法则可以和其他求极限方法结合使用.

例 5　计算极限 $\displaystyle\lim_{x \to +\infty} \frac{\dfrac{\pi}{2} - \arctan x}{\dfrac{1}{x}}$.

解： 该极限属于 " $\dfrac{0}{0}$ " 型不定式，于是由洛必达法则，得

$$\lim_{x \to +\infty} \frac{\dfrac{\pi}{2} - \arctan x}{\dfrac{1}{x}} = \lim_{x \to +\infty} \frac{-\dfrac{1}{1 + x^2}}{-\dfrac{1}{x^2}} = \lim_{x \to +\infty} \frac{x^2}{1 + x^2} = 1 .$$

例 6　计算极限 $\displaystyle\lim_{x \to +\infty} \frac{x^n}{e^x}$ $(n > 0)$.

解：该极限属于"$\dfrac{\infty}{\infty}$"型不定式，于是由洛必达法则，得

$$\lim_{x\to+\infty}\frac{x^n}{e^x}=\lim_{x\to+\infty}\frac{nx^{n-1}}{e^x}=\lim_{x\to+\infty}\frac{n(n-1)x^{n-2}}{e^x}=\cdots=\lim_{x\to+\infty}\frac{n\,!}{e^x}=0\,.$$

牛 刀 小 试

3.3.2 求极限 $\lim\limits_{x\to+\infty}\dfrac{\ln x}{x^3}$.

例7 求极限 $\lim\limits_{x\to\infty}\dfrac{x+\sin x}{1+x}$.

例7视频讲解

解：该极限属于"$\dfrac{\infty}{\infty}$"型的不定式，运用洛必达法则，得

$$\lim_{x\to\infty}\frac{x+\sin x}{1+x}=\lim_{x\to\infty}\frac{1+\cos x}{1}\,.$$

由于 $\lim\limits_{x\to\infty}\cos x$ 不存在，所以上式右端极限不存在，因此不满足洛必达法则的条件，所以此题不能使用洛必达法则．原极限可用下面的方法求出

$$\lim_{x\to\infty}\frac{x+\sin x}{1+x}=\lim_{x\to\infty}\frac{1+\dfrac{1}{x}\sin x}{\dfrac{1}{x}+1}=1\,.$$

注：由该例可以看出，洛必达法则虽然是求不定式极限的一种有效的方法，但它不是万能的，有时也会失效，但这并不意味着原极限不存在，可以改用其他方法求解．

3.3.2　其他类型的不定式

在求极限的过程中，遇到形如"$0\cdot\infty$""$\infty-\infty$""0^0""1^∞"等不定式，可通过转化，化成"$\dfrac{0}{0}$"或"$\dfrac{\infty}{\infty}$"型的不定式后，再用洛必达法则计算．

1. "$0\cdot\infty$" 型

设 $\lim\limits_{x\to a}f(x)=0$，$\lim\limits_{x\to a}g(x)=\infty$，则 $\lim\limits_{x\to a}f(x)\cdot g(x)$ 就构成了"$0\cdot\infty$"型不定式，它可以做如下转化

$$\lim_{x\to a}f(x)\cdot g(x)=\lim_{x\to a}\frac{f(x)}{\dfrac{1}{g(x)}}\ \left(\frac{0}{0}\text{型}\right)\quad\text{或}\quad\lim_{x\to a}f(x)\cdot g(x)=\lim_{x\to a}\frac{g(x)}{\dfrac{1}{f(x)}}\ \left(\frac{\infty}{\infty}\text{型}\right)\,.$$

例8 计算极限 $\lim\limits_{x\to0^+}x\ln x$.

解：$\lim\limits_{x\to0^+}x\ln x=\lim\limits_{x\to0^+}\dfrac{\ln x}{\dfrac{1}{x}}=\lim\limits_{x\to0^+}\dfrac{\dfrac{1}{x}}{-\dfrac{1}{x^2}}=\lim\limits_{x\to0^+}(-x)=0\,.$

2. "∞−∞" 型

这种形式的不定式可以通过**通分**等手段转化为 "$\dfrac{0}{0}$" 型或 "$\dfrac{\infty}{\infty}$" 型.

例 9　计算极限 $\lim\limits_{x\to\frac{\pi}{2}}(\sec x-\tan x)$.

解： $\lim\limits_{x\to\frac{\pi}{2}}(\sec x-\tan x)=\lim\limits_{x\to\frac{\pi}{2}}\left(\dfrac{1}{\cos x}-\dfrac{\sin x}{\cos x}\right)=\lim\limits_{x\to\frac{\pi}{2}}\dfrac{1-\sin x}{\cos x}=\lim\limits_{x\to\frac{\pi}{2}}\dfrac{-\cos x}{-\sin x}=0$.

3. "0^0"　"1^∞"　"∞^0" 型

它们可以进行如下转化

$$\lim[f(x)]^{g(x)}=\lim e^{\ln[f(x)]^{g(x)}}=\lim e^{g(x)\ln f(x)}=e^{\lim g(x)\ln f(x)}$$

例 10　计算极限 $\lim\limits_{x\to0^+}x^x$.　（0^0 型）

解： $\lim\limits_{x\to0^+}x^x=e^{\lim\limits_{x\to0^+}x\ln x}=e^{\lim\limits_{x\to0^+}\frac{\ln x}{\frac{1}{x}}}=e^{\lim\limits_{x\to0^+}(-x)}=e^0=1$.

例 11　计算极限 $\lim\limits_{x\to1}x^{\frac{1}{1-x}}$.　（$1^\infty$ 型）

解： $\lim\limits_{x\to1}x^{\frac{1}{1-x}}=e^{\lim\limits_{x\to1}\frac{1}{1-x}\ln x}=e^{\lim\limits_{x\to1}\frac{\ln x}{1-x}}=e^{\lim\limits_{x\to1}\frac{\frac{1}{x}}{-1}}=e^{-1}$.

例 12　计算极限 $\lim\limits_{x\to\infty}(1+x^2)^{\frac{1}{x}}$.　（$\infty^0$ 型）

解： $\lim\limits_{x\to\infty}(1+x^2)^{\frac{1}{x}}=e^{\lim\limits_{x\to\infty}\frac{1}{x}\ln(1+x^2)}=e^{\lim\limits_{x\to\infty}\frac{\ln(1+x^2)}{x}}=e^{\lim\limits_{x\to\infty}\frac{2x}{1+x^2}}=e^0=1$.

总结

（1）洛必达法则只能适用于 "$\dfrac{0}{0}$" 和 "$\dfrac{\infty}{\infty}$" 型的不定式，其他的不定式须先化简变形成 "$\dfrac{0}{0}$" 或 "$\dfrac{\infty}{\infty}$" 型才能应用该法则.

（2）只要条件具备，可以连续应用洛必达法则.

（3）洛必达法则可以和其他求不定式的方法结合使用.

（4）洛必达法则的条件是充分的，但不是必要的. 因此，在该法则失效时并不能断定原极限不存在，可换用其他方法求极限.

习题 3.3

1. 求下列函数的极限：

（1）$\lim\limits_{x\to1}\dfrac{x^3-3x+2}{x^3-x^2-x+1}$；

（2）$\lim\limits_{x\to\frac{\pi}{2}}\dfrac{\cos x}{x-\frac{\pi}{2}}$；

（3）$\lim\limits_{x\to 0}\dfrac{e^x-e^{-x}}{\sin x}$；

（4）$\lim\limits_{x\to+\infty}\dfrac{\ln x}{x^n}$ $(n>0)$；

（5）$\lim\limits_{x\to+\infty}\dfrac{x^3}{a^x}$ $(a>1)$；

（6）$\lim\limits_{x\to 0^+}\dfrac{\ln x}{\ln\sin x}$．

2．求下列函数的极限：

（1）$\lim\limits_{x\to\infty}x(e^{\frac{1}{x}}-1)$；

（2）$\lim\limits_{x\to 0}\left[\dfrac{1}{\ln(x+1)}-\dfrac{1}{x}\right]$；

习题 3.3 第 2（2）讲解

（3）$\lim\limits_{x\to 0}(1+\sin x)^{\frac{1}{x}}$；

（4）$\lim\limits_{x\to 0^+}x^{\tan x}$．

3．求下列函数的极限：

（1）$\lim\limits_{x\to+\infty}\dfrac{\sqrt{1+x^2}}{x}$；

（2）$\lim\limits_{x\to+\infty}\dfrac{e^x+\sin x}{e^x-\cos x}$．

§3.4 数学建模案例——汽车折后利润模型

本章我们重点学习了导数的应用，其中可以利用导数求函数的最值．在日常生活中我们会遇到很多最值问题，也就是最优化问题的案例．在第 2 章的数学建模案例中，我们已经接触了简单的最优化案例，这一节，我们再来学习一个稍微复杂的案例．

3.4.1 问题提出

一个汽车制造商售出某品牌的汽车每辆可获利 1500 美元，估计每 100 美元的降价可以使销售额提高 15%．

（1）降价多少元可以使利润最高？

（2）假设实际每 100 美元的降价仅可以使销售额提高 10%，则降价多少可以使利润最高？

（3）如果每 100 美元的降价使销售额的提高量为 10%～15% 之间的某个值，结果又如何？

（4）什么情况下降价会导致利润降低？

学习笔记	视频
	汽车折后利润模型

3.4.2　模型假设和符号说明

1. 假设销售额仅与销售折扣有关, 不考虑其他影响因素.

2. 每辆汽车的成本为 C ;

3. 折扣前的销量为 n_0 , 折扣后的销量为 n ;

4. 折扣前每辆车的价格为 P_0 , 折扣后每辆车的价格为 P ;

5. 折扣前的销售额为 R_0 , 折扣后的销售额为 R ;

6. 折扣前的利润为 L_0 , 折扣后的利润为 L ;

7. 假设降价 x 美元时, 可使利润最高, 且打折活动一次性完成.

3.4.3　模型的建立与求解

1. 问题一模型的建立与求解

折扣前的利润 $L_0 = n(P_0 - C) = 1500$, 则由题中已知条件可得方程组

$$\begin{cases} P = P_0 - x, \\ P_0 - C = 1500, \\ n = n_0 \left(1 + 0.15 \cdot \dfrac{x}{100}\right), \\ L = n(P - C). \end{cases}$$

由各关系式可推出折扣后的利润函数为

$$L = n_0(1 + 0.0015x)(P_0 - x - C) = n_0(1 + 0.0015x)(1500 - x) .$$

为使厂商利润最大, 令

$$\frac{dL}{dx} = \frac{3}{2000} n_0(1500 - x) - n_0 \left(1 + \frac{3}{2000} x\right) = 0 ,$$

解得: $x = \dfrac{2500}{6} = 420$.

由此可得, 无论 n_0 值取多少, 厂商为了使利润最大, 应降价 420 美元左右.

2. 问题二模型的建立与求解

若实际每 100 美元的降价仅可以使销售额提高 10%, 应修改问题一建立的 "折扣后利润函数" 模型中相应数值, 将 0.15 改为 0.1, 从而得到问题二的模型

$$L = n_0 \left(1 + 0.1 \cdot \frac{x}{100}\right)(P_0 - x - C) = n_0 \left(1 + 0.1 \cdot \frac{x}{100}\right)(1500 - x) .$$

令 $\dfrac{dL}{dx} = 0$, 求得 $x = 250$, 即厂商欲获利最大, 需将价格下降 250 美元.

3. 问题三模型的建立与求解

假设销售额提高率为10%到15%之间的某一个数，我们设为r，则$r \in (0.10, 0.15)$，则问题三的"折扣后利润函数"模型为

$$L = n_0(1+rx)(P_0 - 100x - C) = n_0\left(1 + r \cdot \frac{x}{100}\right)(1500 - x),$$

令$\dfrac{\mathrm{d}L}{\mathrm{d}x} = 0$，得到

$$x = \frac{1500r - 100}{2r} = 750 - \frac{50}{r}, \quad r \in (0.10, 0.15).$$

当$r \in (0.10, 0.15)$时，解出的x关于r的函数为单调递增函数，所以r越大，需要降价越多，此时利润才能达到最大值.

4. 问题四的求解

每个r值对应一个最优解x，在r一定的情况下，厂商降价幅度如果超过r值对应的最优解x后，再降价就会导致厂商总利润降低.

知识导图

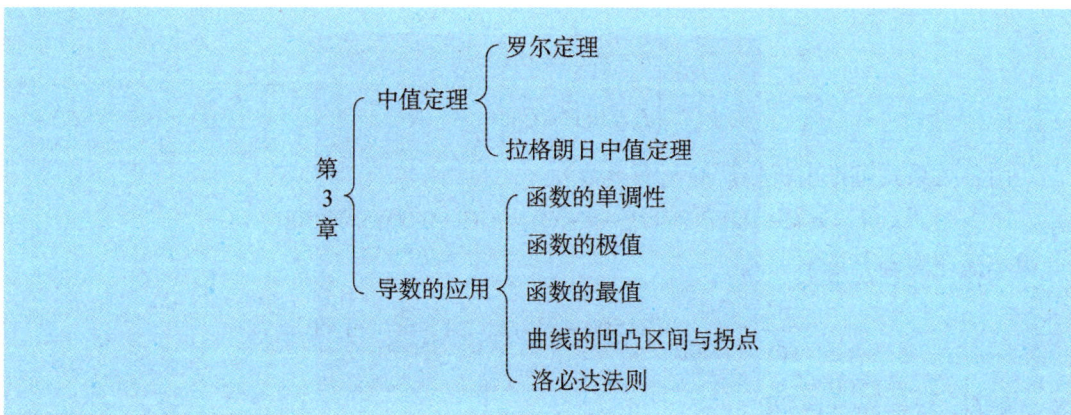

复习题3

1. 选择题：

（1）函数$f(x)$有连续二阶导数且$f(0) = 0$，$f'(0) = 1$，$f''(0) = -2$，则$\lim\limits_{x \to 0} \dfrac{f(x) - x}{x^2} = $（　　）.

A. 不存在　　　　　B. 0　　　　　　C. -1　　　　　D. -2

（2）设$f'(x) = (x-1)(2x+1)$，$x \in (-\infty, +\infty)$，则在$\left(\dfrac{1}{2}, 1\right)$内曲线$f(x)$是（　　）.

A. 单调增且凹的   B. 单调减且凹的

C. 单调增且凸的   D. 单调减且凸的

（3）设函数 $f(x)$ 在 (a,b) 内连续，$x_0 \in (a,b), f'(x_0) = f''(x_0) = 0$，则 $f(x)$ 在 x_0 处（　　）.

A. 取得极大值   B. 取得极小值

C. 一定有拐点 $(x_0, f(x_0))$ D. 可能取得极值，也可能有拐点

（4）函数 $f(x) = x^3 + ax^2 + 3x - 9$，已知 $f(x)$ 在 $x = -3$ 时取得极值，则 a 等于（　　）.

A. 2   B. 3   C. 4   D. 5

（5）方程 $x^3 - 3x + 1 = 0$ 在区间 $(-\infty, +\infty)$ 内（　　）.

A. 无实根   B. 有唯一实根   C. 有两个实根   D. 有三个实根

2. 填空题：

（1）$\lim\limits_{x \to 0^+} x^2 \ln x = $_____.

（2）函数 $f(x) = 2x - \cos x$ 在区间_____上是单调增加的.

（3）函数 $f(x) = 4 + 8x^3 - 3x^4$ 的极大值是_____.

（4）曲线 $y = x^4 - 6x^2 + 3x$ 在区间_____上是凸的.

（5）曲线 $y = x\mathrm{e}^{-3x}$ 的拐点坐标是_____.

3. 求下列函数的极限：

（1）$\lim\limits_{x \to -1^+} \dfrac{\sqrt{\pi} - \sqrt{\arccos x}}{\sqrt{x+1}}$；   （2）$\lim\limits_{x \to 0}\left(\dfrac{a^x + b^x}{2}\right)^{\frac{1}{x}}$；

（3）$\lim\limits_{x \to 0} \dfrac{\mathrm{e}^x - \mathrm{e}^{\sin x}}{x^2 \ln(1+x)}$；   （4）$\lim\limits_{x \to 0}\left[\dfrac{1}{x} + \dfrac{1}{x^2}\ln(1-x)\right]$.

4. 证明当 $0 < x < \dfrac{\pi}{2}$ 时，有不等式 $\tan x + 2\sin x > 3x$ 成立.

5. 要做一个底面为长方形的带盖的箱子，其体积为 72cm³，其底边的长和宽成 2∶1 的例，问：各边长为多少时，才能使表面积最小？

6. 设 $f(x)$ 在 $[a,b]$ 上连续，在 (a,b) 内二阶可导，$f(x)$ 有三个零点 x_1, x_2, x_3，且满足 $a < x_1 < x_2 < x_3 < b$，证明至少存在一点 $\xi \in (x_1, x_3)$，使 $f''(\xi) = 0$.

7. 证明 当 $x > 0$ 时，$\dfrac{x}{1+x} < \ln(1+x) < x$.

在线测试

扫描二维码进行本章在线测试

走近中国数学家

	突出贡献	视频微课
	苏步青，1902—2003，中国数学家、教育家．创建了中国微分几何学派．在射影曲线论、曲面论、共轭网论方面有重要贡献．引进并决定了仿射铸曲面和旋转曲面，以"苏锥面"著称．发表数学论文160多篇和专著10余部．	

学海拾贝

洛必达简介

洛必达（L'Hospital，Guillaume Francois Antoine de）是法国数学家．1661年生于巴黎，1704年2月2日卒于巴黎．

洛必达出生于法国贵族家庭，他拥有圣梅特（Saimte-Mesme）侯爵、昂特尔芒（d'Entremont）伯爵的称号，青年时期一度任骑兵军官，因眼睛近视而自行告退，转向从事学术研究．

洛必达很早即显示出数学才华，15岁时解决了帕斯卡提出的一个摆线难题．他是莱布尼茨微积分的忠实信徒，并且是约翰·伯努利（Johann Bernoulli）的高足，成功地解答过约翰·伯努利提出的"最速降线"问题．他还是法国科学院院士．

洛必达最大的功绩是撰写了世界上第一本系统的微积分教程——《用于理解曲线的无穷小分析》，因此，美国数学史家伊夫斯（Eves）说："第一本微积分课本出版于1696年，它是由洛必达写的."这本书后来多次修订再版，它为微积分在欧洲大陆，特别是在法国的普及起了重要作用．这本书追随欧几里得和阿基米德古典范例，以定义和公理为出发点．在这本书中，先给出了如下定义和公理："定义1，称那些连续地增加或减少的量为变量，…""定义2，一个变量在其附近连续地增加或减少的无穷小部分称为差分（微分），…"然后给出了两个公理，第一个是说，几个仅差无穷小量的量可以互相代替；第二个是说，把一条曲线看作无穷多段无穷小直线的集合，…在这两个公理之后，给出了微分运算的基本法则和例子．第二章应用这些法则去确定曲线在一个给定点处的斜率，并给出了许多例子，采用了较为一般性的方法．第三章讨论极大、极小问题，其中包括一些从力学和地理学引来的例子，接着讨论了拐点与尖点问题，还引入了高阶微分．以后几章讨论了渐近线和焦散曲线等问题．

　　洛必达这本书中的许多内容取材于他的老师约翰·伯努利早期的著作，其经过是这样的：约翰·伯努利在 1691—1692 年间写了两篇关于微积分的短论，但未发表. 不久之后，他答应为年轻的洛必达侯爵讲授微积分，定期领取薪金作为报答. 他把自己的数学发现传授给洛必达，并允许他随时利用. 于是洛必达根据约翰·伯努利的传授和未发表的论著以及自己的学习心得，撰写了《用于理解曲线的无穷小分析》这部著作.不但普及了微积分，而且帮助约翰·伯努利完成并传播了平面曲线的理论. 特别值得指出，在这本书的第九章中有求分子分母同趋于零的分式极限的法则，即所谓"洛必达法则".

　　如果 $f(x)$ 和 $g(x)$ 是可微函数，且 $f(a) = g(a) = 0$，则 $\lim\limits_{x \to a} \dfrac{f(x)}{g(x)} = \lim\limits_{x \to a} \dfrac{f'(x)}{g'(x)}$，当然，须在右端的极限存在或为 ∞ 的情况下，但当时洛必达的论证没有使用函数的符号，而是用文字叙述的，相当于断言

$$\frac{f(a + \mathrm{d}x)}{g(a + \mathrm{d}x)} = \frac{f(a) + f'(a)\mathrm{d}x}{g(a) + g'(a)\mathrm{d}x} = \frac{f'(a)\mathrm{d}x}{g'(a)\mathrm{d}x} = \frac{f'(a)}{g'(a)}.$$

　　当 $f(a) = g(a) = 0$ 时，他的结论是：如果把给定曲线的纵坐标 y "表示为一个分式，且 $x = a$ 时分子和分母都等于零"，那么"如果求出分子的微分，再除以分母的微分，最后在其中令 $x = a$，便得到（当 $x = a$ 时的纵坐标 y 的）值". 这个法则实际上是约翰·伯努利在 1694 年 7 月 22 日写信告诉他的. 至于现在一般微积分教材上用来解决其他未定式求极限的法则，是后人对洛必达法则所作的推广（例如，未定式"$\dfrac{\infty}{\infty}$""$\infty - \infty$"的法则就是后来欧拉（Euler）给出的），但现在都笼统地叫作"洛必达法则".

　　洛必达曾计划出版一本关于积分学的书，但在得悉莱布尼茨也打算撰写这样一本书时，就放弃了自己的计划. 他还写过一本关于圆锥曲线的书——《圆锥曲线分析论》，此书在他逝世 16 年之后才出版.

　　洛必达豁达大度，气宇不凡，他与当时欧洲各国主要数学家都有交往，成为全欧洲传播微积分的著名人物.

第 *4* 章　不定积分

在人类探求未知世界的过程中，产生了许多新的思想和方法，经前人不断地归纳和总结，形成了许多新知识和新技术，从而推动了人类社会的发展．"无限细分，无限求和"的积分思想先于微分的产生，它早在古代就已经萌芽，最早可以追溯到希腊由阿基米德等人提出的计算面积和体积的方法，后来逐步得到了一系列求面积（积分）、求切线斜率（导数）的重要结果，但这些结果都是孤立的，不成体系的．直到 17 世纪，牛顿和莱布尼茨才确立微分和积分是互逆的两种运算，建立了微积分学．

前面在微分学中，我们已经讨论过求已知函数的导数（或微分），但在科学、技术和经济等许多问题中，常常还需要解决相反的问题，即已知一个函数的导数（或微分），如何求出这个函数，这是积分学的一个基本问题．

§4.1　不定积分的概念和性质

4.1.1　原函数

定义 4.1　设函数 $F(x)$ 在区间 I 上的导函数是 $f(x)$，即满足 $F'(x) = f(x)$，则称在区间 I 上，$F(x)$ 是 $f(x)$ 的一个原函数．

例如：在 $(-\infty, +\infty)$ 上，$(x^3)' = 3x^2$，所以在 $(-\infty, +\infty)$ 内 x^3 是 $3x^2$ 的一个原函数；$(\sin x)' = \cos x$，所以在 $(-\infty, +\infty)$ 内 $\sin x$ 是 $\cos x$ 的一个原函数．

而事实上，函数 $x^3 + 1$，$x^3 - 2$ 同样也是 $3x^2$ 的原函数，$\sin x + 3$，$\sin x - 1$，$\sin x + C$（C 为任意常数）也都是 $\cos x$ 的原函数．由此可见，一个函数的原函数是不唯一的，因此，若 $F(x)$ 是 $f(x)$ 的一个原函数，由于

$$(F(x) + C)' = F'(x) = f(x) \quad （C \text{ 为任意常数}），$$

则 $F(x) + C$ 也是 $f(x)$ 的原函数．

另外，若 $G(x)$ 也是 $f(x)$ 的原函数，即

$$G'(x) = f(x)，$$

则有

$$F'(x) = G'(x)，$$

由拉格朗日中值定理的推论知

$$G(x) = F(x) + C \text{,}$$

从上面的讨论可以看出，$F(x) + C$ 是 $f(x)$ 的所有的原函数．因此，若求一个函数的所有原函数，只要找到一个原函数 $F(x)$，然后加上任意常数 C 就可以了．

如果函数存在原函数，则用上述方法即可求得．下面说明另一个问题，一个函数是否存在原函数．

关于这个问题，有下面的**结论：**

若函数 $f(x)$ 在区间 I 上连续，则其在该区间上一定存在原函数．

4.1.2　不定积分的概念

定义 4.2　$f(x)$ 的所有原函数称为 $f(x)$ 在区间 I 上的**不定积分**，记作 $\int f(x)\mathrm{d}x$．

其中 $\int$ 称为积分号，$f(x)$ 称为**被积函数**，$f(x)\mathrm{d}x$ 称为**被积表达式**，x 称为**积分变量**．

由定义 4.2 知，如果 $F(x)$ 是 $f(x)$ 在区间 I 上的一个原函数，则 $\int f(x)\mathrm{d}x = F(x) + C$（$C$ 是任意的常数），其中 C 称为**积分常数**．

学习笔记	视频
	不定积分的概念

例 1　求不定积分 $\int \mathrm{e}^x \mathrm{d}x$．

解：因为 $(\mathrm{e}^x)' = \mathrm{e}^x$，即 e^x 是 e^x 的一个原函数，所以 $\int \mathrm{e}^x \mathrm{d}x = \mathrm{e}^x + C$．

例 2　求不定积分 $\int x^2 \mathrm{d}x$．

解：因为 $\left(\dfrac{1}{3}x^3\right)' = x^2$，所以 $\int x^2 \mathrm{d}x = \dfrac{1}{3}x^3 + C$．

例 3　求不定积分 $\int \dfrac{1}{x} \mathrm{d}x$．

解：由题可知，被积函数 $\dfrac{1}{x}$ 的定义域为：$\left\{x \middle| x \in \mathbf{R} 且 x \neq 0\right\}$，所以

当 $x > 0$ 时，$(\ln x)' = \dfrac{1}{x}$；

当 $x < 0$ 时，$[\ln(-x)]' = -\dfrac{1}{x} \cdot (-1) = \dfrac{1}{x}$．

因此，$\ln|x|$ 是 $\dfrac{1}{x}$ 的一个原函数，所以

$$\int \frac{1}{x} \, \mathrm{d}x = \ln |x| + C .$$

牛 刀 小 试

4.1.1 求不定积分 $\int \sin x \mathrm{d}x$.

4.1.3 不定积分的几何意义

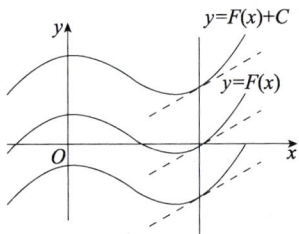

图 4.1

对于确定的常数 C ，$F(x)+C$ 表示坐标平面上一条确定的曲线；当 C 取不同的值时，$F(x)+C$ 表示一簇曲线．由 $\int f(x)\mathrm{d}x = F(x)+C$ 可知，$f(x)$ 的不定积分是一簇曲线，这些曲线都可以通过一条曲线向上或向下平移而得到，它们在具有相同横坐标的点处有互相平行的切线，如图 4.1 所示．

例 4 已知某曲线经过点 $(0,1)$ ，并且该曲线在任意一点处的切线的斜率等于该点横坐标的平方，试求该曲线的方程．

解： 由题意知，对所求曲线 $F(x)$ 有下式

$$F'(x) = x^2 ,$$

由于

$$\int x^2 \mathrm{d}x = \frac{1}{3}x^3 + C ,$$

所以

$$F(x) = \frac{1}{3}x^3 + C .$$

又曲线过点 $(0,1)$ ，即

$$F(0) = 1 ,$$

所以

$$C = 1 ,$$

因此所求曲线的方程为

$$F(x) = \frac{x^3}{3} + 1 .$$

学习笔记	演示
	 $y=x^2-2x+C$ 的 积分曲线簇

4.1.4 不定积分的性质

性质 1 $\left[\int f(x)\mathrm{d}x \right]' = f(x)$ ，　　　　$\int f'(x)\mathrm{d}x = f(x)+C$ ；

$\mathrm{d}[\int f(x)\mathrm{d}x] = f(x)\mathrm{d}x$ ，　　　　$\int \mathrm{d}f(x) = f(x)+C$.

由此性质不难看出：求不定积分与求导数（或微分）运算是互逆的，但要注意两种运算的顺序不同，结果略有差别.

性质 2　$\int[f_1(x) \pm f_2(x)]\,dx = \int f_1(x)\,dx \pm \int f_2(x)\,dx$.

此性质可以推广到任意有限个函数的和与差的情况：

$$\int[f_1(x) \pm f_2(x) \pm \cdots \pm f_n(x)]\,dx = \int f_1(x)\,dx \pm \int f_2(x)\,dx \pm \cdots \pm \int f_n(x)\,dx.$$

性质 3　$\int k \cdot f(x)dx = k \cdot \int f(x)dx$　（k 是非零常数）.

思政之窗

在微积分中，积分是微分的逆运算，即知道了函数的导函数，反求其原函数. 事物之间的关系是辩证的，万物总是辩证的相互依存. 我们应该学会像积分这样由结果追溯原因，掌握溯本求源的思维方式.

4.1.5　基本积分公式

求积分与求导数（或微分）是两种互逆运算，利用导数公式可以得到下列基本初等函数的积分公式（见表 4.1），请读者熟记，这是求积分的基础.

表 4.1

常函数的积分	1. $\int k\,dx = kx + C$　（k 为常数）	
幂函数的积分	2. $\int x^\mu\,dx = \dfrac{1}{\mu+1}x^{\mu+1} + C$　（$\mu \neq -1$）	
	3. $\int \dfrac{1}{x}\,dx = \ln|x| + C$	
指数函数的积分	4. $\int a^x\,dx = \dfrac{a^x}{\ln a} + C$	5. $\int e^x\,dx = e^x + C$
三角函数的积分	6. $\int \sin x\,dx = -\cos x + C$	7. $\int \cos x\,dx = \sin x + C$
	8. $\int \sec^2 x\,dx = \tan x + C$	9. $\int \csc^2 x\,dx = -\cot x + C$
	10. $\int \sec x\tan x\,dx = \sec x + C$	11. $\int \csc x\cot x\,dx = -\csc x + C$
	12. $\int \tan x\,dx = -\ln|\cos x| + C$	13. $\int \cot x\,dx = \ln|\sin x| + C$
	14. $\int \sec x\,dx = \ln|\sec x + \tan x| + C$	15. $\int \csc x\,dx = \ln|\csc x - \cot x| + C$
其他常用积分	16. $\int \dfrac{1}{1+x^2}\,dx = \arctan x + C = -\operatorname{arc cot} x + C$	17. $\int \dfrac{1}{\sqrt{1-x^2}}\,dx = \arcsin x + C = -\arccos x + C$

利用基本积分表和不定积分的性质，可以计算一些较简单的不定积分.

思政之窗

不定积分基本公式，绝大多数直接源于积分的定义与基本性质，而这些公式会被运用在各种积分问题的解决中. 积分的定义与基本性质虽然是少量的，而基于积分定义和基本性质而推导出来的"不定积分基本公式"是很多的，而且这个"很多"可以用来解决"更多甚至无穷"的问题的．因此，由不定积分的学习，我们会得到这样一种关系："少（最核心的）—多（由少推导出来的）—无穷（需要由多来解决的）"．

我们平时看过很多类似"做人的 N 条道理"这样的文章，这些道理就像极了这些公式，这些零散的道理是我们为人处世的法则．但这样的道理，有的文章写了 20 条，有的写了 50 条，我们如果想总结一个最全的"做人的道理"，估计一百条也不止．因此我们不要忘了"少（最核心的）—多（由少推导出来的）—无穷（需要由多来解决的）"这样的关系．这些道理都是源于几个最核心的理论．因此，我们应该专注于少而蕴含强大能量的问题上，而不是去过分在意那些零散的道理，因为只要最核心的那个"少"有了，后面的"多"是自然的．掌握了核心的思想和方法，自然能找出更多实用的办法，解决更多实际的问题．

例 5 求不定积分 $\int (e^x - 3\cos x)dx$ ．

解： $\int (e^x - 3\cos x)dx = \int e^x dx - 3\int \cos x dx = e^x - 3\sin x + C$ ．

例 6 求不定积分 $\int \sqrt{x}(x^2 - 5)dx$ ．

解： $\int \sqrt{x}(x^2 - 5)dx = \int (x^{\frac{5}{2}} - 5x^{\frac{1}{2}})dx = \int x^{\frac{5}{2}} dx - 5\int x^{\frac{1}{2}} dx = \frac{2}{7}x^{\frac{7}{2}} - \frac{10}{3}x^{\frac{3}{2}} + C$ ．

例 7 求不定积分 $\int 2^x 3^x dx$ ．

解： $\int 2^x 3^x dx = \int (2 \cdot 3)^x dx = \int 6^x dx = \frac{6^x}{\ln 6} + C$ ．

例 8 求不定积分 $\int \frac{(1-x)^2}{x}dx$ ．

解： $\int \frac{(1-x)^2}{x}dx = \int \frac{1-2x+x^2}{x}dx = \int \left(\frac{1}{x} - 2 + x\right)dx$

$$= \int \frac{1}{x}dx - 2\int dx + \int x dx = \ln|x| - 2x + \frac{x^2}{2} + C$$ ．

例 9 求不定积分 $\int \frac{x^2}{1+x^2}dx$ ．

解： $\int \frac{x^2}{1+x^2}dx = \int \frac{1+x^2-1}{1+x^2}dx = \int \left(1 - \frac{1}{1+x^2}\right)dx = \int dx - \int \frac{1}{1+x^2}dx$

$$= x - \arctan x + C$$ ．

例 10 求不定积分 $\int \frac{1+x+x^2}{x(1+x^2)}$ ．

解： $\int \frac{1+x+x^2}{x(1+x^2)}dx = \int \frac{(1+x^2)+x}{x(1+x^2)}dx = \int \frac{1}{x}dx + \int \frac{1}{1+x^2}dx$

$$= \ln|x| + \arctan x + C$$ ．

例 10 讲解

牛 刀 小 试

4.1.2　求不定积分 $\int \dfrac{2+x^2}{x^2(1+x^2)}\mathrm{d}x$.

例 11　求不定积分 $\int \tan^2 x\,\mathrm{d}x$.

解：$\int \tan^2 x\,\mathrm{d}x = \int(\sec^2 x - 1)\,\mathrm{d}x = \int \sec^2 x\,\mathrm{d}x - \int \mathrm{d}x = \tan x - x + C$.

注：被积函数为 1 时，可省略不写，即 $\int 1\mathrm{d}x = \int \mathrm{d}x$.

例 12　求不定积分 $\int \sin^2 \dfrac{x}{2}\,\mathrm{d}x$.

解：$\int \sin^2 \dfrac{x}{2}\,\mathrm{d}x = \int \dfrac{1-\cos x}{2}\,\mathrm{d}x = \int \dfrac{1}{2}\,\mathrm{d}x - \dfrac{1}{2}\int \cos x\,\mathrm{d}x = \dfrac{1}{2}x - \dfrac{1}{2}\sin x + C$.

例 13　求不定积分 $\int \dfrac{1}{\sin^2 x\cos^2 x}\,\mathrm{d}x$.

解：$\int \dfrac{1}{\sin^2 x\cos^2 x}\,\mathrm{d}x = \int \dfrac{\sin^2 x + \cos^2 x}{\sin^2 x\cos^2 x}\,\mathrm{d}x = \int \dfrac{1}{\cos^2 x}\,\mathrm{d}x + \int \dfrac{1}{\sin^2 x}\,\mathrm{d}x$

$$= \tan x - \cot x + C .$$

牛 刀 小 试

4.1.3　求不定积分 $\int \dfrac{\cos 2x}{\sin x + \cos x}\,\mathrm{d}x$.

从以上几个例子可以看出，求不定积分时，有时要对被积函数进行恒等变形，转化为基本公式中存在的积分形式再去计算，像这种解不定积分的方法，称为**直接积分法**.

例 14　【**流感传染人数模型**】若一种流感病毒的传染人数以 $(240t - 3t^2)$ 人/天的速率增加，其中 t 是首次爆发后的天数，如果第一天有 50 个病人，试问在第 10 天有多少个人被感染？

解：设在第 t 天有 $Q(t)$ 个人被感染，则

$$Q(t) = \int(240t - 3t^2)\,\mathrm{d}t = 240\int t\mathrm{d}t - 3\int t^2\mathrm{d}t$$

$$= 120t^2 - t^3 + C .$$

由题意知，当 $t=1$ 时，$Q(1)=50$，代入上式可得 $C=-69$. 则 $Q(t)=120t^2-t^3-69$，因此 $Q(10)=10931$，即在第 10 天有 10931 个人被感染.

思政之窗

由流感传染人数模型的数据可以看出，在没有任何防疫措施的情况下，很多病毒的传播速度是极快的，近几年全世界范围内传播的新冠肺炎病毒和其变异的奥密克戎病毒及德尔塔病毒更是如此. 因此，疫情防控工作至关重要. 为此，我国采取了一系列科学、有序的防控工作，通过排查、隔离遏制病毒传播途径、缩小传播范围；通过大数据、

健康码的应用，合理预测人员流动，准确分析疫情发展；通过全民接种疫苗，大大减少感染概率，为人们的身体设置安全屏障．作为当代大学生，要用科学的态度对待疫情，尊重科学，理性看待新冠病毒以及各项防疫措施．在防疫时期，任何人都无法独善其身，都需要肩负一份责任，配合社区和医疗机构及时检测，接种疫苗，遵守各项规定，对于感染者的密接者及时上报行动轨迹，实施隔离…这些都是我们的责任．作为青年学生．更应勇于担当，增强社会责任感和使命感．正是因为全国人民团结一心，共同抗疫，我们才向世界展示了中国精神和中国速度．

习题 4.1

1. 若 $f(x)$ 的一个原函数是 $\cos x$，求：（1）$f'(x)$；（2）$\int f(x)\mathrm{d}x$．

2. 若 e^{-x} 是 $f(x)$ 的一个原函数，求：（1）$\int f(x)\mathrm{d}x$；（2）$\int f'(x)\mathrm{d}x$；（3）$\int \mathrm{e}^x f'(x)\mathrm{d}x$．

3. 若 $\int f(x)\mathrm{d}x = \mathrm{e}^x\left(x^2 - 2x + 2\right) + C$，求 $f(x)$．

4. 设函数 $y = f(x)$ 在 (x, y) 处的切线斜率为 $3x^2$，且该函数图象过 $(0, -1)$ 点，求该函数的解析式．

5. 求下列不定积分：

（1）$\int x^5 \mathrm{d}x$；

（2）$\int x\sqrt[3]{x}\,\mathrm{d}x$；

（3）$\int\left(x^3 + 3^x\right)\mathrm{d}x$；

（4）$\int \dfrac{\mathrm{d}x}{x^2\sqrt{x}}$；

（5）$\int \sqrt{\sqrt{\sqrt{x}}}\,\mathrm{d}x$；

（6）$\int \dfrac{x^3 + \sqrt{x^3} + 2}{\sqrt{x}}\mathrm{d}x$；

（7）$\int \mathrm{e}^{x+1}\mathrm{d}x$；

（8）$\int \dfrac{x - 9}{\sqrt{x} + 3}\mathrm{d}x$；

（9）$\int \dfrac{1}{x^2\left(1 + x^2\right)}\mathrm{d}x$；

（10）$\int \dfrac{1}{1 + \cos 2x}\mathrm{d}x$；

（11）$\int \sec x(\sec x - \tan x)\mathrm{d}x$；

（12）$\int\left(\dfrac{1}{\cos^2 x} - \dfrac{1}{\sin^2 x}\right)\mathrm{d}x$．

习题 4.1
5（8）讲解

§4.2 换元积分法

直接积分法只能求解一些简单的不定积分，而有一些不定积分不能直接套用公式，因此下面介绍几种求不定积分的方法．本节介绍**换元积分法**，简称**换元法**．

4.2.1 第一换元积分法

定理 4.1（第一换元积分法） 设 $\int f(u)\mathrm{d}u = F(u) + C$，且 $u = \varphi(x)$ 是可导函数，则

$$\int f\big[\varphi(x)\big]\varphi'(x)\mathrm{d}x = F\big[\varphi(x)\big] + C$$

一般地，若求不定积分 $\int g(x)\mathrm{d}x$，如果被积函数 $g(x)$ 可以写成 $f\big[\varphi(x)\big]\varphi'(x)$，即可用此方法解决．过程如下

$$
\begin{aligned}
\int g(x)\mathrm{d}x &= \int f\big[\varphi(x)\big]\varphi'(x)\mathrm{d}x &&\text{（恒等变形）}\\
&= \int f\big[\varphi(x)\big]\mathrm{d}\varphi(x) &&\text{（凑微分）}\\
&\xlongequal{\varphi(x)=u} \int f(u)\mathrm{d}u &&\text{（换元）}\\
&= F(u) + C &&\text{（求解）}\\
&= F\big[\varphi(x)\big] + C &&\text{（回代）}
\end{aligned}
$$

上式中由 $\varphi'(x)\mathrm{d}x$ 凑成微分 $\mathrm{d}\varphi(x)$ 是关键的一步，因此，第一换元法又称为**凑微分法**．由上式也可看出，第一换元法实质上是复合函数求导法则的逆运算．要掌握此方法，必须能灵活运用微分（或导数）公式及基本积分公式．

学习笔记	视频
	视频 4.2.1 第一换元法

例1 求 $\int 2\sin 2x\,\mathrm{d}x$．

解： 被积函数中存在复合函数 $\sin 2x$，内层函数为 $2x$，而 $(2x)' = 2$，因此

$$\int 2\sin 2x\,\mathrm{d}x = \int \sin 2x (2x)'\mathrm{d}x = \int \sin 2x\,\mathrm{d}2x .$$

例1讲解

令 $2x = u$，则

$$\int \sin 2x\,\mathrm{d}2x = \int \sin u\,\mathrm{d}u = -\cos u + C = -\cos 2x + C,$$

所以

$$\int 2\sin 2x\,\mathrm{d}x = -\cos 2x + C .$$

例2 求 $\int (2+3x)^2\,\mathrm{d}x$．

解： 被积函数中存在复合函数 $(2+3x)^2$，内层函数为 $(2+3x)$，而 $(2+3x)' = 3$，于是得

$$\int (2+3x)^2\,\mathrm{d}x = \frac{1}{3}\int (2+3x)^2 \cdot (2+3x)'\mathrm{d}x = \frac{1}{3}\int (2+3x)^2\,\mathrm{d}(2+3x) .$$

令 $2+3x = u$，得

$$\frac{1}{3}\int(2+3x)^2d(2+3x)=\frac{1}{3}\int u^2du=\frac{1}{9}u^3+C=\frac{1}{9}(2+3x)^3+C,$$

所以
$$\int(2+3x)^2dx=\frac{1}{9}(2+3x)^3+C.$$

例3 求 $\int x\sqrt{4-x^2}dx$.

解：这里 xdx 可凑成 $-\frac{1}{2}d(4-x^2)$ ，再令 $u=4-x^2$ ，则有

$$\int x\sqrt{4-x^2}dx=-\frac{1}{2}\int\sqrt{4-x^2}(4-x^2)'dx=-\frac{1}{2}\int\sqrt{4-x^2}d(4-x^2)$$

$$=-\frac{1}{2}\int u^{\frac{1}{2}}du=-\frac{1}{2}\cdot\frac{2}{3}u^{\frac{3}{2}}+C=-\frac{1}{3}(4-x^2)^{\frac{3}{2}}+C.$$

对变量代换掌握比较熟练后，可以不用写出新设的变量而直接求解.

例4 求 $\int\frac{\cos\sqrt{x}}{\sqrt{x}}dx$.

解：$\int\frac{\cos\sqrt{x}}{\sqrt{x}}dx=\int\cos\sqrt{x}\cdot\frac{1}{\sqrt{x}}dx=2\int\cos\sqrt{x}\cdot(\sqrt{x})'dx=2\int\cos\sqrt{x}d\sqrt{x}$

$$=2\sin\sqrt{x}+C.$$

牛 刀 小 试

4.2.1 求不定积分 $\int e^{-\frac{1}{2}x}dx$.

例5 求 $\int\tan xdx$.

解：$\int\tan xdx=\int\frac{\sin x}{\cos x}dx=-\int\frac{1}{\cos x}\cdot(\cos x)'dx=-\int\frac{1}{\cos x}d\cos x$

$$=-\ln|\cos x|+C.$$

例6 求 $\int\frac{4x+6}{x^2+3x-4}dx$.

解：$\int\frac{4x+6}{x^2+3x-4}dx=2\int\frac{2x+3}{x^2+3x-4}dx=2\int\frac{(x^2+3x-4)'}{x^2+3x-4}dx$

$$=2\int\frac{1}{x^2+3x-4}d(x^2+3x-4)=2\ln|x^2+3x-4|+C.$$

例7 求 $\int\frac{1}{a^2+x^2}dx$.

解：$\int\frac{1}{a^2+x^2}dx=\int\frac{1}{a^2}\cdot\frac{1}{1+\left(\frac{x}{a}\right)^2}dx=\frac{1}{a}\int\frac{1}{1+\left(\frac{x}{a}\right)^2}d\frac{x}{a}=\frac{1}{a}\arctan\frac{x}{a}+C.$

同理可得

$$\int\frac{1}{\sqrt{a^2-x^2}}dx=\arcsin\frac{x}{a}+C.$$

例 8 求 $\int \dfrac{1}{a^2-x^2}\mathrm{d}x$.

解： $\int \dfrac{1}{a^2-x^2}\mathrm{d}x = \int \dfrac{1}{(a+x)(a-x)}\mathrm{d}x = \dfrac{1}{2a}\int\left(\dfrac{1}{a-x}+\dfrac{1}{a+x}\right)\mathrm{d}x$

$= \dfrac{1}{2a}\left(\int\dfrac{1}{a-x}\mathrm{d}x+\int\dfrac{1}{a+x}\mathrm{d}x\right)=\dfrac{1}{2a}\left[-\int\dfrac{1}{a-x}\mathrm{d}(a-x)+\int\dfrac{1}{a+x}\mathrm{d}(a+x)\right]$

$= \dfrac{1}{2a}(-\ln|a-x|+\ln|a+x|)+C$

$= \dfrac{1}{2a}\ln\left|\dfrac{a+x}{a-x}\right|+C$.

同理可得

$$\int \dfrac{1}{x^2-a^2}\mathrm{d}x = \dfrac{1}{2a}\ln\left|\dfrac{a-x}{a+x}\right|+C .$$

牛 刀 小 试

4.2.2 求不定积分 $\int \dfrac{1}{x^2+6x+5}\mathrm{d}x$.

例 9 求 $\int \csc x\,\mathrm{d}x$.

解： $\int \csc x\,\mathrm{d}x = \int\dfrac{1}{\sin x}\mathrm{d}x = \int\dfrac{1}{\sin^2 x}\sin x\,\mathrm{d}x = -\int\dfrac{1}{1-\cos^2 x}\mathrm{d}\cos x$

利用例 8 结论，得

$$上式 = \dfrac{1}{2}\ln\left|\dfrac{1-\cos x}{1+\cos x}\right|+C = \dfrac{1}{2}\ln\left|\dfrac{(1-\cos x)^2}{1-\cos^2 x}\right|+C$$

$$= \ln\left|\dfrac{1-\cos x}{\sin x}\right|+C = \ln|\csc x-\cot x|+C.$$

同理可得

$$\int \sec x\,\mathrm{d}x = \ln|\sec x+\tan x|+C.$$

例 10 求 $\int \cos^2 x\,\mathrm{d}x$.

解： $\int \cos^2 x\,\mathrm{d}x = \int\dfrac{1+\cos 2x}{2}\mathrm{d}x = \dfrac{1}{2}\left(\int\mathrm{d}x+\int\cos 2x\,\mathrm{d}x\right)$

$= \dfrac{1}{2}\int\mathrm{d}x+\dfrac{1}{4}\int\cos 2x\,\mathrm{d}(2x) = \dfrac{x}{2}+\dfrac{\sin 2x}{4}+C$.

例 11 求 $\int \sin^3 x\,\mathrm{d}x$.

解： $\int \sin^3 x\,\mathrm{d}x = \int\sin^2 x\cdot\sin x\,\mathrm{d}x = -\int(1-\cos^2 x)\mathrm{d}\cos x$

$= -\cos x+\dfrac{1}{3}\cos^3 x+C$.

例 12　求 $\int \cos^3 x \sin^5 x \, dx$.

解：$\int \cos^3 x \sin^5 x \, dx = \int \cos^2 x \sin^5 x \, d\sin x = \int (1 - \sin^2 x) \sin^5 x \, d\sin x$

$$= \int \sin^5 x \, d\sin x - \int \sin^7 x \, d\sin x = \frac{1}{6} \sin^6 x - \frac{1}{8} \sin^8 x + C .$$

牛 刀 小 试

4.2.3　求不定积分 $\int \sin^4 x \cos x \, dx$.

4.2.2　第二换元积分法

有些不方便用第一换元积分法求解的不定积分，可以通过第二换元积分法求解.

定理 4.2（第二换元积分法）　函数 $x = \varphi(t)$ 有连续的导数，且 $\varphi'(t) \neq 0$ ，其反函数 $t = \varphi^{-1}(x)$ 存在且可导，若 $\int f[\varphi(t)] \varphi'(t) \, dt = F(t) + C$ ，则有

$$\int f(x) \, dx = \int f[\varphi(t)] \, d\varphi(t)$$
$$= \int f[\varphi(t)] \varphi'(t) \, dt$$
$$= F(t) + C$$
$$= F[\varphi^{-1}(x)] + C.$$

显然，第二换元积分法的积分过程与第一换元积分法的积分过程相反. 两种换元法最后都需要将积分结果还原为原变量的函数，同时注意两种换元法的区别：第一换元积分法是把被积表达式中的某一函数 $\varphi(x)$ 换为新变量 u ，而第二换元积分法则是把被积表达式中的原积分变量 x 换为新变量的函数 $\varphi(t)$.

当被积函数中含有根式，且不方便用第一换元法等方法求解时，我们常用第二换元法. 第二换元法又可分为"根式代换法"和"三角换元法"，下面通过例题来说明一下具体应用方法。

1. 根式代换法

例 13　求 $\int \dfrac{1}{1 + \sqrt{x}} \, dx$.

解：令 $\sqrt{x} = t$ ，则 $x = t^2$ ，$dx = 2t \, dt$ ，
所以

$$\int \frac{1}{1 + \sqrt{x}} \, dx = \int \frac{1}{1 + t} 2t \, dt = 2 \int \frac{t}{1 + t} \, dt = 2 \int \frac{t + 1 - 1}{1 + t} \, dt = 2 \int \left(1 - \frac{1}{1 + t}\right) \, dt$$
$$= 2(t - \ln|t + 1|) + C = 2\sqrt{x} - 2\ln(\sqrt{x} + 1) + C .$$

例 14　求 $\int \dfrac{1}{\sqrt{x} + \sqrt[4]{x}} \, dx$.

解：为了将被积分函数中的两个根式同时去掉，我们令 $x = t^4$，则 $\mathrm{d}x = 4t^3\mathrm{d}t$，所以

$$\int \frac{1}{\sqrt{x} + \sqrt[4]{x}}\mathrm{d}x = \int \frac{4t^3}{t^2 + t}\mathrm{d}t = 4\int \frac{t^2}{t+1}\mathrm{d}t = 4\int \frac{(t^2-1)+1}{t+1}\mathrm{d}t$$

$$= 4\int (t-1)\mathrm{d}t + 4\int \frac{1}{t+1}\mathrm{d}t = 2t^2 - 4t + 4\ln|t+1| + C$$

$$= 2\sqrt{x} - 4\sqrt[4]{x} + 4\ln|\sqrt[4]{x} + 1| + C.$$

注："根式代换法"通过对根式进行整体换元，可以将原积分转换为不含根式的新积分，更易求解.

牛 刀 小 试

4.2.4 求不定积分 $\displaystyle\int \frac{1}{1+\sqrt[3]{x}}\mathrm{d}x$.

2. 三角代换法

例 15 求 $\displaystyle\int \sqrt{a^2 - x^2}\,\mathrm{d}x \quad (a > 0)$.

解：为了将根号去掉，我们令 $x = a\sin t \left(-\dfrac{\pi}{2} \leqslant t \leqslant \dfrac{\pi}{2}\right)$，则 $\mathrm{d}x = a\cos t\mathrm{d}t$，于是有

$$\int \sqrt{a^2 - x^2}\,\mathrm{d}x = \int a\cos t \cdot a\cos t\mathrm{d}t = a^2\int \cos^2 t\mathrm{d}t = a^2\int \frac{1+\cos 2t}{2}\mathrm{d}t$$

$$= a^2\left(\frac{t}{2} + \frac{\sin 2t}{4}\right) + C = \frac{a^2}{2}(t + \sin t\cos t) + C.$$

为了将上式结果还原为原来的变量，引入一辅助直角三角形，如图 4.2 所示.

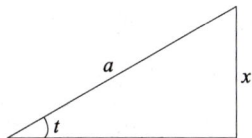

图 4.2

因为 $x = a\sin t$，所以 $\sin t = \dfrac{x}{a}$，$\cos t = \dfrac{\sqrt{a^2 - x^2}}{a}$，

所以

$$\int \sqrt{a^2 - x^2}\,\mathrm{d}x = \frac{a^2}{2}\arcsin\frac{x}{a} + \frac{x}{2}\sqrt{a^2 - x^2} + C.$$

例 16 求 $\displaystyle\int \frac{1}{\sqrt{a^2 + x^2}}\mathrm{d}x \ (a > 0)$.

解：令 $x = a\tan t$，则 $\mathrm{d}x = a\sec^2 t\mathrm{d}t$，于是有

$$\int \frac{1}{\sqrt{a^2 + x^2}}\mathrm{d}x = \int \frac{a\sec^2 t}{a\sec t}\mathrm{d}t = \int \sec t\mathrm{d}t = \ln|\sec t + \tan t| + C$$

作辅助三角形，如图 4.3 所示，将变量还原.

因为 $x = a\tan t$，所以 $\tan t = \dfrac{x}{a}$，$\sec t = \dfrac{1}{\cos t} = \dfrac{\sqrt{a^2 + x^2}}{a}$，

所以

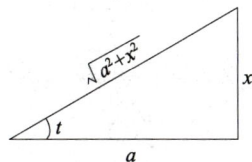

图 4.3

$$\int \frac{1}{\sqrt{a^2+x^2}}dx = \ln\left|\frac{\sqrt{a^2+x^2}+x}{a}\right| + C$$
$$= \ln|x+\sqrt{a^2+x^2}| + C.$$

牛 刀 小 试

4.2.5 求不定积分 $\int \frac{1}{x\sqrt{x^2+4}}dx$.

上述例题都是利用第二换元积分法处理被积函数中有根式的问题，通过变量代换实现有理化. 现将其根式类型归纳如下：

含有形如 $\sqrt[n]{ax+b}$ 的根式时，令 $\sqrt[n]{ax+b}=t$；

同时含有 $\sqrt[m_1]{x}$ 和 $\sqrt[m_2]{x}$ （$m_1, m_2 \in \mathbf{Z}^+$）时，令 $x=t^m$，其中 m 是 m_1, m_2 的最小公倍数；

含有形如 $\sqrt{a^2-x^2}$ $(a>0)$ 的根式时，令 $x=a\sin t$；

含有形如 $\sqrt{a^2+x^2}$ $(a>0)$ 的根式时，令 $x=a\tan t$；

含有形如 $\sqrt{x^2-a^2}$ $(a>0)$ 的根式时，令 $x=a\sec t$.

思政之窗

第一换元法与第二换元法实际是同一个公式按不同方向的应用，其核心都是换元的过程. 换元一直是数学中常用的解题技巧，许多看上去很复杂的问题，通过换元这种置换方式，从另外的角度和途径，可以顺利解决问题. 换元的实质就是一种转换的思想，体现了由繁到简，由简思繁的过程. 是灵活处理问题的一种有效方法. 我们在生活中遇到的很多看似复杂的问题，也可以用类似的思想方法去解决.

习题 4.2

1. 在下列等式右边的空白处填入适当的系数，使等式成立：

（1）$dx = \underline{\quad} d(7x-5)$；

（2）$e^{5x}dx = \underline{\quad} de^{5x}$；

（3）$\frac{1}{x^2}dx = \underline{\quad} d\left(\frac{1}{x}\right)$；

（4）$\frac{1}{\sqrt{x}}dx = \underline{\quad} d(5\sqrt{x})$；

（5）$\frac{1}{x}dx = \underline{\quad} d(3-7\ln|x|)$；

（6）$\frac{1}{\sqrt{1-x^2}}dx = \underline{\quad} d(1-\arcsin x)$；

（7）$\sin\frac{5}{7}x dx = \underline{\quad} d\cos\frac{5}{7}x$；

（8）$\frac{x}{\sqrt{1+x^2}}dx = \underline{\quad} d(2\sqrt{1+x^2})$.

2. 用第一换元积分法计算下列不定积分：

（1）$\int (2x-3)^8 dx$；

（2）$\int \frac{1}{\sqrt{x+1}}dx$；

（3）$\int \cos(1+2x)dx$；

（4）$\int e^{-x}dx$；

（5）$\int \dfrac{e^{\frac{1}{x}}}{x^2}dx$;

2（5）讲解

（6）$\int \dfrac{1}{\sqrt{x}}\sin\sqrt{x}dx$;

（7）$\int \dfrac{1}{x\ln x}dx$;

（8）$\int \dfrac{\ln^2 x}{x}dx$;

（9）$\int \dfrac{e^x}{e^x-1}dx$;

（10）$\int \dfrac{1}{4+9x^2}dx$;

（11）$\int \dfrac{1}{\sqrt{16-9x^2}}dx$;

（12）$\int \dfrac{1}{x^2+2x+2}dx$;

（13）$\int \dfrac{1}{x^2+2x-3}dx$;

（14）$\int \dfrac{1}{x^2+3x+2}dx$;

（15）$\int a^{\sin x}\cos x\,dx$;

（16）$\int \dfrac{\arctan x}{1+x^2}dx$;

（17）$\int \sin x\cos^2 x\,dx$;

（18）$\int \sin^2 x\,dx$;

（19）$\int \cos^3 x\,dx$;

（20）$\int \dfrac{1}{x(1+2\ln x)}dx$.

3. 用第二换元积分法计算下列不定积分：

（1）$\int x\sqrt{x-3}\,dx$;

（2）$\int \dfrac{\sqrt{x}}{2(1+x)}dx$;

（3）$\int \dfrac{1}{1-\sqrt{2x+1}}dx$;

（4）$\int \dfrac{1}{\sqrt{x}+\sqrt[3]{x}}dx$;

（5）$\int \dfrac{1}{x^2\sqrt{4+x^2}}dx$;

（6）$\int \dfrac{\sqrt{x^2-1}}{2x^2}dx$;

（7）$\int \dfrac{1}{x\sqrt{9-x^2}}dx$;

（8）$\int \dfrac{1}{\sqrt{e^x+1}}dx$

§4.3　分部积分法

换元积分法能解决许多不定积分问题，但如果遇到形如 $\int x\sin x\,dx$ 、$\int x^2e^x\,dx$ 的不定积分，就需要用到不定积分的另外一种方法：分部积分法.

定理 4.3　设 $u=u(x),v=v(x)$ 有连续的导数，则有

$$\int uv'dx=uv-\int u'v\,dx$$

或

$$\int u\,dv=uv-\int v\,du$$

上述公式被称为**分部积分公式**，其实质是求函数乘积的导数的逆过程.

学习笔记	视频

	分部积分法

分部积分法的关键在于被积函数中的作为 $v'(x)$ 的函数必须存在原函数 $v(x)$，而同时 $\int v\mathrm{d}u$ 较易求出．因此，u 和 v 的选取至关重要．一般地，如果被积函数是两类基本初等函数的乘积，多数情况下，可按"**反三角函数、对数函数、幂函数、三角函数、指数函数**"的顺序，将排在前面的那类函数选作 u，排在后面的那类函数选作 v'．

思政之窗

不定积分是"找"原函数的过程，重点在于"找"，在于"构造"，如何去"找"或者"构造"是关键．前面我们学习了"直接积分法"和"换元积分法"，实际计算中经常碰到各种不同类型函数的不定积分的计算，显然单靠前面的方法是很难处理所有复杂积分计算的，分部积分法恰恰填补了不定积分计算方法的空白．

习近平总书记曾经提出过"钉钉子精神"，把做事比作钉钉子，要找准方向一锤一锤接着敲，才能把"钉子钉实钉牢"．不定积分中利用"分部积分法"与习总书记倡导的"钉钉子精神"非常吻合．分部积分法的计算过程就像钉钉子，首先要准备适合的钉子和锤子等材料与工具，即根据被积函数的特点选择适当的公式与算法；其次看准钉子的方向，也就是选择适当函数去凑微分；然后就要一锤一锤稳扎稳打，即一步一步仔细计算，并比较计算后新积分的形式有没有简化，求解难度有没有降低，从而进一步求解结果．若锤了几锤没有进展，说明下面的环境不能钉钉子，就要换一个位置，也就是用了分部积分公式后，如果新的积分更复杂，更不易求解了，要立马转换思路．分部积分法的核心就是这样通过一步步稳扎稳打的转换、计算，求解出不定积分的．

例 1 求 $\int x\mathrm{e}^x\mathrm{d}x$ ．

解： 令 $u=x$，$v'=\mathrm{e}^x$，则 $\mathrm{d}v=\mathrm{e}^x\mathrm{d}x=\mathrm{d}\mathrm{e}^x$，所以
$$\int x\mathrm{e}^x\mathrm{d}x=\int x\mathrm{d}\mathrm{e}^x=x\mathrm{e}^x-\int \mathrm{e}^x\mathrm{d}x=x\mathrm{e}^x-\mathrm{e}^x+C.$$

例 2 求 $\int x\ln x\mathrm{d}x$ ．

例 2 讲解

解： 令 $u=\ln x$，$v'=x$，则 $\mathrm{d}v=x\mathrm{d}x=\mathrm{d}\left(\dfrac{1}{2}x^2\right)$，所以

$$\int x\ln x\mathrm{d}x=\int \ln x\mathrm{d}\left(\frac{1}{2}x^2\right)=\frac{1}{2}x^2\ln x-\frac{1}{2}\int x^2\mathrm{d}\ln x=\frac{x^2}{2}\ln x-\frac{1}{2}\int x^2\cdot\frac{1}{x}\mathrm{d}x$$

$$=\frac{1}{2}x^2\ln x-\frac{1}{2}\cdot\frac{x^2}{2}+C=\frac{1}{2}x^2\ln x-\frac{x^2}{4}+C.$$

在熟练掌握分部积分法后,可不必写出 $u(x),v(x)$ 的选取过程,而直接利用公式去求解,主要步骤为:

$$原积分 = \int uv'\mathrm{d}x = \int u\mathrm{d}v = uv - \int v\mathrm{d}u = uv - \int vu'\mathrm{d}x = \cdots.$$

例 3 求 $\int x\arctan x\mathrm{d}x$.

解:
$$\int x\arctan x\mathrm{d}x = \int \arctan x\left(\frac{1}{2}x^2\right)'\mathrm{d}x = \int \arctan x\mathrm{d}\left(\frac{1}{2}x^2\right)$$
$$= \frac{1}{2}x^2\arctan x - \frac{1}{2}\int x^2\mathrm{d}\arctan x$$
$$= \frac{1}{2}x^2\arctan x - \frac{1}{2}\int \frac{x^2}{1+x^2}\mathrm{d}x$$
$$= \frac{1}{2}x^2\arctan x - \frac{1}{2}\int \left(1 - \frac{1}{1+x^2}\right)\mathrm{d}x$$
$$= \frac{1}{2}x^2\arctan x - \frac{1}{2}\left(x - \arctan x\right) + C.$$

例 4 求 $\int \arcsin x\mathrm{d}x$.

解: 令 $u = \arcsin x$, $\mathrm{d}v = \mathrm{d}x$,所以

$$\int \arcsin x\mathrm{d}x = x\arcsin x - \int x\mathrm{d}\arcsin x = x\arcsin x - \int x\cdot\frac{1}{\sqrt{1-x^2}}\mathrm{d}x$$
$$= x\arcsin x + \frac{1}{2}\int \frac{1}{\sqrt{1-x^2}}\mathrm{d}(1-x^2) = x\arcsin x + \sqrt{1-x^2} + C.$$

注 :像例 4 这类积分,被积函数仅为一个函数,且是反三角函数或者对数函数时,我们可以将其看作分部积分公式中的 u 函数,并将 $\mathrm{d}x$ 中的积分变量 x 看作 v 函数,对该积分直接应用分部积分公式求解.

有时在解题过程中需要连续运用分部积分法,特别要注意的是,在后面的几次分部积分中 u 和 v' 的选取类型要与第一次的保持一致,否则将回到原积分.

例 5 求 $\int x^2\cos x\mathrm{d}x$.

解:
$$\int x^2\cos x\mathrm{d}x = \int x^2\left(\sin x\right)'\mathrm{d}x = \int x^2\mathrm{d}\sin x = x^2\sin x - \int \sin x\mathrm{d}x^2 = x^2\sin x - 2\int x\sin x\mathrm{d}x$$
对 $\int x\sin x\mathrm{d}x$ 继续运用分部积分法,可得
$$\int x\sin x\mathrm{d}x = -\int x\mathrm{d}\cos x = -x\cos x + \int \cos x\mathrm{d}x = -x\cos x + \sin x + C_1,$$
于是
$$\int x^2\cos x\mathrm{d}x = x^2\sin x + 2x\cos x - 2\sin x + C.$$

牛 刀 小 试

4.3.1 求不定积分 $\int x^2\mathrm{e}^{-x}\mathrm{d}x$.

例6 求 $\int e^x \cos x \mathrm{d}x$.

解：令 $I = \int e^x \cos x \mathrm{d}x$ ，则有

$$I = \int \cos x \, \mathrm{d}e^x = e^x \cos x - \int e^x \mathrm{d}\cos x = e^x \cos x + \int e^x \sin x \mathrm{d}x = e^x \cos x + \int \sin x \, \mathrm{d}e^x$$

$$= e^x \cos x + e^x \sin x - \int e^x \mathrm{d}\sin x = e^x \cos x + e^x \sin x - I .$$

所以

$$2I = e^x \cos x + e^x \sin x + C_1 ,$$

即

$$\int e^x \cos x \mathrm{d}x = \frac{1}{2} e^x (\cos x + \sin x) + C \quad \left(C = \frac{1}{2} C_1 \right) .$$

注：①此类积分在应用两次分部积分公式后会出现原积分的循环，此时可将原积分视为未知量，通过解关于该未知量的方程求解．②求解此类题目特别要注意的是：在移项后，等号右边的积分结果一定要加上积分常数．

求一个不定积分时可能需要多种方法，要灵活处理．

例7 求 $\int \sin \sqrt{x} \, \mathrm{d}x$.

解：设 $\sqrt{x} = t$ ，则 $x = t^2$ ， $\mathrm{d}x = \mathrm{d}t^2 = 2t\mathrm{d}t$.

$$\int \sin \sqrt{x} \, \mathrm{d}x = 2 \int t \sin t \, \mathrm{d}t = -2 \int t \, \mathrm{d}\cos t = -2t\cos t + 2 \int \cos t \, \mathrm{d}t$$

$$= -2t\cos t + 2\sin t + C = -2\sqrt{x} \cos \sqrt{x} + 2\sin \sqrt{x} + C .$$

此例就是将第二换元法和分部积分法结合使用，注意积分求出原函数后不要忘记将原积分变量进行还原．

牛 刀 小 试

4.3.2 求不定积分 $\int \cos(\ln x) \, \mathrm{d}x$.

思政之窗

本章中，我们通过学习求不定积分的几种常用方法，学会了从表象看本质、依形式找规律、将繁杂化简单的思维习惯．解题如此，处事亦如此．灵活运用方法、变通处理难点是解决问题的关键．

习题 4.3

1. 求下列不定积分：

（1） $\int x \cos 5x \mathrm{d}x$ ；

（2） $\int x e^{-4x} \mathrm{d}x$ ；

（3） $\int x^2 e^x \mathrm{d}x$ ；

习题（1）讲解

（4） $\int x^3 \ln x \, \mathrm{d}x$ ；

（5）$\int \ln x \, dx$；

（6）$\int \arctan x \, dx$；

（7）$\int e^x \sin x \, dx$；

（8）$\int \ln(x^2+1) \, dx$；

（9）$\int \cos \sqrt{x} \, dx$；

（10）$\int e^{\sqrt{x}} \, dx$．

§4.4　数学建模案例——公平席位问题

本节中，我们给大家介绍一个数学建模中经典的初等数学模型，生活中，很多实际问题也可以通过建立初等数学模型来解决．

4.4.1　问题提出

公平的席位分配问题：三个班共有学生 200 名（甲班 100 人，乙班 60 人，丙班 40 人），代表会议共 20 席，按比例分配（见表 4.3），三个班分别为 10，6，4 席．现因班级学生人数调整，三个班人数变为 103，63，34，问：20 席应如何分配？若增加为 21 席，又如何分配？

表 4.3

班　级	人　数	比例（%）	20 席的分配		21 席的分配	
			比例	结果	比例	结果
甲	103	51.5	10.3	10	10.815	11
乙	63	31.5	6.3	6	6.615	7
丙	34	17	3.4	4	3.570	3
总　和	200	100				

学习笔记	视频
	公平席位问题

4.4.2　模型假设和符号说明

（1）设 A，B 两方人数分别为 $f(x)$；

（2）设 A，B 两方人数分别占有 n_1 和 n_2 个席位；

（3）设对 A，B 两方的相对不公平值分别为 $r_A(n_1, n_2)$，$r_B(n_1, n_2)$．

4.4.3　模型建立与求解

1. **问题分析**：席位分配问题，当出现小数时，无论如何分配都不可能做到完全公平．那么一个比较公平的分法应该是找到一个不公平程度最低的方法，因此首先要给出不公平程度的数量化，然后考虑使之最小的分配方案．

2. **模型的建立与求解**

（1）讨论不公平程度的数量化

假设 A，B 两方人数分别为 p_1, p_2，分别占有 n_1 和 n_2 个席位，则两方每个席位所代表的人数分别为 $\dfrac{p_1}{n_1}$ 和 $\dfrac{p_2}{n_2}$．我们称 $\left| \dfrac{p_1}{n_1} - \dfrac{p_2}{n_2} \right|$ 为绝对不公平值．

但是用绝对不公平程度作为衡量不公平的标准，并不合理，下面我们给出相对不公平值．

若 $\dfrac{p_1}{n_1} > \dfrac{p_2}{n_2}$，则对 A 的相对不公平值 $r_A(n_1, n_2) = \dfrac{\dfrac{p_1}{n_1} - \dfrac{p_2}{n_2}}{\dfrac{p_2}{n_2}} = \dfrac{p_1 n_2}{p_2 n_1} - 1$；

若 $\dfrac{p_1}{n_1} < \dfrac{p_2}{n_2}$，则对 B 的相对不公平值 $r_B(n_1, n_2) = \dfrac{\dfrac{p_2}{n_2} - \dfrac{p_1}{n_1}}{\dfrac{p_1}{n_1}} = \dfrac{p_2 n_1}{p_1 n_2} - 1$．

（2）用相对不公平值建立并求解数学模型

A，B 两方人数分别为 p_1, p_2，分别占有 n_1 和 n_2 个席位，现在增加一个席位，应该给 A 还是 B？不妨设 $\dfrac{p_1}{n_1} > \dfrac{p_2}{n_2}$，此时对 A 不公平，分两种情形进行如下分析：

（1）$\dfrac{p_1}{n_1+1} \geqslant \dfrac{p_2}{n_2}$，这说明即使 A 增加 1 席，仍对 A 不公平，故这席应给 A．

（2）$\dfrac{p_1}{n_1+1} < \dfrac{p_2}{n_2}$，说明 A 方增加 1 席时，将对 B 不公平，此时计算对 B 的相对不公平值 $r_B(n_1+1, n_2) = \dfrac{p_2(n_1+1)}{p_1 n_2} - 1$．

若这一席给 B，则对 A 的相对不公平值为 $r_A(n_1, n_2+1) = \dfrac{p_1(n_2+1)}{p_2 n_1} - 1$．

本着使相对不公平值尽量小的原则，若 $r_B(n_1+1, n_2) < r_A(n_1, n_2+1)$，则增加的 1 席给 A 方；若 $r_A(n_1, n_2+1) < r_B(n_1+1, n_2)$，则增加的 1 席给 B 方．

以上两式恒等变形可得：$\dfrac{p_2^2}{n_2(n_2+1)} < \dfrac{p_1^2}{n_1(n_1+1)}$，$\dfrac{p_2^2}{n_2(n_2+1)} > \dfrac{p_1^2}{n_1(n_1+1)}$．

记 $Q_i = \dfrac{p_i^2}{n_i(n_i+1)}$，则增加的 1 席，应给 Q 值大的一方．

第一种情形，显然也符合该原则.

现在将上述方法推广到 m 方分配席位的情况，设 A_i 方人数为 p_i，已占有 n_1 席，其中 $i=1,2,\cdots,m$.

计算 $Q_i = \dfrac{p_i^2}{n_i(n_i+1)}$，则将增加的 1 席分配应给 Q 值最大的一方

下面考虑原问题，用计算 Q 值方法重新分配 21 个席位.

按人数比例的整数部分已将 19 席分配完毕，甲班：$p_1=103$，$n_1=10$；乙班：$p_2=63$，$n_2=6$；丙班：$p_3=34$，$n_3=3$. 再用 Q 值的方法分配第 20 席和第 21 席.

第 20 席，计算 Q 值

$$Q_1 = \frac{103^2}{10\times11} = 96.4, \quad Q_2 = \frac{63^2}{6\times7} = 94.5, \quad Q_3 = \frac{34^2}{3\times4} = 96.3$$

Q_1 最大，第 20 席给甲班. Q 值方法分配结果：甲班 11 席，乙班 6 席，丙班 3 席.

第 21 席，计算 Q 值，$Q_1 = \dfrac{103^2}{11\times12} = 80.4$，$Q_2,Q_3$ 同上. Q_3 最大，第 21 席给丙班.

Q 值方法分配结果：甲班 11 席，乙班 6 席，丙班 4 席.

知识导图

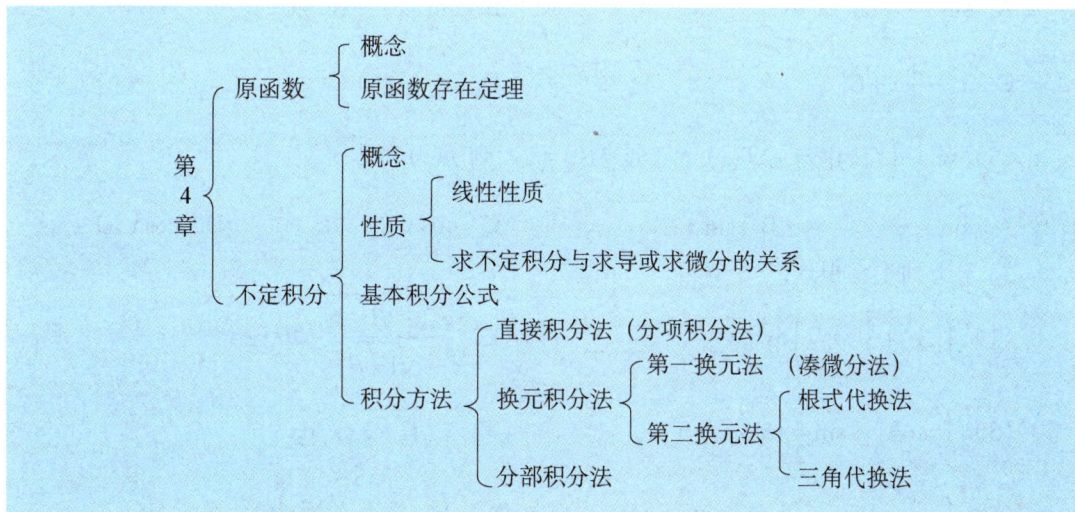

复习题 4

1. 填空题：

（1）不定积分 $\displaystyle\int \frac{1}{\sqrt{x}}\mathrm{e}^{-\sqrt{x}}\mathrm{d}x = $ _____.

（2）若 $f(x) = \mathrm{e}^{-x}$，则 $\displaystyle\int \frac{f'(\ln x)}{x}\mathrm{d}x = $ _____.

（3）设 $\int f(x)\mathrm{d}x = F(x) + C$，则 $\int f(ax+b)\mathrm{d}x = $ _____.

（4）不定积分 $\int \dfrac{1}{x\sqrt{1-\ln^2 x}}\mathrm{d}x = $ _____.

（5）若 $F(x)$ 是 $f(x)$ 的一个原函数，则 $\int \mathrm{e}^{-x}f(\mathrm{e}^{-x})\mathrm{d}x = $ _____.

2. 选择题：

（1）$\mathrm{d}\int xf(x^2)\mathrm{d}x = $（　　）.

A. $\dfrac{1}{2}f(x)$　　　　B. $\dfrac{1}{2}f(x)\mathrm{d}x$　　　　C. $xf(x)$　　　　D. $xf(x^2)\mathrm{d}x$

（2）$\int\left(1+\dfrac{1}{\cos^2 x}\right)\sin x\mathrm{d}x = $（　　）.

A. $\sec x - \cos x + C$　　　　　　　　B. $\sec x + \cos x + C$

C. $\csc x + \sin x + C$　　　　　　　　D. $\csc x - \sin x + C$

（3）若 $\int f(x)\mathrm{e}^{-\frac{1}{x}}\mathrm{d}x = -\mathrm{e}^{-\frac{1}{x}} + C$，则 $f(x)$ 为（　　）.

A. $-\dfrac{1}{x}$　　　　B. $-\dfrac{1}{x^2}$　　　　C. $\dfrac{1}{x}$　　　　D. $\dfrac{1}{x^2}$

（4）设 $f'(\sin^2 x) = \cos^2 x$，则 $f(x)$ 等于（　　）.

A. $\sin x - \dfrac{1}{2}\sin^2 x + C$　　　　　　B. $\sin^2 x - \dfrac{1}{2}\sin^4 x + C$

C. $x^2 - \dfrac{1}{2}x + C$　　　　　　　　D. $x - \dfrac{1}{2}x^2 + C$

（5）设 $\dfrac{\mathrm{d}}{\mathrm{d}x}[f(x)]^2 = -2f(x)\sin x$ 且 $f(0) = 1$，则 $f(x)$ 等于（　　）.

A. $\sin x$　　　　B. $\sin x + 1$　　　　C. $\cos x$　　　　D. $\cos x + 1$

3. 求下列不定积分：

（1）$\int\left(x^3 + 3^x + \dfrac{3}{x}\right)\mathrm{d}x$；

（2）$\int \dfrac{2-\sqrt{1-\theta^2}}{\sqrt{1-\theta^2}}\mathrm{d}\theta$；

（3）$\int\left(\cos\dfrac{x}{2} + \sin\dfrac{x}{2}\right)^2\mathrm{d}x$；

（4）$\int\sqrt[3]{(1+2x)^2}\,\mathrm{d}x$；

（5）$\int \dfrac{\mathrm{e}^x}{1+\mathrm{e}^{2x}}\mathrm{d}x$；

（6）$\int \dfrac{1}{2\sqrt{x}(1+x)}\mathrm{d}x$；

（7）$\int \dfrac{1}{\sqrt{1-2x-x^2}}\mathrm{d}x$；

（8）$\int \dfrac{4+5x}{\sqrt{4-x^2}}\mathrm{d}x$；

（9）$\int \dfrac{1}{(a^2+x^2)^{\frac{3}{2}}}\mathrm{d}x(a>0)$；

（10）$\int \dfrac{\sqrt{x}}{\sqrt{x}-\sqrt[3]{x}}\mathrm{d}x$；

（11）$\int \dfrac{x}{\cos^2 x}\mathrm{d}x$；

（12）$\int(x-2)4^x\mathrm{d}x$；

（13）$\int x^3 \mathrm{e}^{-x^2} \mathrm{d}x$ ；　　　　　（14）$\int \mathrm{e}^x \sin x \mathrm{d}x$ ；

（15）$\int 2x \arctan x \mathrm{d}x$.

4. 已知某函数 $f(x)$ 在 $x=-1$ 处有极大值 3，在 $x=1$ 处有极小值 -1，且有 $f'(x)=3x^2+bx+c$，求函数 $f(x)$ 的解析式.

5. 已知 $f(x)$ 的一个原函数是 $\dfrac{\sin x}{x}$，求 $\int xf'(x)\mathrm{d}x$.

6. 已知 $f'(\mathrm{e}^x)=1+x$，求 $f(x)$.

在线测试

扫描二维码进行本章在线测试

走近中国数学家

	突出贡献	视频微课
	熊庆来，1893—1969，中国数学家、教育家. 致力于整函数、亚纯函数、代数体函数及正规族的研究，在无限级整函数研究上成果卓著. 曾负责创办东南大学和清华大学的数学系及中国《数学报》. 他邀请华罗庚到清华大学工作，培养了一批优秀的数学人才.	

学海拾贝

柯西简介

柯西（Cauchy，Augustin—Louis）是法国数学家. 1789 年 8 月 21 日生于巴黎；1857 年 5 月 23 日卒于巴黎附近的索镇.

柯西的父亲是一位精通古典文学的律师，曾任法国参议院秘书长，与拉格朗日、拉普拉斯等人交往甚密，因此柯西从小就认识了一些著名的科学家. 柯西自幼聪敏好学，在中学时就是学校里的明星，曾获得希腊文、拉丁文作文和拉丁文诗奖. 在中学毕业时赢得全国大奖赛和两项古典文学特别奖. 拉格朗日曾预言他日后必成大器. 1805 年，

年仅 16 岁的柯西就以第二名的成绩考入巴黎综合工科学校，1807 年又以第一名的成绩考入道路桥梁工程学校．1810 年 3 月柯西完成了学业，离开了巴黎前往瑟堡就任，但后来由于身体欠佳，又颇具数学天赋，便听从拉格朗日与拉普拉斯的劝告转攻数学．从 1810 年 12 月开始，柯西把数学的各个分支从头到尾又温习了一遍，从算术开始到天文学为止，把模糊的地方弄清楚，应用他自己的方法去简化证明和发现新定理．柯西于 1813 年回到巴黎综合工科学校任教，1816 年晋升为该校教授，之后又担任了巴黎理学院及法兰西学院教授．

柯西创造力惊人，数学论文像连绵不断的泉水在他的一生中喷涌，他发表了 789 篇论文，出版专著 7 本，全集共有十四开本 24 卷．他从 23 岁写出第一篇论文到 68 岁逝世的 45 年中，平均每月发表两篇论文．1849 年，仅在法国科学院 8 月至 12 月的 9 次会上，他就提交了 24 篇短文和 15 篇研究报告．他的文章朴实无华、充满新意．柯西 27 岁即当选为法国科学院院士，他同时还是英国皇家学会会员和许多国家的科学院院士．

柯西对数学的最大贡献是在微积分中引进了清晰和严格的表述与证明方法．正如著名数学家冯·诺伊曼所说："严密性的统治地位基本上是由柯西重新建立起来的."在这方面他写下了三部专著：《分析教程》（1821 年）、《无穷小计算教程》（1823 年）、《微分计算教程》（1826—1828 年）．他的这些著作，摆脱了微积分单纯的对几何、运动的直观理解和物理解释，引入了严格的分析上的叙述和论证，从而形成了微积分的现代体系．在数学分析中，可以说柯西比任何人的贡献都大，微积分的现代概念就是柯西建立起来的．有鉴于此，人们通常将柯西看作是近代微积分学的奠基者．阿贝尔称颂柯西是"当今懂得应该怎样对待数学的人"，并指出，"每一个在数学研究中喜欢严密性的人，都应该读柯西的杰出著作《分析教程》."柯西将微积分严格化的方法虽然也利用了无穷小的概念，但他改变了以前数学家所说的无穷小是固定数，而把无穷小或无穷小量简单地定义为一个以零为极限的变量．他定义了上下极限．最早证明了 $\lim_{n\to\infty}\left(1+\frac{1}{n}\right)^n$ 的收敛，并第一次使用了极限符号．他指出了对一切函数都任意地使用那些只有代数函数才有的性质，无条件地使用级数都是不合法的．判定收敛性是必要的，并且给出了检验收敛性的重要判据——柯西准则，这个判据至今仍在使用．他还清楚地论述了半收敛级数的意义和用途．他定义了二重级数的收敛性，对幂级数的收敛半径有清晰的估计．柯西清楚地知道无穷级数是表达函数的一种有效方法，并是最早对泰勒定理给出完善证明和确定其余项形式的数学家．他以正确的方法建立了极限和连续性的理论，重新给出函数的积分是和式的极限，还定义了广义积分．他抛弃了欧拉坚持的函数的显式式表示及拉格朗日的形式幂级数，而引进了不一定具有解析表达式的函数新概念，并且以精确的极限概念定义了函数的连续性、无穷级数的收敛性、函数的导数、微分和积分及有关理论．柯西对微积分的论述，使数学界大为震惊．例如，在一次科学会议上，柯西提出了级数收敛性的理论．著名数学家拉普拉斯听过后非常紧张，便急忙赶回家，闭门不出，直到核实完他的《天体力学》中所用到的每一级数都是收敛的以后，才松了一口气．柯西上述三部教程的广泛流传以及他对微积分的见解被普遍接受，一直沿用至今．

柯西的另一个重要贡献，是发展了复变函数的理论，并取得了一系列重大成果．特别是他在 1814 年发表的关于复数极限的定积分的论文，奠定了他作为单复变量函数理论的创立者和发展者的伟大业绩．他还给出了复变函数的几何概念，证明了在复数范围内幂级数具有收敛圆，还给出了含有复积分限的积分概念以及残数理论等．

柯西还是探讨微分方程解的存在性问题的第一个数学家，他证明了微分方程在不包含奇点的区域内存在着满足给定条件的解，从而使微分方程的理论更加深化．在研究微分方程的解法时，他成功地提出了特征带方法并发展了强函数方法．

柯西在代数学、几何学、数论等各个数学领域都有创建．例如，他是置换群理论的一位杰出先驱者，他对置换理论作了系统的研究，并由此产生了有限群的表示理论．他还深入研究了行列式的理论，并得到了有名的宾内特（Binet）-柯西公式．他总结了多面体的理论，证明了费马关于多角数的定理等．

柯西对物理学、力学和天文学都做过深入的研究．特别是在固体力学方面，他奠定了弹性理论的基础，在这门学科中以他的姓氏命名的定理和定律就有 16 个之多，仅凭这项成就，就足以使他跻身于杰出的科学家之列．

柯西有一句名言："人总是要死的，但他们的业绩应该永存."

第5章 定积分及其应用

"无限细分，无限求和"的积分思想可以解决几何、物理等学科中的诸多问题，因此积分在许多领域都有着广泛的应用. 定积分的本质是和的极限，是一个数. 本章主要介绍定积分的基本概念和性质、微积分基本公式、定积分的计算方法、广义积分及定积分的应用.

§5.1 定积分的概念与性质

5.1.1 引例

曲边梯形的面积问题

设函数 $y = f(x) \geqslant 0$ 在区间 $[a,b]$ 上连续，则由曲线 $y = f(x)$，直线 $x = a$，$x = b$ 及 x 轴所围成的图形称为**曲边梯形**，如图 5.1 所示.

学习笔记	视频
	曲边梯形面积引例

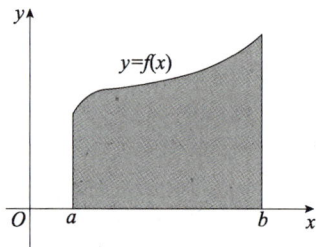

图 5.1

下面求该曲边梯形的面积 A.

（1）分割

在区间 $[a, b]$ 中任意插入 $n-1$ 个分点，即

$$a = x_0 < x_1 < \cdots < x_{n-1} < x_n = b,$$

将区间分成 n 份，得到 n 个小区间 $[x_{i-1}, x_i](i = 1, 2, \cdots, n)$，每个小区间用 Δx_i 来表示，同时用 Δx_i 表示该区间的长度，即

$$\Delta x_i = x_i - x_{i-1} \quad (i = 1, 2, \cdots, n),$$

过每个分点作直线 $x = x_i(i = 1, 2, \cdots, n)$，这样整个曲边梯形被分割成了 n 个小的曲边梯形，如图 5.2 所示. 每个小曲边梯形的面积记为 ΔA_i.

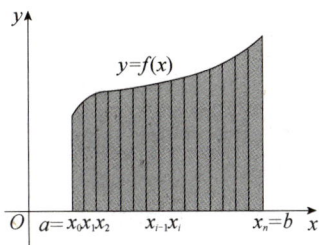

图 5.2

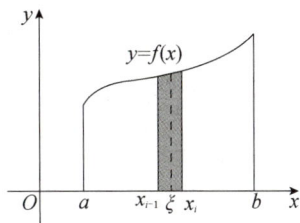

图 5.3

（2）**近似代替**

任取小区间 $[x_{i-1}, x_i]$，在其中任取一点 ξ_i，以 $f(\xi_i)$ 为高，以 Δx_i 为宽，作小矩形，如 1 图 5.3 所示.

小矩形的面积为 $f(\xi_i)\Delta x_i$，用该结果近似代替 $[x_{i-1}, x_i]$ 上的小曲边梯形的面积 ΔA_i，即

$$\Delta A_i \approx f(\xi_i)\Delta x_i .$$

（3）**求和**

把所有的小矩形面积求和：$\sum_{i=1}^{n} f(\xi_i)\Delta x_i$，得到整个曲边

梯形面积 A 的近似值，即

$$A \approx \sum_{i=1}^{n} f(\xi_i)\Delta x_i .$$

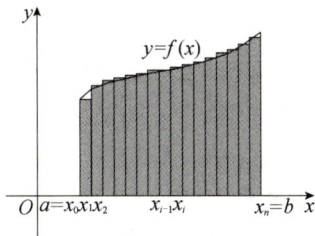

图 5.4

如图 5.4 所示.

（4）**取极限**

将区间无限分割，分得越细，误差越小. 设 λ 是 n 个小区间 Δx_i（$i=1, 2, \cdots, n$）中长度最大的一个，即

$$\lambda = \max\{\Delta x_i\} \quad (i=1, 2, \cdots, n) ,$$

最后取极限 $\lim_{\lambda \to 0} \sum_{i=1}^{n} f(\xi_i)\Delta x_i$，那么，所求曲边梯形的面积 A 就等于 $\lim_{\lambda \to 0} \sum_{i=1}^{n} f(\xi_i)\Delta x_i$，即

$$A = \lim_{\lambda \to 0} \sum_{i=1}^{n} f(\xi_i)\Delta x_i .$$

实际上，许多数学问题都可以归结为这种求和式的极限问题，如变速直线运动的路程、非恒定电流的电量等，将这种思想抽象化，即可得到定积分的概念.

思政之窗

　　曲边梯形求面积的方法与我国古代"曹冲称象"故事中称象的过程有类似之处，大象的体重难以直接称出，便用总重相同的众多石块来代替大象的体重，最终全部石块质量的累加就是大象的体重. 曹冲的方法非常巧妙，而且易于操作. 两个例子中，不管是求曲边梯形的面积，还是求大象的体重，整个过程都给了我们一个同样的启发：对于不

易直接求解的量，可以先"化整为零"，再"积零为整"，转化后达到求解的目的.

生活中很多复杂问题的处理方法亦是如此，要达到较高的目标，需要化整为零，一步一个脚印，把大目标分解为多个易于达到的小目标，脚踏实地向前迈进. 每前进一步，每完成一个小目标，都能体验到成功的激情，并且这种激情将推动我们去充分调动自己的潜能，以更积极的态度去实现下一个目标，最终积零为整，实现终极目标. 我国古人"积沙成塔，集腋成裘""不积小流无以成江河，不积跬步无以至千里""勿以恶小而为之，勿以善小而不为"等思想其实都体现了这一思想方法.

5.1.2　定积分的概念

定义 5.1　设函数 $y = f(x)$ 在区间 $[a,b]$ 上有定义且有界，在 $[a,b]$ 内任意插入 $n-1$ 个分点

$$a = x_0 < x_1 < \cdots < x_{n-1} < x_n = b ,$$

将区间 $[a,b]$ 分成 n 个小区间，每个小区间的长度记为 $\Delta x_i = x_i - x_{i-1}$（$i = 1, 2, \cdots, n$），在每个小区间上任取一点 $\xi_i \in [x_{i-1}, x_i]$，求乘积 $f(\xi_i)\,\Delta x_i$，

再求和

$$\sum_{i=1}^{n} f(\xi_i)\Delta x_i .$$

记 $\lambda = \max\{\Delta x_i\}$（$i = 1, 2, \cdots, n$），取 $\lambda \to 0$ 时上述和式的极限是

$$\lim_{\lambda \to 0} \sum_{i=1}^{n} f(\xi_i)\Delta x_i .$$

如果该极限存在，且极限值与区间的分法无关，与每个小区间内 ξ_i 的选取无关，则称函数 $f(x)$ 在区间 $[a,b]$ 上**可积**，此极限值为函数 $f(x)$ 在区间 $[a,b]$ 上的**定积分**，记作

$$\int_a^b f(x)\mathrm{d}x ,$$

即

$$\int_a^b f(x)\mathrm{d}x = \lim_{\lambda \to 0} \sum_{i=1}^{n} f(\xi_i)\Delta x_i ,$$

其中 $f(x)$ 称为**被积函数**，x 称为**积分变量**，$f(x)\mathrm{d}x$ 称为**被积表达式**，$[a,b]$ 称为**积分区间**，a 称为**积分下限**，b 称为**积分上限**，$\sum_{i=1}^{n} f(\xi_i)\Delta x_i$ 称为 $f(x)$ 在 $[a,b]$ 上的**积分和**.

由此，引例中曲边梯形的面积：$A = \int_a^b f(x)\mathrm{d}x$.

对定积分的概念，应注意：

（1）定积分 $\int_a^b f(x)\mathrm{d}x$ 是一个数值，它只与被积函数 $f(x)$ 和积分区间 $[a,b]$ 有关，而与积分变量的符号无关，即

$$\int_a^b f(x)\mathrm{d}x = \int_a^b f(t)\mathrm{d}t = \int_a^b f(u)\mathrm{d}u .$$

（2）按照定积分的定义，$\int_a^b f(x)\mathrm{d}x$ 中的 a,b 应满足关系 $a < b$，结合定积分的概念，为了研究的方便，我们可以合理地规定：

当 $a = b$ 时，$\int_a^b f(x)\mathrm{d}x = \int_a^a f(x)\mathrm{d}x = 0$；

当 $a > b$ 时，$\int_a^b f(x)\mathrm{d}x = -\int_b^a f(x)\mathrm{d}x$.

（3）函数 $y = f(x)$ 在区间 $[a,b]$ 上可积的充分条件是函数 $f(x)$ 在闭区间 $[a,b]$ 上连续；或者是在闭区间 $[a,b]$ 上除有限个第一类间断点外处处连续.

思政之窗

　　定积分概念实际上体现了"化整为零、以直代曲、积零为整、无限细分"的数学思想，从中可以提炼出"从有限到无限，由量变到质变，从近似到精确"的哲学思想．我们可以将其引申到解决实际问题的过程中，当直接解决问题的难度较大时，可先退一步思考和寻找与之相接近的、易于解决的问题，然后从简单、熟悉的问题入手，再进一步分析研究，从中探求出适合的方法，由量变到质变，最终促使问题得以解决．

5.1.3　定积分的几何意义

在几何上，定积分 $\int_a^b f(x)\mathrm{d}x$ 表示由函数 $y = f(x)$，直线 $x = a, x = b$ 和 x 轴所围成的图形各部分面积的代数和．

当函数 $y = f(x) \geqslant 0$ 时，定积分 $\int_a^b f(x)\mathrm{d}x$ 表示的是曲边梯形的面积；

当函数 $y = f(x) \leqslant 0$ 时，定积分 $\int_a^b f(x)\mathrm{d}x$ 的值是一个负值，这时可以理解为是由函数 $y = f(x)$，直线 $x = a, x = b$ 和 x 轴所围成的曲边梯形（在 x 轴的下方）的面积的相反数．

当函数 $y = f(x)$ 在区间 $[a,b]$ 上有正有负时，如图 5.5 所示，则有

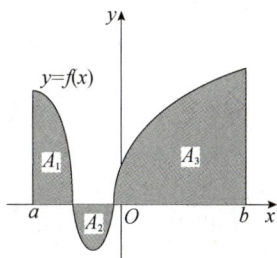

图 5.5

$$\int_a^b f(x)\mathrm{d}x = A_1 - A_2 + A_3 .$$

特别地，当 $f(x) = 1$ 时，有

$$\int_a^b \mathrm{d}x = b - a .$$

牛 刀 小 试

5.1.1　利用定积分的几何意义求 $\int_{-1}^1 \sqrt{1 - x^2}\,\mathrm{d}x$.

5.1.4　定积分的性质

以下性质中假设函数均在给定的区间上可积.

性质 1　$\int_a^b [f(x) \pm g(x)]\mathrm{d}x = \int_a^b f(x)\mathrm{d}x \pm \int_a^b g(x)\mathrm{d}x$.

此性质还可以推广到任意**有限个**函数和与差的情况，即

$$\int_a^b [f_1(x) \pm f_2(x) \pm \cdots \pm f_n(x)]\mathrm{d}x = \int_a^b f_1(x)\mathrm{d}x \pm \int_a^b f_2(x)\mathrm{d}x \pm \cdots \pm \int_a^b f_n(x)\mathrm{d}x.$$

性质 2　$\int_a^b kf(x)\mathrm{d}x = k\int_a^b f(x)\mathrm{d}x$ （ k 是常数）.

性质 1 和性质 2 称为定积分的**线性性质**.

性质 3（定积分关于积分区间的可加性）

设 a,b,c 是三个任意的实数，则

$$\int_a^b f(x)\mathrm{d}x = \int_a^c f(x)\mathrm{d}x + \int_c^b f(x)\mathrm{d}x,$$

其中 c 可在 $[a,b]$ 之内，也可在 $[a,b]$ 之外.

以 $f(x) \geqslant 0$ 为例，

当 c 在 $[a,b]$ 之内时，如图 5.6（1）所示，显然有 $\int_a^b f(x)\mathrm{d}x = \int_a^c f(x)\mathrm{d}x + \int_c^b f(x)\mathrm{d}x$；

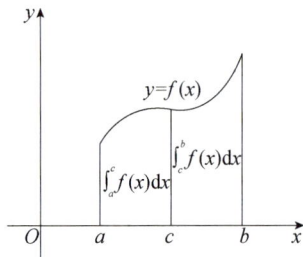

图 5.6（1）

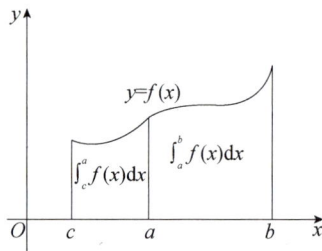

图 5.6（2）

当 c 在 $[a,b]$ 之外时，如图 5.6（2）所示，

$$\int_a^b f(x)\mathrm{d}x = \int_c^b f(x)\mathrm{d}x - \int_c^a f(x)\mathrm{d}x,$$

$$= \int_a^c f(x)\mathrm{d}x + \int_c^b f(x)\mathrm{d}x.$$

性质 4（比较的性质）

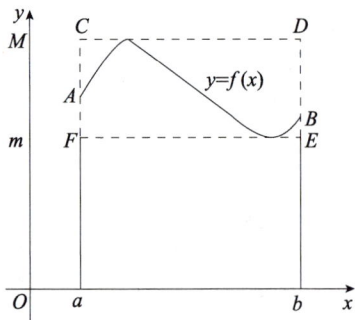

图 5.7

若在区间 $[a,b]$ 上有 $f(x) \leqslant g(x)$，则

$$\int_a^b f(x)\mathrm{d}x \leqslant \int_a^b g(x)\,\mathrm{d}x.$$

性质 5（定积分的估值定理）　设函数 $f(x)$ 在区间 $[a,b]$ 上连续，且取得最大值 M 和最小值 m，则

$$m(b-a) \leqslant \int_a^b f(x)\mathrm{d}x \leqslant M(b-a).$$

以 $f(x) \geqslant 0$ 为例，从几何上理解，如图 5.7 所示，性质显然成立.

性质 6（定积分中值定理）

设函数 $f(x)$ 在区间 $[a,b]$ 上连续，则在区间 $[a,b]$ 内至少存在一点 ξ，使得

$$\int_a^b f(x)\mathrm{d}x = f(\xi)(b-a).$$

证明： 因为 $f(x)$ 在区间 $[a,b]$ 上连续，所以 $f(x)$ 在区间 $[a,b]$ 上一定存在最大值 M 和最小值 m，由性质 5，得

$$m(b-a) \leqslant \int_a^b f(x)\mathrm{d}x \leqslant M(b-a),$$

即

$$m \leqslant \frac{1}{b-a}\int_a^b f(x)\mathrm{d}x \leqslant M.$$

令 $c = \dfrac{1}{b-a}\displaystyle\int_a^b f(x)\mathrm{d}x$，由闭区间上连续函数的介值定理可知，在区间 (a,b) 上至少存在一点 ξ，使得

$$f(\xi) = c,$$

即

$$f(\xi) = \frac{1}{b-a}\int_a^b f(x)\mathrm{d}x.$$

所以

$$\int_a^b f(x)\mathrm{d}x = f(\xi)(b-a).$$

以 $f(x) \geqslant 0$ 为例，从几何上理解，性质 6 说明在以 $x=a$，$x=b$，$y=f(x)$ 以及 x 轴所围成的曲边梯形的底边上至少可以找到一个点，使曲边梯形的面积等于与曲边梯形同底且高为 $f(\xi)$ 的一个矩形的面积. 如图 5.8 所示.

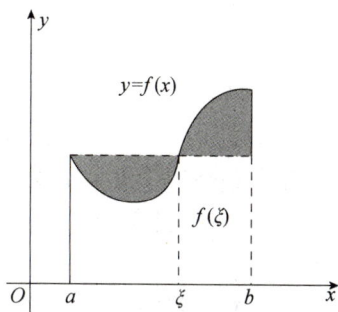

图 5.8

这里，$\dfrac{1}{b-a}\displaystyle\int_a^b f(x)\mathrm{d}x$ 称为连续函数 $f(x)$ 在区间 $[a,b]$ 上的**平均值**. 因此，积分中值定理对于解决平均速度、平均电流等问题很有帮助.

例1　不计算定积分的值，比较下列定积分的大小：

（1）$\displaystyle\int_0^1 x^2\mathrm{d}x$ 与 $\displaystyle\int_0^1 x^3\mathrm{d}x$；　　　　　　（2）$\displaystyle\int_e^4 \ln x\mathrm{d}x$ 与 $\displaystyle\int_e^4 (\ln x)^2\mathrm{d}x$.

解：（1）在区间 $[0,1]$ 内，$x^2 \geqslant x^3$，由性质 4 得

$$\int_0^1 x^2\mathrm{d}x \geqslant \int_0^1 x^3\mathrm{d}x.$$

（2）在区间 $[e,4]$ 内，$\ln x \geqslant 1$，因此 $\ln x \leqslant (\ln x)^2$，由性质 4 得

$$\int_e^4 \ln x\mathrm{d}x \leqslant \int_e^4 (\ln x)^2\mathrm{d}x.$$

例2 估计定积分 $\int_0^{\frac{\pi}{2}} e^{\sin x} dx$ 的值的范围.

例2讲解

解：在区间 $\left[0, \dfrac{\pi}{2}\right]$ 上，$0 \leqslant \sin x \leqslant 1$，所以 $1 \leqslant e^{\sin x} \leqslant e$，由定积分估值定理可知：

$$\frac{\pi}{2} \leqslant \int_0^{\frac{\pi}{2}} e^{\sin x} dx \leqslant \frac{\pi}{2} e .$$

习题 5.1

第1题讲解

1. 利用定积分的几何意义，求下列定积分的值：

(1) $\int_0^R \sqrt{R^2 - x^2} \, dx$; (2) $\int_0^1 (x+1) dx$; (3) $\int_{-\pi}^{\pi} \sin x \, dx$.

2. 不计算定积分的值，比较下列定积分的大小：

(1) $\int_1^2 x^2 dx$ 和 $\int_1^2 x^3 dx$; (2) $\int_4^3 \ln^2 x \, dx$ 与 $\int_4^3 \ln^3 x \, dx$;

(3) $\int_0^1 \sin x \, dx$ 和 $\int_0^1 \sin^2 x \, dx$; (4) $\int_0^1 e^x dx$ 和 $\int_0^1 e^{2x} dx$.

3. 不计算定积分的值，估计下列各式的值：

(1) $\int_{-1}^1 (x^2 + 1) \, dx$; (2) $\int_{\frac{\pi}{4}}^{\frac{5}{4}\pi} (1 + \sin^2 x) \, dx$.

§5.2 微积分基本公式

用定积分的定义来计算定积分是非常复杂的，有些甚至是不可能实现的，下面我们讨论如何用简便易行的方法计算定积分.

5.2.1 积分上限函数

设函数 $y = f(x)$ 在区间 $[a,b]$ 上连续，对任意 $x \in [a,b]$，有 $y = f(x)$ 在 $[a,x]$ 上连续，因此函数 $y = f(x)$ 在 $[a,x]$ 上存在定积分 $\int_a^x f(x) dx$. 为将积分变量与积分上限区分开，由定积分的性质，该定积分可改写为 $\int_a^x f(t) dt$，称为**变上限积分**. 显然，变上限积分的值与积分上限 x 的取值有关，因此定义了一个在区间 $[a,b]$ 上的函数

$$F(x) = \int_a^x f(t) dt ,$$

$F(x)$ 又称为**积分上限函数**.

<table>
<tr><td>学习笔记</td><td>演示</td></tr>
<tr><td></td><td>变上限积分函数
几何意义</td></tr>
</table>

定理 5.1　设函数 $y = f(x)$ 在区间 $[a,b]$ 上连续，则函数 $F(x) = \int_a^x f(t)\mathrm{d}t$ 在区间 $[a,b]$ 上可导，且其导数是 $f(x)$，即

$$F'(x) = \left[\int_a^x f(t)\mathrm{d}t \right]' = f(x).$$

证明：设 x_0 是区间 $[a,b]$ 上的任意一点，设在 x_0 处自变量的改变量为 Δx 且 $x_0 + \Delta x \in [a,b]$ 时，所对应的函数值的改变量为 Δy，于是

$$F(x_0 + \Delta x) = \int_a^{x_0 + \Delta x} f(t)\mathrm{d}t,$$

则

$$\begin{aligned}
\Delta y &= F(x_0 + \Delta x) - F(x_0) \\
&= \int_a^{x_0 + \Delta x} f(t)\mathrm{d}t - \int_a^{x_0} f(t)\mathrm{d}t = \int_{x_0}^{x_0 + \Delta x} f(t)\mathrm{d}t,
\end{aligned}$$

由定积分中值定理

$$上式 = f(\xi)(x_0 + \Delta x - x_0) = f(\xi)\Delta x \quad (\xi \in [x_0, x_0 + \Delta x]).$$

所以有

$$\lim_{\Delta x \to 0} \frac{\Delta y}{\Delta x} = \lim_{\Delta x \to 0} \frac{f(\xi)\Delta x}{\Delta x} = \lim_{\Delta x \to 0} f(\xi).$$

又因为，函数 $y = f(x)$ 在区间 $[a,b]$ 上连续，且当 $\Delta x \to 0$ 时，$\xi \to x_0$，即

$$\lim_{\Delta x \to 0} f(\xi) = \lim_{\xi \to x_0} f(\xi) = f(x_0).$$

因此，$F(x)$ 在 x_0 点可导，且导数等于 $f(x_0)$，由 x_0 的任意性知，$F(x) = \int_a^x f(t)\mathrm{d}t$ 在区间 $[a,b]$ 上可导，且有 $F'(x) = f(x)$.

由定理可以看出：

（1）若函数 $f(x)$ 在区间 $[a,b]$ 上连续，则一定存在着原函数：$F(x) = \int_a^x f(t)\mathrm{d}t$.

因此，此定理也可称为**原函数存在定理**. 它的重要意义在于：一方面肯定了连续函数的原函数是存在的；另一方面，初步揭示了积分学中的定积分与原函数之间的联系. 因此，我们有可能通过原函数来计算定积分.

（2）积分上限函数的导数，就等于被积函数在上限处的函数值.

如果积分下限为变量 x，由定积分的定义可得 $\int_x^a f(t)\mathrm{d}t = -\int_a^x f(t)\mathrm{d}t$.

如果在积分上限函数中上限是关于 x 的函数 $\varphi(x)$ ，即 $F(x) = \int_a^{\varphi(x)} f(t)\mathrm{d}t$ ，在求导时，

令 $\varphi(x) = u$ ，则函数 $F(x) = \int_a^{\varphi(x)} f(t)\mathrm{d}t$ 可以看成是由 $\int_a^u f(t)\mathrm{d}t$ 和 $u = \varphi(x)$ 复合而成的函数，

根据复合函数的求导法则，得

$$F'(x) = (\int_a^{\varphi(x)} f(t)\mathrm{d}t)' = f[\varphi(x)] \cdot \varphi'(x) .$$

同理有

$$(\int_{\psi(x)}^b f(t)\mathrm{d}t)' = -f[\psi(x)] \cdot \psi'(x) ,$$

$$(\int_{\psi(x)}^{\varphi(x)} f(t)\mathrm{d}t)' = f[\varphi(x)] \cdot \varphi'(x) - f[\psi(x)] \cdot \psi'(x) .$$

例 1 求下列积分上限函数的导数：

（1） $F(x) = \int_0^x (t^2 + 1)\mathrm{d}t$ ； （2） $F(x) = \int_x^2 \dfrac{\sin t}{t^2 + 1}\mathrm{d}t$ ；

（3） $F(x) = \int_0^{x^2} \sin(t^2 + 1)\mathrm{d}t$.

解： （1） $F'(x) = \left[\int_0^x (t^2 + 1)\mathrm{d}t\right]' = x^2 + 1$.

（2） $F'(x) = \left(\int_x^2 \dfrac{\sin t}{t^2 + 1}\mathrm{d}t\right)' = \left(-\int_2^x \dfrac{\sin t}{t^2 + 1}\mathrm{d}t\right)' = -\dfrac{\sin x}{x^2 + 1}$.

（3） $F'(x) = \left[\int_0^{x^2} \sin(t^2 + 1)\mathrm{d}t\right]' = \sin(x^4 + 1) \cdot 2x$

牛 刀 小 试

5.2.1 设 $F(x) = \int_a^{\sqrt{x}} \dfrac{1}{1 + t^2}\mathrm{d}t$ ，求 $F'(x)$.

例 2 求极限 $\lim\limits_{x \to 0} \dfrac{\int_0^x t\cos t\,\mathrm{d}t}{1 - \cos x}$.

解： 当 $x \to 0$ 时，分子、分母同时都趋向于零，是一个 " $\dfrac{0}{0}$ " 型不定式，又因分子、分

母存在导数，所以由洛必达法则，得

$$\lim_{x \to 0} \frac{\int_0^x t\cos t\,\mathrm{d}t}{1 - \cos x} = \lim_{x \to 0} \frac{x\cos x}{\sin x} = \lim_{x \to 0} \frac{x}{\sin x} \cdot \lim_{x \to 0} \cos x = 1 .$$

牛 刀 小 试

5.2.2 求 $\lim\limits_{x \to 0} \dfrac{\int_0^x \ln(1 + 2t^2)\mathrm{d}t}{x^3}$.

5.2.2　微积分基本公式

定理 5.2　设函数 $f(x)$ 在区间 $[a,b]$ 上连续，且 $F(x)$ 是 $f(x)$ 在该区间上的一个原函数，则有下式成立

$$\int_a^b f(x)\mathrm{d}x = F(b) - F(a).$$

为了方便，$F(b)-F(a)$ 可简记为 $F(x)\big|_a^b$，即

$$\int_a^b f(x)\mathrm{d}x = F(x)\big|_a^b = F(b) - F(a).$$

上式称为**牛顿—莱布尼茨公式**，也称**微积分基本公式**.

学习笔记	演示
	微积分基本公式证明

证明：因为 $F(x)$ 是 $f(x)$ 的一个原函数，则有

$$F'(x) = f(x).$$

又因为 $f(x)$ 在区间 $[a,b]$ 上连续，由原函数存在定理知：$\int_a^x f(t)\mathrm{d}t$ 也是 $f(x)$ 的原函数，于是

$$F(x) = \int_a^x f(t)\mathrm{d}t + C.$$

令 $x=a$，得

$$F(a) = \int_a^a f(t)\mathrm{d}t + C = C.$$

再令 $x=b$，得

$$F(b) = \int_a^b f(t)\mathrm{d}t + C.$$

所以

$$\int_a^b f(t)\mathrm{d}t = F(b) - F(a).$$

即

$$\int_a^b f(x)\mathrm{d}x = F(b) - F(a).$$

定理 5.2 揭示了不定积分与定积分的关系，同时给出了求定积分简单而有效的方法：将求极限转化为求原函数. 因此，只要找到被积函数的一个原函数就可解决定积分的计算问题.

例3 求定积分 $\int_0^1 x^2 \mathrm{d}x$.

解： $\int_0^1 x^2 \mathrm{d}x = \dfrac{x^3}{3}\Big|_0^1 = \dfrac{1^3}{3} - \dfrac{0^3}{3} = \dfrac{1}{3}$.

例4 求定积分 $\int_4^9 \sqrt{x}\left(1+\sqrt{x}\right)\mathrm{d}x$.

解： $\int_4^9 \sqrt{x}\left(1+\sqrt{x}\right)\mathrm{d}x = \int_4^9 \left(\sqrt{x}+x\right)\mathrm{d}x = \left(\dfrac{2}{3}x^{\frac{3}{2}} + \dfrac{1}{2}x^2\right)\Big|_4^9 = 45\dfrac{1}{6}$.

例5 求定积分 $\int_{-2}^1 |1+x|\,\mathrm{d}x$.

解： 因为 $|1+x| = \begin{cases} -1-x, & -2 \leqslant x \leqslant -1, \\ 1+x, & -1 < x \leqslant 1, \end{cases}$ 所以

$\int_{-2}^1 |1+x|\,\mathrm{d}x = \int_{-2}^{-1}(-1-x)\mathrm{d}x + \int_{-1}^1(1+x)\mathrm{d}x = \left(-x-\dfrac{x^2}{2}\right)\Big|_{-2}^{-1} + \left(x+\dfrac{x^2}{2}\right)\Big|_{-1}^1 = \dfrac{1}{2} + 2 = \dfrac{5}{2}$.

5.2.3 换元积分法

定理5.3 如果 $f(x)$ 在区间 $[a,b]$ 上连续，作变换 $x=\varphi(t)$，若

（1）$\varphi(t)$ 在区间 $[\alpha,\beta]$（或 $[\beta,\alpha]$）上单调连续；

（2）$\varphi(t)$ 在区间 $[\alpha,\beta]$（或 $[\beta,\alpha]$）上有连续的导数；

（3）$\varphi(\alpha)=a$，$\varphi(\beta)=b$

则

$$\int_a^b f(x)\mathrm{d}x = \int_\alpha^\beta f[\varphi(t)]\varphi'(t)\mathrm{d}t .$$

定理中的公式从左往右相当于不定积分中的第二换元法，从右往左相当于不定积分中的第一换元法（此时可以不换元，而直接凑微分）. 与不定积分不同的是，定积分在换元后不需要将变量还原，只要把最终的数值计算出来即可.

另外，特别注意：采用换元法计算定积分时，如果换元，一定换限；不换元就不换限.

例6 求定积分 $\int_0^1 \dfrac{x}{1+x^2}\mathrm{d}x$.

解： $\int_0^1 \dfrac{x}{1+x^2}\mathrm{d}x = \dfrac{1}{2}\int_0^1 \dfrac{1}{1+x^2}(1+x^2)'\mathrm{d}x = \dfrac{1}{2}\int_0^1 \dfrac{1}{1+x^2}\mathrm{d}(1+x^2)$,

令 $t = 1 + x^2$，当 $x = 0$ 时，$t = 1$；当 $x = 1$ 时，$t = 2$．

上式 $= \dfrac{1}{2} \displaystyle\int_1^2 \dfrac{1}{t} \mathrm{d}t = \dfrac{1}{2} \ln t \big|_1^2 = \dfrac{1}{2} \ln 2$．

例 7 这类题目用第一换元法时，也可以不写出新的积分变量．若不写出新的积分变量，就无须换限．可按下面方式书写

$$\int_0^1 \frac{x}{1+x^2} \mathrm{d}x = \frac{1}{2} \int_0^1 \frac{1}{1+x^2} \mathrm{d}(1+x^2) = \frac{1}{2} \ln(1+x^2) \Big|_0^1 = \frac{1}{2} \ln 2 .$$

例 7　求定积分 $\displaystyle\int_2^4 \dfrac{\mathrm{d}x}{x\sqrt{x-1}}$．

解：设 $t = \sqrt{x-1}$，则 $x = 1 + t^2$，$\mathrm{d}x = 2t \, \mathrm{d}t$．

当 $x = 2$ 时，$t = 1$；当 $x = 4$ 时，$t = \sqrt{3}$．

所以

$$\int_2^4 \frac{\mathrm{d}x}{x\sqrt{x-1}} = \int_1^{\sqrt{3}} \frac{2t \, \mathrm{d}t}{t(1+t^2)} = 2 \int_1^{\sqrt{3}} \frac{1}{1+t^2} \mathrm{d}t = 2 \arctan t \Big|_1^{\sqrt{3}} = \frac{\pi}{6} .$$

牛 刀 小 试

5.2.3　求定积分 $\displaystyle\int_{\frac{1}{\pi}}^{\frac{2}{\pi}} \dfrac{1}{x^2} \sin \dfrac{1}{x} \mathrm{d}x$．

例 8　【放射物泄漏模型】某地发生了放射性碘物质泄漏事件。检测结果显示，事故发生时，大气辐射水平是可接受辐射水平最大限度的 5 倍．已知碘物质放射源辐射水平的衰减规律为 $R(t) = R_0 \mathrm{e}^{-0.003t}$，其中，$R(t)$ 表示 t（单位：h）时刻的辐射水平（单位：mR/h），R_0 表示初始（$t = 0$）时刻的辐射水平．问：

例 8 讲解

（1）该地辐射降低到可接受的辐射水平需要多长时间？

（2）假设可接受的辐射水平最大限度为 0.6mR/h，那么降低到这一水平时，已经泄漏出去的放射物总量是多少？

解：（1）设需要 t 小时才能使该地辐射降低到可接受的辐射水平 $\dfrac{1}{5}R_0$，则有

$$R(t) = R_0 \mathrm{e}^{-0.003t} = \frac{1}{5}R_0 ,$$

解得 $t \approx 536.5\mathrm{h}$，即大概需要 536.5h．

（2）若可接受辐射水平最大限度为 0.6mR/h，则 $\dfrac{1}{5}R_0 = 0.6$，解得 $R_0 = 3\mathrm{mR/h}$．因此，放射源从 $t = 0$ 到降低到可接受的辐射水平 $t = 536.5$，泄漏的放射物总量为

$$W = \int_0^{536.5} 3\mathrm{e}^{-0.003t} \mathrm{d}t = -\frac{3}{0.003} \int_0^{536.5} \mathrm{e}^{-0.003t} \mathrm{d}(-0.003t)$$

$$= 1000 \mathrm{e}^{-0.003t} \Big|_0^{536.5} \approx 800.0 \, (\mathrm{mR})$$

思政之窗

　　放射物的泄漏会给环境和人类带来非常大的危害，通过例8中利用定积分模型测算的数据，我们可以看出放射物的衰减需要很长的时间，所以一旦泄漏，后果不堪设想。日本福岛核电站的核泄漏就给全世界造成了不可估量的影响，直接危及生态环境和人类健康。保护地球、保护环境、保护家园是我们青年一代的使命。

例9 设函数 $y = f(x)$ 在区间 $[-a, a]$（$a > 0$）上连续，试证：

$$\int_{-a}^{a} f(x)\mathrm{d}x = \begin{cases} 0, & f(x) \text{是奇函数}, \\ 2\int_{0}^{a} f(x)\,\mathrm{d}x, & f(x) \text{是偶函数}. \end{cases}$$

例9讲解

证明：因为函数 $y = f(x)$ 在 $[-a, a]$ 上连续，所以 $\int_{-a}^{a} f(x)\,\mathrm{d}x$ 存在，由定积分关于积分区间的可加性得

$$\int_{-a}^{a} f(x)\,\mathrm{d}x = \int_{-a}^{0} f(x)\,\mathrm{d}x + \int_{0}^{a} f(x)\,\mathrm{d}x,$$

对上式中的 $\int_{-a}^{0} f(x)\,\mathrm{d}x$，令 $x = -t$，则 $\mathrm{d}x = -\mathrm{d}t$，

当 $x = -a$ 时，$t = a$；当 $x = 0$ 时，$t = 0$。于是

$$\int_{-a}^{0} f(x)\,\mathrm{d}x = -\int_{a}^{0} f(-t)\,\mathrm{d}t = \int_{0}^{a} f(-t)\,\mathrm{d}t = \int_{0}^{a} f(-x)\,\mathrm{d}x.$$

（1）当 $y = f(x)$ 是奇函数时，则有 $f(-x) = -f(x)$ 所以有

$$\int_{-a}^{0} f(x)\,\mathrm{d}x = \int_{0}^{a} f(-x)\,\mathrm{d}x = \int_{0}^{a} [-f(x)]\,\mathrm{d}x = -\int_{0}^{a} f(x)\,\mathrm{d}x,$$

这时

$$\int_{-a}^{a} f(x)\mathrm{d}x = \int_{-a}^{0} f(x)\,\mathrm{d}x + \int_{0}^{a} f(x)\,\mathrm{d}x = -\int_{0}^{a} f(x)\,\mathrm{d}x + \int_{0}^{a} f(x)\,\mathrm{d}x = 0.$$

（2）当 $y = f(x)$ 是偶函数时，则有 $f(-x) = f(x)$ 所以有

$$\int_{-a}^{0} f(x)\,\mathrm{d}x = \int_{0}^{a} f(-x)\,\mathrm{d}x = \int_{0}^{a} f(x)\,\mathrm{d}x,$$

这时

$$\int_{-a}^{a} f(x)\,\mathrm{d}x = \int_{-a}^{0} f(x)\,\mathrm{d}x + \int_{0}^{a} f(x)\,\mathrm{d}x = \int_{0}^{a} f(x)\,\mathrm{d}x + \int_{0}^{a} f(x)\,\mathrm{d}x = 2\int_{0}^{a} f(x)\,\mathrm{d}x,$$

所以原式成立。

例10 求定积分 $\int_{-1}^{1} \dfrac{x^2 + \sin x}{1 + x^2}\mathrm{d}x$.

解：$\dfrac{x^2 + \sin x}{1 + x^2} = \dfrac{x^2}{1 + x^2} + \dfrac{\sin x}{1 + x^2}$，其中前者是 $[-1, 1]$ 上的偶函数，后者是 $[-1, 1]$ 上的奇函数，于是

$$\int_{-1}^{1} \frac{x^2 + \sin x}{1 + x^2}\,\mathrm{d}x = \int_{-1}^{1}\left(\frac{x^2}{1 + x^2} + \frac{\sin x}{1 + x^2}\right)\mathrm{d}x = \int_{-1}^{1}\frac{x^2}{1 + x^2}\mathrm{d}x + 0 = 2\int_{0}^{1}\frac{1 + x^2 - 1}{1 + x^2}\,\mathrm{d}x$$

$$= 2\int_0^1 \left(1 - \frac{1}{1+x^2}\right) dx = 2\left(1 - \frac{\pi}{4}\right).$$

牛 刀 小 试

5.2.4 求定积分 $\int_{-\frac{\pi}{2}}^{\frac{\pi}{2}} x^3 \sin^4 x\, dx$.

5.2.4　分部积分法

对应于不定积分的分部积分法，定积分也有分部积分法.

定理 5.4　设 $u(x), v(x)$ 在 $[a,b]$ 上具有连续的导数，则

$$\int_a^b u\, dv = (uv)\Big|_a^b - \int_a^b v\, du .$$

上式称为定积分的**分部积分公式**.

例 11　求定积分 $\int_0^1 x\arctan x\, dx$.

解： $\int_0^1 x\arctan x\, dx = \int_0^1 \arctan x\, d\left(\frac{x^2}{2}\right) = \left(\frac{x^2}{2}\arctan x\right)\Big|_0^1 - \int_0^1 \frac{x^2}{2}\cdot\frac{1}{1+x^2}\, dx$

$$= \frac{\pi}{8} - \frac{1}{2}\int_0^1 \left(1 - \frac{1}{1+x^2}\right) dx = \frac{\pi}{8} - \frac{1}{2}\left(x - \arctan x\right)\Big|_0^1$$

$$= \frac{\pi}{4} - \frac{1}{2} .$$

例 12　求定积分 $\int_1^e (x-1)\ln x\, dx$.

解： $\int_1^e (x-1)\ln x\, dx = \frac{1}{2}\int_1^e \ln x\, d(x-1)^2 = \frac{1}{2}(x-1)^2 \ln x\big|_1^e - \frac{1}{2}\int_1^e (x-1)^2\, d\ln x$

$$= \frac{1}{2}(e-1)^2 - \frac{1}{2}\int_1^e (x^2 - 2x + 1)\frac{1}{x}\, dx$$

$$= \frac{1}{2}(e-1)^2 - \frac{1}{2}\int_1^e \left(x - 2 + \frac{1}{x}\right) dx$$

$$= \frac{1}{2}(e-1)^2 - \frac{1}{2}\left(\frac{x^2}{2} - 2x + \ln|x|\right)\Big|_1^e = \frac{1}{4}(e^2 - 3) .$$

牛 刀 小 试

5.2.5 求定积分 $\int_0^1 x e^{2x}\, dx$.

习题 5.2

1. 求下列函数的导数：

（1）$\int_0^x \dfrac{1}{1+\sin t}\,\mathrm{d}t$ ；

（2）$\int_x^{-1} \mathrm{e}^{3t} \sin t\,\mathrm{d}t$ ；

（3）$\int_1^{x^3} t^2 \mathrm{e}^t\,\mathrm{d}t$ ；

（4）$\int_{\sin x}^{\cos x} \mathrm{e}^{-t^2}\,\mathrm{d}t$.

2. 求下列极限：

（1）$\lim\limits_{x\to 0} \dfrac{\displaystyle\int_0^x \sin t^2\,\mathrm{d}t}{x^3}$ ；

（2）$\lim\limits_{x\to 0} \dfrac{\displaystyle\int_0^{x^2} \arctan \sqrt{t}\,\mathrm{d}t}{x^2}$.

3. 计算下列定积分：

（1）$\int_0^1 (4x^3 - 2x)\,\mathrm{d}x$ ；

（2）$\int_1^2 \sqrt{x}\,\mathrm{d}x$ ；

（3）$\int_{\mathrm{e}-1}^2 \dfrac{1}{x+1}\,\mathrm{d}x$ ；

（4）$\int_{-2}^2 x\cos x\,\mathrm{d}x$ ；

（5）$\int_{-\frac{\pi}{2}}^{\frac{\pi}{2}} \cos^2 x\,\mathrm{d}x$ ；

（6）$\int_0^\pi \sqrt{1-\sin^2 x}\,\mathrm{d}x$ ；

（7）$\int_{-1}^1 |x|\,\mathrm{d}x$ ；

（8）$\int_0^\pi \sqrt{1+\cos 2x}\,\mathrm{d}x$.

4. 设 $f(x) = \begin{cases} x^2, & -1 \leqslant x \leqslant 0, \\ x-1, & 0 < x \leqslant 1, \end{cases}$ 求 $\int_{-\frac{1}{2}}^{\frac{1}{2}} f(x)\,\mathrm{d}x$.

5. 计算下列定积分：

（1）$\int_0^1 x\mathrm{e}^{x^2}\,\mathrm{d}x$ ；

（2）$\int_1^{\mathrm{e}^2} \dfrac{1}{x\sqrt{1+\ln x}}\,\mathrm{d}x$ ；

（3）$\int_0^1 \dfrac{x}{1+x^4}\,\mathrm{d}x$ ；

（4）$\int_0^1 \dfrac{1}{\mathrm{e}^x + \mathrm{e}^{-x}}\,\mathrm{d}x$ ；

（5）$\int_0^1 \dfrac{x^3}{x^2+1}\,\mathrm{d}x$ ；

（6）$\int_4^9 \dfrac{\sqrt{x}}{\sqrt{x}-1}\,\mathrm{d}x$ ；

（7）$\int_0^1 \dfrac{1}{\sqrt{4+5x}-1}\,\mathrm{d}x$ ；

（8）$\int_0^3 \dfrac{x}{1+\sqrt{x+1}}\,\mathrm{d}x$ ；

（9）$\int_0^{\frac{\pi}{2}} \sin x\cos^3 x\,\mathrm{d}x$ ；

（10）$\int_{-2}^2 (x-1)\sqrt{4-x^2}\,\mathrm{d}x$.

6. 计算下列定积分：

（1）$\int_0^1 x\mathrm{e}^{-x}\,\mathrm{d}x$ ；

（2）$\int_0^{\sqrt{\ln 2}} x^3 \mathrm{e}^{x^2}\,\mathrm{d}x$ ；

（3）$\int_1^{\mathrm{e}} (x+1)\ln x\,\mathrm{d}x$ ；

（4）$\int_{\frac{1}{\mathrm{e}}}^{\mathrm{e}} |\ln x|\,\mathrm{d}x$ ；

（5）$\int_0^{\frac{\pi}{2}} x\sin x\,\mathrm{d}x$ ；

（6）$\int_0^{\frac{\sqrt{3}}{2}} \arccos x\,\mathrm{d}x$.

7. 证明：$\int_0^t x^3 f(x^2)\,\mathrm{d}x = \dfrac{1}{2}\int_0^{t^2} x f(x)\,\mathrm{d}x$.

8. 设 $f(x) = \ln x - \int_1^{\mathrm{e}} f(x)\,\mathrm{d}x$ ，证明：$\int_1^{\mathrm{e}} f(x)\,\mathrm{d}x = \dfrac{1}{\mathrm{e}}$.

第 8 题讲解

*§5.3　广义积分

在前面讨论定积分时，连续函数在闭区间上求积分，而在实际问题中，还会遇到无穷区间上的情况．本节我们讨论无穷区间上的积分——广义积分．

学习笔记	演示
	广义积分

定义 5.2　设函数 $f(x)$ 在区间 $[a,+\infty)$ 上连续，任取 $b>a$，如果极限 $\lim\limits_{b\to+\infty}\int_a^b f(x)\,dx$ 存在，则称该极限为函数 $f(x)$ 在区间 $[a,+\infty)$ 上的**广义积分**，记作 $\int_a^{+\infty} f(x)\,dx$，即

$$\int_a^{+\infty} f(x)dx = \lim_{b\to+\infty}\int_a^b f(x)dx .$$

若极限存在，称广义积分是**收敛**的；若极限不存在，则称广义积分是**发散**的．

类似地，我们还可以定义函数 $f(x)$ 在无穷区间 $(-\infty,b]$ 和 $(-\infty,+\infty)$ 上的广义积分：

$$\int_{-\infty}^b f(x)dx = \lim_{a\to-\infty}\int_a^b f(x)dx \quad （其中 a<b）；$$

$$\int_{-\infty}^{+\infty} f(x)dx = \int_{-\infty}^c f(x)dx + \int_c^{+\infty} f(x)dx$$

$$= \lim_{a\to-\infty}\int_a^c f(x)dx + \lim_{b\to+\infty}\int_c^b f(x)dx$$

其中 c 是任意的常数，a 是小于 c 的任意数，b 是大于 c 的任意数．同样，广义积分 $\int_{-\infty}^b f(x)dx$ 当极限 $\lim\limits_{a\to-\infty}\int_a^b f(x)dx$ 存在时收敛，否则发散．而广义积分 $\int_{-\infty}^{+\infty} f(x)dx$ 只有当两个广义积分 $\int_{-\infty}^c f(x)dx$ 和 $\int_c^{+\infty} f(x)dx$ 同时收敛时才收敛，否则发散．

在广义积分的计算中，为书写方便，常采用牛顿—莱布尼茨公式的形式．

$$\int_a^{+\infty} f(x)dx = F(x)\Big|_a^{+\infty} = F(+\infty)-F(a) = \lim_{x\to+\infty}F(x)-F(a)；$$

其中 $F(x)$ 是 $f(x)$ 的一个原函数．若 $\lim\limits_{x\to+\infty}F(x)$ 存在，则广义积分 $\int_a^{+\infty} f(x)dx$ 收敛；若 $\lim\limits_{x\to+\infty}F(x)$ 不存在，则广义积分 $\int_a^{+\infty} f(x)dx$ 发散．同理可得

$$\int_{-\infty}^b f(x)dx = F(x)\Big|_{-\infty}^b = F(b)-F(-\infty) = F(b)-\lim_{x\to-\infty}F(x)；$$

$$\int_{-\infty}^{+\infty} f(x)dx = F(x)\Big|_{-\infty}^{+\infty} = F(+\infty)-F(-\infty) = \lim_{x\to+\infty}F(x)-\lim_{x\to-\infty}F(x) .$$

例 1　求广义积分 $\int_{-\infty}^0 e^x dx$．

解：$\int_{-\infty}^{0} e^x dx = e^x \big|_{-\infty}^{0} = e^0 - \lim_{x \to -\infty} e^x = 1 - 0 = 1$.

例 2 求广义积分 $\int_{e}^{+\infty} \dfrac{1}{x \ln x} dx$.

例 2 讲解

解：$\int_{e}^{+\infty} \dfrac{1}{x \ln x} dx = \int_{e}^{+\infty} \dfrac{1}{\ln x} d\ln x = \ln|\ln x| \big\|_{e}^{+\infty} = \lim_{x \to +\infty} \ln|\ln x| - \ln|\ln e| = +\infty - 0 = +\infty$.

所以，广义积分 $\int_{e}^{+\infty} \dfrac{1}{x \ln x} dx$ 是发散的.

例 3 求广义积分 $\int_{-\infty}^{+\infty} \dfrac{1}{1+x^2} dx$.

解：$\int_{-\infty}^{+\infty} \dfrac{1}{1+x^2} dx = \arctan x \big|_{-\infty}^{+\infty} = \lim_{x \to +\infty} \arctan x - \lim_{x \to -\infty} \arctan x = \dfrac{\pi}{2} - \left(-\dfrac{\pi}{2}\right) = \pi$.

习题 5.3

判定下列广义积分的收敛性，若收敛，求出广义积分的值：

（1）$\int_{0}^{+\infty} \dfrac{1}{(x+1)^2} dx$；

（2）$\int_{0}^{+\infty} e^{-\sqrt{x}} dx$；

（3）$\int_{-\infty}^{+\infty} \dfrac{1}{x^2 + 2x + 2} dx$；

（4）$\int_{-\infty}^{0} \cos x dx$.

§5.4 定积分的应用

在本节中，我们主要利用微元法来讨论定积分在几何和物理上的应用.

5.4.1 微元法

根据定积分的定义

$$\int_{a}^{b} f(x)dx = \lim_{\lambda \to 0} \sum_{i=1}^{n} f(\xi_i) \Delta x_i$$

可以发现：被积表达式 $f(x)dx$ 与 $f(\xi_i)\Delta x_i$ 类似，因此定积分实际上是无限细分后再累加的过程.

学习笔记	视频
	微元法

从几何上看，在区间 $[a,b]$ 内任取小区间 $[x,x+\mathrm{d}x]$，将 ξ_i 取在小区间的左端点，省略下标，则以 $f(x)$ 为高，以 $\mathrm{d}x$ 为宽的小矩形面积为 $f(x)\mathrm{d}x$，其就是区间 $[x,x+\mathrm{d}x]$ 上的小曲边梯形面积 ΔA_i 的近似值．将 $f(x)\mathrm{d}x$ 称为所求面积 A 的微元，记作 $\mathrm{d}A=f(x)\mathrm{d}x$．在区间 $[a,b]$ 上求和取极限，得曲边梯形的面积 $A=\int_a^b f(x)\mathrm{d}x$．这种简化了的求定积分的方法称为**微元法**．

思政之窗

微分与积分从局部与整体、近似与精确等不同视角研究事物变化的性质，通过极限思想将二者对立地统一起来，为我们提供了认识和改造世界的科学方法论．微分和积分二者转换的基本手段就是微元法．

下面利用微元法来讨论定积分在几何和物理上的一些应用．

5.4.2　定积分在几何上的应用

1. 平面图形的面积

在平面直角坐标系中求由曲线 $y=f(x)$、$y=g(x)$ 和直线 $x=a$、$x=b$ 围成图形的面积 A，其中函数 $f(x)$，$g(x)$ 在区间 $[a,b]$ 上连续，且 $f(x)\geqslant g(x)$，如图 5.9 所示．

学习笔记	演示
	面积是从下向上扫的

在区间 $[a,b]$ 上任取代表区间 $[x,x+\mathrm{d}x]$，在区间两个端点处做垂直于 x 轴的直线，由于 $\mathrm{d}x$ 非常小，这样介于两条直线之间的图形可以近似看成矩形，整个图形的面积可近似看成这些小矩形的面积之和．因此面积微元可表达为
$$\mathrm{d}A=[f(x)-g(x)]\mathrm{d}x,$$
于是，所求面积 A 为
$$A=\int_a^b [f(x)-g(x)]\mathrm{d}x;$$
若 $f(x)\leqslant g(x)$，则有 $A=\int_a^b [g(x)-f(x)]\mathrm{d}x$．

综合以上两种情况，由 $y=f(x)$、$y=g(x)$、$x=a$ 及 $x=b$ 围成图形的面积为
$$A=\int_a^b |f(x)-g(x)|\mathrm{d}x.$$
同样地，由曲线 $x=\psi_1(y)$、$x=\psi_2(y)$ 和直线 $y=c$、$y=d$（$c\leqslant d$）围成图形的面积为
$$A=\int_c^d |\psi_2(y)-\psi_1(y)|\mathrm{d}y.$$

如图 5.10 所示.

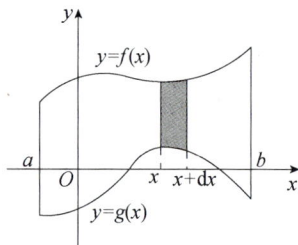

图 5.9

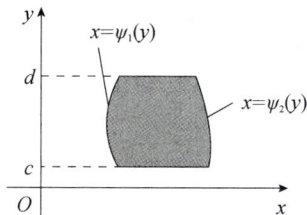

图 5-10

例 1 求由两抛物线 $y=x^2$ 与 $x=y^2$ 所围成图形的面积 A.

解： 将方程联立，求交点

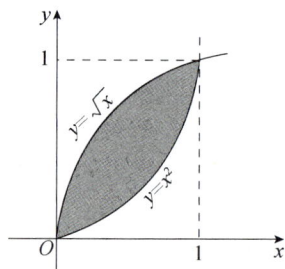

例 1 讲解

$$\begin{cases} y = x^2, \\ x = y^2, \end{cases}$$

解得：$(0,0)$ 和 $(1,1)$，如图 5.11 所示.

所求面积 A 为

图 5.11

$$A = \int_0^1 \left(\sqrt{x} - x^2 \right) dx = \left(\frac{2}{3} x^{\frac{3}{2}} - \frac{1}{3} x^3 \right)\Big|_0^1 = \frac{1}{3}.$$

注意：本题也可以选 y 作积分变量，此时图形面积为

$$A = \int_0^1 \left(\sqrt{y} - y^2 \right) dy = \left(\frac{2}{3} y^{\frac{3}{2}} - \frac{1}{3} y^3 \right)\Big|_0^1 = \frac{1}{3}.$$

例 2 求由抛物线 $y^2 = 2x$ 与直线 $y = x - 4$ 所围成图形的面积 A.

解： 将方程组联立，求交点

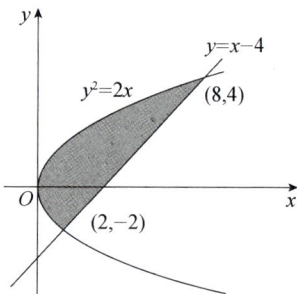

图 5.12

$$\begin{cases} y^2 = 2x, \\ y = x - 4, \end{cases}$$

解得：$(2,-2)$ 和 $(8,4)$，如图 5.12 所示.

从图形可以看出，若选 x 为积分变量，x 的取值范围是 $[0,8]$，但在直线 $x=0$ 与 $x=8$ 之间有三条曲线，因此需要用直线 $x=2$ 将图形分成两部分，所求面积是两部分面积的和，进而求两个定积分的和，显然比较麻烦. 因此，选 y 作为积分变量. 所以所求面积 A 为

$$A = \int_{-2}^4 \left[(y+4) - \frac{1}{2} y^2 \right] dy = \left(\frac{y^2}{2} + 4y - \frac{1}{6} y^3 \right)\Big|_{-2}^4 = 18.$$

由例 2 可以看出，积分变量的选择很重要，合适的选择将简化计算.

牛刀小试

5.4.1 求由抛物线 $y^2 = x$ 与直线 $x + y - 2 = 0$ 所围成图形的面积 A.

2. 求旋转体的体积

曲线 $y = f(x)$，$x \in [a,b]$ 绕平面内一条直线 l 旋转一周所形成的几何体称为**旋转体**，曲线 $y = f(x)$ 称为**母线**，直线 l 称为**旋转轴**.

以下所讨论的旋转体均指以坐标轴为旋转轴得到的旋转体，例如图 5.13 所示的旋转体就是由曲线 $y = f(x)$ 绕 x 轴旋转而得来的. 下面来求此旋转体的体.

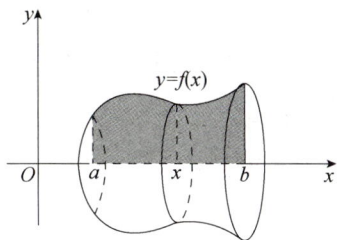

图 5.13

学习笔记	演示
	$y=\sin x$ 与 x 轴所围图形绕 x 轴旋转的旋转体　　$y=\sin x$ 与 x 轴所围图形绕 y 轴旋转体

取 x 为积分变量，在区间 $[a,b]$ 上任取代表区间 $[x, x+dx]$. 在区间两个端点处作垂直于 x 轴的平面，由于 dx 非常小，这样介于两个平面之间的旋转体可以近似看成圆柱体，整个旋转体的体积可看成这些小圆柱体的体积之和. 旋转体的截面面积为

$$A(x) = \pi y^2,$$

于是体积微元为

$$dV = A(x)dx = \pi y^2 dx,$$

因此，曲线 $y = f(x)$ 绕 x 轴旋转所得旋转体的体积 V_x 是

$$V_x = \int_a^b dV = \int_a^b \pi y^2 dx = \int_a^b \pi f^2(x)\, dx ;$$

同理，若曲线 $x = \varphi(y)$ 在 $y \in [c,d]$ 上绕 y 轴旋转所得到的旋转体的体积 V_y 是

$$V_y = \int_c^d dV = \int_a^b \pi x^2 dy = \int_c^d \pi \varphi^2(y)\, dy .$$

例 3　求由椭圆 $\dfrac{x^2}{a^2} + \dfrac{y^2}{b^2} = 1$ 围成的图形绕 x 轴、y 轴旋转而成的旋转体的体积.

解：绕 x 轴旋转时，根据公式 $V_x = \int_a^b \pi f^2(x)\, dx$，得

$$V_x = \int_{-a}^a \pi b^2 \left(1 - \frac{x^2}{a^2}\right) dx = 2\pi b^2 \int_0^a \left(1 - \frac{x^2}{a^2}\right) dx = 2\pi b^2 \left(x - \frac{x^3}{3a^2}\right)\Bigg|_0^a = \frac{4}{3}\pi ab^2 ;$$

同理，当绕 y 轴旋转时，根据公式 $V_y = \int_c^d \pi \varphi^2(y) dy$，得

$$V_y = \int_{-b}^b \pi a^2 \left(1 - \frac{y^2}{b^2}\right) dy = 2\pi a^2 \int_0^b \left(1 - \frac{y^2}{b^2}\right) dy = 2\pi a^2 \left(y - \frac{y^3}{3b^2}\right)\Bigg|_0^b = \frac{4}{3}\pi a^2 b .$$

5.4.2 求由线段 $y = \dfrac{R}{h}x$，$x \in [0, h]$ 和直线 $x = h$，x 轴所围成的平面图形绕 x 轴旋转一周所成旋转体的体积.

*5.4.3　定积分在物理上的应用

1. 变力做功

设一物体在变力 $F(x)$ 的作用下沿直线运动，当物体由点 a 移到点 b 时，求变力 $F(x)$ 所做的功.

在区间 $[a, b]$ 上任取代表区间 $[x, x + \mathrm{d}x]$，由于 $\mathrm{d}x$ 比较小，在该区间上可以近似看成是恒力做功，于是该区间上的功微元 $\mathrm{d}w$ 是

$$\mathrm{d}w = F(x)\mathrm{d}x ,$$

从而得到在 $[a, b]$ 上变力 $F(x)$ 所做的功是

$$w = \int_a^b F(x)\mathrm{d}x .$$

例 4　设在 x 轴上的原点处放置了一个电量为 $+q_1$ 的点电荷，将另一带电量为 $+q_2$ 的点电荷放入由 $+q_1$ 形成的电场中，求电场力将 $+q_2$ 从 $x = a$ 排斥到 $x = b$ 时所做的功.

解：在区间 $[a, b]$ 上取一代表区间 $[x, x + \mathrm{d}x]$，在该区间上看作是恒力做功，于是由库仑定律：与 O 点相距为 x 的单位正电荷所受电场力的大小是 $F = \dfrac{kq}{x^2}$，得到功的微元 $\mathrm{d}w$ 是

$$\mathrm{d}w = F(x)\mathrm{d}x = \frac{kq_1q_2}{x^2}\mathrm{d}x ,$$

从而电场力对 $+q_2$ 所做的功是

$$w = \int_a^b \frac{kq_1q_2}{x^2}\mathrm{d}x = kq_1q_2\left(-\frac{1}{x}\right)\Bigg|_a^b = kq_1q_2\left(\frac{1}{a} - \frac{1}{b}\right) .$$

2. 交流电路的平均值问题

例 5　正弦交流电的电流为 $I = I_0 \sin \omega t$，I_0 是电流的极大值，称为峰值，ω 是角频率，周期为 $T = \dfrac{2\pi}{\omega}$，求正弦交流电的平均功率.

解：在一个周期内，电流是变化的，因此在区间 $\left[0, \dfrac{2\pi}{\omega}\right]$ 上任取代表区间 $[t, t + \mathrm{d}t]$，由于 $\mathrm{d}t$ 很小，电流可近似看作恒定的，即 $I \approx I_0 \sin \omega t$，根据功率的计算公式：$P = UI$，而且 $U = IR$，则从 t 到 $t + \mathrm{d}t$ 这段时间内功的微元为

$$\mathrm{d}W = I_0^2 R \sin^2 \omega t \, \mathrm{d}t ,$$

所以在一个周期内，电流做的功为

$$W = \int_0^{\frac{2\pi}{\omega}} I_0^2 R \sin^2 \omega t \, \mathrm{d}t \,,$$

于是，平均功率为

$$\overline{P} = \frac{1}{\frac{2\pi}{\omega}} \int_0^{\frac{2\pi}{\omega}} I_0^2 R \sin^2 \omega t \, \mathrm{d}t = \frac{I_0^2 R}{2\pi} \int_0^{\frac{2\pi}{\omega}} \sin^2 \omega t \, \mathrm{d}(\omega t) = \frac{I_0^2 R}{2\pi} \left[\omega t - \frac{\sin 2\omega t}{2} \right]_0^{\frac{2\pi}{\omega}}$$

$$= \frac{1}{2} I_0^2 R = \frac{I_0 U_0}{2} \approx (0.707 I_0)^2 R.$$

由例 5 可以看出，纯电阻电路中正弦交流电的平均功率是电流与电压峰值乘积的一半．$0.707 I_0$ 称为正弦交流电的电流的有效值．通常交流电器上标明的功率就是平均功率．

习题 5.4

1. 求由下列曲线所围成的平面图形的面积：

（1）$y = \mathrm{e}^x$，$y = \mathrm{e}^{-x}$，$x = 1$；

（2）$y = 2x$ 与 $y = x^3$；

（3）$y = \cos x$，$x = 0$，$x = 2\pi$ 与 $y = 0$；

（4）$y = x^2$，$y = 3x + 4$；

（5）$xy = 1$，$y = x$ 与 $y = 2$；

（6）曲线 $y = \mathrm{e}^x$ 和该曲线的过原点的切线及 y 轴所围成的图形．

2. 求下列旋转体的体积．

（1）由曲线 $y = x^2$，$x = 1$ 与 $y = 0$ 所围图形分别绕 x 轴，y 轴旋转所得旋转体；

（2）求圆 $x^2 + (y - 5)^2 = 16$ 绕 x 轴旋转所得旋转体的体积．

第 2 题讲解

3. 设有一水平放置的弹簧，已知它被拉长 0.01 米时，需 6 牛的力，求弹簧拉长 0.1 米时，克服弹性力所做的功（胡克定律：$F = kx$（k 为常数））．

4. 求交流电路中电动势 $E = E_0 \sin \dfrac{2\pi}{T} t$（$E_0$ 是峰值）在半个周期上的平均值（平均电动势）．

§5.5　数学建模案例——森林救火模型

森林火灾是一种对社会和环境危害性很大的灾害，一旦森林发生火灾，扑救不及时，就会快速地蔓延．所以火情就是命令，时间就是金钱．下面来研究一下森林救火模型．

学习笔记	视频
	  森林救火模型

5.5.1　问题提出

假设某一森林出现火情，消防站在接到报警后，立即派出消防队员赶去灭火．问题是根据具体的火情，需要派出多少消防队员，既能扑灭火灾，又能尽量少地减少开支费用呢？实际中，派出的消防队员越多，火灾所造成的森林损失就越小．但是消防队员救火所付出的代价（开支）就会增加；相反地，派出的消防队员越少，则火灾所造成的森林损失就会越大，但消防队员救火所付出的代价（开支）相应的就小．所以，需要综合考虑森林损失和消防队员的救火开支之间的平衡关系，以总费用为最小来确定派出消防队员的数量．

5.5.2　问题分析

从这个问题可以看出，总费用包括两方面：火灾烧毁森林的损失费用，派出消防队员救火的开支费用．烧毁森林的损失费用通常与火灾烧毁森林的面积成正比，而烧毁森林的面积与失火的时间、灭火的时间有关．灭火时间取决于消防队员数量，消防队员越多灭火越快，即时间越短．通常救火开支不仅与消防队员数量有关，而且与消防队员救火时间的长短也有关．

5.5.3　模型假设和符号说明

1. 记失火时刻为 $t=0$；
2. 消防队员开始救火时刻为 $t=t_1$；
3. 火灾被熄灭的时刻为 $t=t_2$；
4. 设 t 时刻烧毁森林的面积为 $B(t)$．

5.5.4　模型的建立与求解

下面分析确定相关的各种费用．

首先确定 $B(t)$ 的形式．研究 $B'(t)$ 比 $B(t)$ 更直接和方便．$B'(t)$ 是单位时间烧毁森林的面积，取决于火势的强弱程度，即火势蔓延程度．在消防队员到达之前，即 $0 \leqslant t \leqslant t_1$，火势越来越大，即 $B'(t)$ 随着 t 的增加而增加；开始救火后，即 $t_1 \leq t \leq t_2$，如果消防队员救火能力充分强，火势会逐渐减小，即 $B'(t)$ 逐渐减小，且当 $t = t_2$ 时，$B'(t) = 0$.

救火开支可分为两部分：一部分是灭火设备的消耗、灭火人员的开支等费用，这笔费用与队员人数及灭火所用的时间有关；另一部分是运送队员和设备等的一次性支出，只与队员人数有关．为此，我们对烧毁森林的损失费、救火费及火势蔓延程度的形式给出如下假设：

（1）损失费与森林烧毁面积 $B'(t_2)$ 成正比，比例系数为 c_1，即烧毁单位面积森林的损失费，取决于森林的疏密程度和树木的珍贵程度．

（2）对于 $0 \leq t \leq t_1$，火势蔓延程度 $B'(t)$ 与时间 t 成正比，比例系数 β 称为火势蔓延速度．

说明：通常火势会以着火点为中心，以均匀速度向四周呈圆形蔓延，所以蔓延的半径与时间成正比．因为烧毁森林的面积与过火区域的半径平方成正比，从而火势蔓延速度与时间成正比．

（3）派出消防队员 x 名，开始救火以后，火势蔓延速度降为 $\beta - \lambda x$，其中 λ 称为每个队员的平均救火速度．显然 $x > \beta / \lambda$，否则无法灭火．

（4）每个消防队员单位时间的费用为 c_2，于是每个队员的救火费用为 $c_2(t_2 - t_1)$，每个队员的一次性开支为 c_3.

根据假设（2）和（3），火势蔓延程度在 $0 \leq t \leq t_1$ 时线性增加，在 $1 \leq 1 \leq 16$ 时线性减小，其具体图形如图 5.14 所示，

记 $t = t_1$ 时，$B'(t) = b$. 烧毁森林面积为

$$B(t_2) = \int_0^{t_2} B'(t)\, dt .$$

正好是图 5.14 中三角形的面积，显然有

$$B(t_2) = \frac{1}{2} b t_2 ,$$

而且 $t_2 - t_1 = \dfrac{b}{\lambda x - \beta}$.

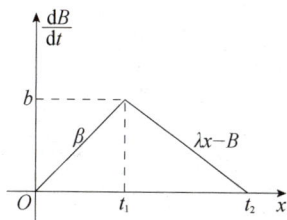

图 5.14　火势蔓延的规律

因此 $B(t_2) = \dfrac{1}{2} b t_1 + \dfrac{b^2}{2(\lambda x - \beta)}$.

根据假设（1）和（4）得，森林烧毁的损失费为 $c_1 B(t_2)$，救火费用为 $c_2 x(t_2 - t_1) + c_3 x$，据此计算得到救火总费用为

$$C(x) = \frac{1}{2} c_1 b t_1 + \frac{c_1 b^2}{2(\lambda x - \beta)} + \frac{c_2 b^2}{(\lambda x - \beta)} + c_3 x .$$

于是，问题归结为求需要派出的消防队员的数量 x，使得 $C(x)$ 有最小值．令 $\dfrac{dC}{dx} = 0$，则得到最优的派出消防队员的数量为

$$x = \sqrt{\frac{c_1 \lambda b^2 + 2 c_2 \beta b}{2 c_3 \lambda^2}} + \frac{\beta}{\lambda} . \tag{5.1}$$

5.5.5 模型的结果分析

在式（5.1）中包含两项，后一项是能够将火灾扑灭最少要派出的消防队员人数；前一项是与相关参数有关的量．它的含义是从最优化的角度进行分析：当救火队员的灭火速度 λ 和救火费用 c_3 增大时，派出的队员数应该减少；当火势蔓延速度为 β、开始救火时的火势为 b，以及单位损失费用 c_1 增加时，派出的救火队员人数也应该增加．这些结果都是与实际情况相符的．

在实际中应用这个模型时，c_1，c_2，c_3 都应是已知常数，β 和 λ 是由森林的类型和消防队员的素质等因素决定的，可以根据平常积累的数据和经验确定．由发现火情到开始救火的时间 t_1，则要根据报警和运输情况估计给出．

知识导图

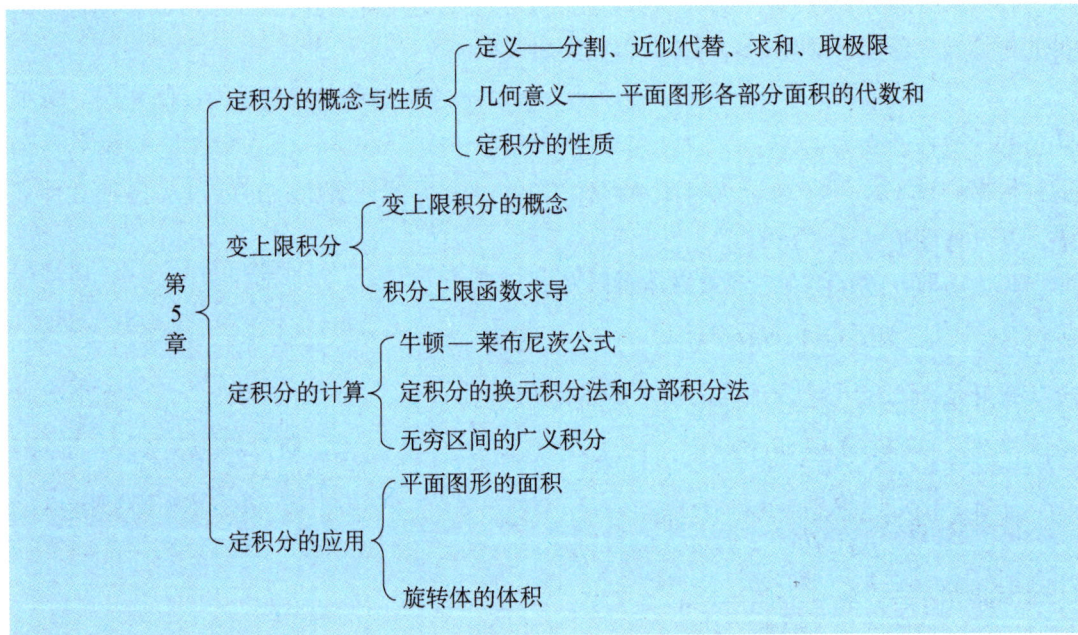

复习题 5

1. 填空题：

（1）极限 $\lim\limits_{x\to 0}\dfrac{\int_0^{x^2}\cos^2 t\,\mathrm{d}t}{x^2}=$ _____．

（2）定积分 $\int_{-\pi}^{\pi}[f(x)+f(-x)]\sin x\,\mathrm{d}x=$ _____，其中 $f(x)$ 是定义在 R 上的任意函数．

（3）定积分 $\int_{-R}^{R} \sqrt{R^2 - y^2}\, dy =$ _____.

（4）若 $\int_{-\infty}^{0} e^{ax} dx = 2$，则 $a =$ _____.

（5）若 $F(x) = \int_{0}^{x} \left(t - \dfrac{1}{2} \right) e^{-t^2} dt$ 有极值，则 $F(x)$ 的驻点是 _____.

2. 选择题：

（1）下列命题叙述正确的是（　　）.

A. $\int_{a}^{b} f(x) dx$ 在几何上可以看成是由 $y = f(x)$，$x = a$，$x = b$ 和 x 轴所围成图形的面积

B. 定积分 $\int_{0}^{3} \dfrac{1}{(x-2)^2} dx = -\dfrac{3}{2}$

C. 变上限定积分实际上就是不定积分

D. 若 $f(x)$ 在 $[a,b]$ 上连续，则 $f(x)$ 一定存在原函数，其中 $\int_{0}^{x} f(t) dt$ 就是一个

（2）若 $\int_{0}^{2} x f(x) dx = k \int_{0}^{1} x f(2x) dx$，则 $k =$（　　）.

A. 1　　　　　　　　B. 2　　　　　　　　C. 3　　　　　　　　D. 4

（3）设 $f(x) = \begin{cases} \dfrac{1}{\cos^2 x}, & 0 \leqslant x \leqslant b \\ \dfrac{1}{\sin^2 x}, & b < x \leqslant \dfrac{\pi}{2} \end{cases}$，且 $\int_{0}^{\frac{\pi}{2}} f(x) dx = 2$，则 $b =$（　　）.

A. $\dfrac{\pi}{6}$　　　　　　B. $\dfrac{\pi}{4}$　　　　　　C. $\dfrac{\pi}{3}$　　　　　　D. $\dfrac{\pi}{2}$

（4）摆线 $\begin{cases} x = a(t - \sin t), \\ y = a(1 - \cos t) \end{cases} (a > 0)$，的第一拱与 x 轴所围成图形的面积是（　　）.

A. πa^2　　　　　　B. $2\pi a^2$　　　　　　C. $3\pi a^2$　　　　　　D. $4\pi a^2$

（5）由 $z = y$，$z = 1$ 和 z 轴所围成的图形绕 z 轴旋转所得旋转体的体积是（　　）.

A. $\dfrac{\pi}{3}$　　　　　　B. $\dfrac{\pi}{4}$　　　　　　C. $\dfrac{\pi}{6}$　　　　　　D. $\dfrac{\pi}{12}$

3. 求定积分 $\int_{0}^{\pi} \sqrt{\sin^3 x - \sin^5 x}\, dx$.

*4. 求 $\int_{e}^{+\infty} \dfrac{1}{x \sqrt{\ln x}}\, dx$.

5. 求曲线 $y = \ln x$ 在区间 $(2,6)$ 内的一点，使该点的切线与直线 $x = 2, x = 6$ 以及 $y = \ln x$ 所围成的平面图形的面积最小.

6. 求曲线 $y = x$ 与 $y = x^3$ 当 $x > 0$ 时所围图形绕 x 轴、y 轴旋转所得旋转体的体积.

7. 一圆柱形的贮水桶高为 4m，底圆半径为 2m，桶内盛满了水. 试问：要把桶内的水全部吸出需做多少功？

在线测试

扫描二维码进行本章在线测试

走近中国数学家

	突出贡献	视频微课
	谷超豪，1926—2012，中国数学家、教育家．在 K 展空间、芬斯拉空间等一般空间微分几何学、非线性双曲型方程的间断解、波映射、混合型方程、规范场的数学理论和孤立子等的研究中取得了原创性成果．发表数学论文 140 余篇，学术专著有《齐性空间的微分几何学》《关于经典的杨-米尔斯场》等 6 部．	

学海拾贝

拉格朗日简介

拉格朗日（Lagrange，Joseph-Louis）是法国数学家、力学家、天文学家．他 1736 年 1 月 25 日生于意大利西北部的都灵，1813 年 4 月 10 日卒于巴黎．

拉格朗日的祖父是法国人，祖母是意大利人．他的父亲是一位富商，曾想把拉格朗日培养成自己商业上的接班人，因此希望他学法律．但拉格朗日在中学时代读了天文学家哈雷写的一篇谈论计算方法的小品文——《在解决求光学玻璃的焦点问题时，近世代数优越性的一个实例》之后，就对数学和天文学发生了兴趣，不久进入都灵皇家炮兵学院学习．通过自学的方式钻研数学，尚未毕业就担任了该院的部分数学教学工作．18 岁时开始撰写论文，19 岁被正式聘任为该院的数学教授．

1755 年，拉格朗日开始和欧拉通信讨论"等周问题"，从而奠定了变分法的基础．

1757 年，拉格朗日和几位年轻科学家创办了都灵科学协会和学术杂志《都灵文集》，在《都灵文集》上他发表了大量论文，1764 年和 1766 年因在天文学研究中取得的成果，先后两次获得法国科学院奖，从而在世界范围赢得了很高的声誉．

1766 年，在柏林科学院物理数学所任所长的欧拉，要重回彼得堡，临行前普鲁士国王腓特烈大帝（Frederick the Great）要欧拉推荐一位称职的继任者．欧拉认为非拉格朗日莫属，同时达朗贝尔也作了同样的推荐．于是腓特烈大帝亲自写信给拉格朗日说："欧洲最伟大的君王希望欧洲最伟大的数学家到他的宫廷里来."于是拉格朗日到了柏林，就任柏林科学院物理数学所所长职务，这时他年仅 30 岁．

拉格朗日在柏林科学院整整工作了 20 年，在这期间，他对代数、数论、微分方程、变分法、力学和天文学都进行了广泛而深入的研究，并取得了丰硕的成果，其作品浩如烟海．

对于微积分学，拉格朗日试图抛弃自牛顿以来模糊不清的无穷小概念．拉格朗日的学生们发现无穷小和无穷大的概念很难掌握，而传统形式的微积分学充满了这些概念．为了克服这些困难，拉格朗日试图不用莱布尼茨的"无穷小"和牛顿的极限的特殊概念来建立微积分学，为此他写成《解析函数论》．此书的副标题是："不用无穷小，或正在消失的量或极限与流数等概念，而归结为有限的代数分析的艺术"．他试图把微分、无穷小和极限等概念从微积分中完全排除．他先用代数方法证明了泰勒展开式，接着定义导数（微商）是 $f(x+h)$ 的泰勒展开式中 h 的系数，然后建立起全部分析学．他认为这样就可以克服极限理论的困难，可是无穷级数的收敛问题仍然无法逃避极限．尽管他的"纯代数的微分学"没有成功，但他另辟蹊径的探讨得到高度的赞赏，并推动了柯西和其他一些人去创立一种令人满意的微积分学，从而对后来微积分基础理论的逻辑发展产生了深远的影响．特别是《解析函数论》对函数的抽象处理，可以说是实变函数论的起点．他还给出了泰勒级数的余项公式，研究了二元函数极值，阐明了条件极值的理论，并研究了三重积分的变量代换等问题．

在微分方程中，他也获得了很多重要结果．例如，对奇解与通解的联系作了系统的研究，用明确而漂亮的手法从通解中消去常数而得到奇解，从而给出了一般性的方法；他还发现，线性齐次方程的通解是一组独立的特解的线性组合，而且在知道了 n 阶线性齐次方程的 m 个特解后，可以把方程降低 m 阶；在解线性非齐次微分方程时，他提出了常数变易法．

拉格朗日对代数和数论曾作出过杰出贡献．他是最早意识到一般五次和一般更高次的代数方程不存在根式求解法的数学家之一．他的《关于方程的代数解的研究》，开辟了代数发展的新时期．

拉格朗日最得意的著作是《分析力学》，为了撰写这部巨著，他倾注了大量的智慧和精力，整整编写了 37 个春秋．在这部著作中，他利用变分原理建立了优美、和谐的力学体系，把宇宙描绘成一个由数字和方程组成的有节奏的旋律．这部著作里的精辟论述，使得动力学这门科学达到了登峰造极的地步，它还把固体力学和流体力学这两个分支统一了起来，从而奠定了现代力学的基础．哈密顿（Hamilton）把这部著作誉为一部"科学诗篇"．

拉格朗日 1759 年被选为柏林科学院院士，1772 年被选为法国科学院院士，1776 年被选为彼得堡科学院名誉院士，1766 至 1786 年担任柏林科学院的主席．

拉格朗日虽然是一个伟大的天才，但他非常谦逊，虚怀若谷，善于向前辈及同时代的科学家学习，不断地从各个学科吸取营养丰富自己．他曾说："我欣赏他人的工作更甚于我自己的工作，我总是不满自己的工作．"他的研究充满了诗人般的想象力．他在学术上成就辉煌、道德上品格高尚，赢得了世人的崇敬．

拉格朗日在逝世前的两天曾平静地说："我此生没有什么遗憾，死亡并不可怕，它只不过是我要遇到的最后一个函数．"

拉格朗日去世后，意大利百科全书说他是意大利数学家，法国百科全书说他是法国数学家，德国的数学史说他一生的主要科学成就是在柏林完成的．拉格朗日的著作极为丰富，但未能全部收集齐．他去世后，法兰西研究院汇集了他留在该学院内的全部著作，编辑出版了十四卷《拉格朗日文集》．拿破仑（Napoleon）赞美"拉格朗日是一座高耸在数学世界的金字塔"．

第 6 章　常微分方程

　　在科学、技术、工程以及经济研究中，常常需要寻求与问题有关的变量之间的函数关系，这种函数关系有时可以直接建立，有时却只能根据一些基本科学原理，建立所求函数及其变化率（导数）之间的关系式，然后再从中解出所求函数，这种关系式就是本章将学习的微分方程.

　　早在 1676 年，莱布尼兹在致牛顿的信中第一次提出微分方程，直到 18 世纪中期，微分方程才成为一门独立的学科. 微分方程建立后，立即成为探索现实世界的重要工具. 1846 年，数学家与天文学家合作，通过求解微分方程，发现了一颗有名的行星——海王星. 我国马王堆一号汉墓有些随葬品的年代，也是通过建立关于碳原子的半衰期的微分方程模型最终推算出的。很多实际问题都可以归结为用微分方程表示的数学模型. 因此，微分方程是我们经常用到的有效工具. 本章主要介绍微分方程的基本概念和几种常见的微分方程的建立和求解方法.

§6.1　微分方程的基本概念

6.1.1　引例

在本节中，我们通过两个例子引出微分方程的有关概念.

　　引例1【曲线方程】　　已知一条曲线经过点 $(0,1)$，且在该曲线上任一点 $M(x,y)$ 处的切线斜率为该点横坐标的平方，求这条曲线的方程.

　　解　设该曲线方程为 $y=f(x)$，则曲线在点 $M(x,y)$ 处的切线的斜率为 y'，由题意得

$$y'=x^2 \tag{1}$$

对式（1）两边积分，得

$$y=\frac{1}{3}x^3+C \tag{2}$$

又曲线过点 $(0,1)$，故有

$$y\big|_{x=0}=1 \tag{3}$$

把式（3）代入式（2）得

$$C=1,$$

所以所求曲线方程为

$$y = \frac{1}{3}x^3 + 1 \qquad (4)$$

学习笔记	视频
	引例 1

引例 2【自由落体运动】 一个质量为 m 的物体受重力作用自由下落，假设初始位置和初始速度都为 0，不计空气阻力，求物体下落的距离 s 与时间 t 的函数关系．

解 设下落的距离 s 与时间 t 的函数关系为 $s = s(t)$．

由于下落中物体只受重力作用，故物体所受的合外力为

$$F = mg$$

又根据牛顿第二定律 $F = ma$ 及加速度 $a = s''(t)$，得

$$s''(t) = g \qquad (5)$$

现在求 s 与 t 之间的函数关系，对式（5）两端积分，得

$$s'(t) = gt + C_1 \qquad (6)$$

再将式（6）两端积分，得

$$s = \frac{1}{2}gt^2 + C_1 t + C_2 \qquad (7)$$

这里 C_1，C_2 都是任意的常数．

由题意知 $t = 0$ 时，$s = 0$，$v = s'(t) = 0$，即

$$s|_{t=0} = 0，\quad v|_{t=0} = s'(0) = 0 \qquad (8)$$

把式（8）式分别代入式（6）、式（7），得

$$C_1 = 0，\quad C_2 = 0$$

故式（7）为

$$s = \frac{1}{2}gt^2． \qquad (9)$$

这就是做自由落体运动的物体下落的距离 s 与时间 t 之间的函数关系．

6.1.2 微分方程的相关概念

上面的两个引例建立的方程（1）和（5）都含有未知函数的导数，这两个方程都是微分方程．

下面给出微分方程的基本定义.

定义 6.1　含有自变量、未知函数及未知函数的导数或微分的方程称为**微分方程**.

这里须指出，微分方程中可以不显含自变量和未知函数，但必须显含未知函数的导数或微分，因此简言之，**含有未知函数的导数或微分的方程称为微分方程**.

未知函数为一元函数的微分方程称为**常微分方程**，未知函数含有两个或者两个以上的自变量的微分方程称为**偏微分方程**. 本书只讨论一些常微分方程及其解法. 为方便起见，本章中常微分方程简称为微分方程（或方程）.

思政之窗

　　在具体问题的研究中，我们不仅要在建立的方程中考虑未知数的大小，还要考虑未知数的变化，这就有了微分方程. 相比普通方程，微分方程中含有导数符号，实际上就是方程中包含了未知函数的变化率. 之所以我们在科学中这么需要微分方程，本质上是因为人类掌握的都是物体的局部规律，所以需要微分方程来描述这种局部规律，然后由局部规律反推整个物体. 微分方程就是描述一个庞大物体的局部特征的关键工具，我们通过求解微分方程就可以从物体的局部性质反推到整个庞大物体的全部性质，从而架起局部和整体之间的桥梁. 这也体现了由点及面，由局部到整体的分析问题的思维方法.

定义 6.2　微分方程中出现的未知函数导数的最高阶数叫作**微分方程的阶**.

例如，$y' = x^2$ 是一阶方程，$s''(t) = g$ 是二阶方程，$x^2 y''' = \ln x$ 是三阶微分方程，而方程 $y^{(4)} + 4y = xe^x$ 是四阶方程.

定义 6.3　如果把某个函数及其各阶导数代入微分方程，能使该方程成为恒等式，则称这个函数为该**微分方程的解**.

例如，$y = \dfrac{1}{3}x^3 + C$ 和 $y = \dfrac{1}{3}x^3 + 1$ 表示的函数都是方程 $y' = x^2$ 的解，$s = \dfrac{1}{2}gt^2 + C_1 t + C_2$ 和 $s = \dfrac{1}{2}gt^2$ 表示的函数都是方程 $s''(t) = g$ 的解.

如果微分方程的解中含有独立的任意常数的个数与方程的阶数相等，那么我们称这个解为**通解**，如果微分方程的解中不含任意常数则称它为方程的**特解**. 特解是给通解中的任意常数以特定的值的解. 用以确定通解中任意常数的条件为**初始条件**.

我们这里所说的任意常数是独立的也就是指它们不能通过恒等变形而使得任意常数的个数减少. 如 $y = C_1 x + C_2 x + 1$ 中的常数 C_1 与 C_2 就不是相互独立的，而 $s = \dfrac{1}{2}gt^2 + C_1 t + C_2$ 中的 C_1 与 C_2 就是相互独立的.

由于通解中含有任意常数，所以它还不能完全确定地反应客观事物的规律性. 必须通过具体问题的具体条件来确定这些常数，求出微分方程的特解.

如果是一阶微分方程，那么它的初始条件通常是：

当 $x=x_0$ 时，$y=y_0$ 或写成 $y|_{x=x_0}=y_0$；

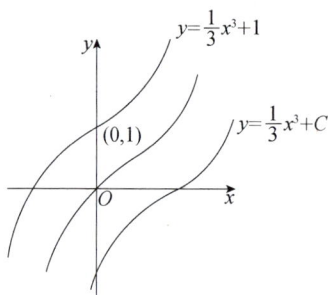

如果是二阶微分方程，那么它的初始条件通常是：

当 $x=x_0$ 时，$y=y_0$，$y'=y_0'$；

或写成 $y|_{x=x_0}=y_0$，$y'|_{x=x_0}=y_0'$，

其中 x_0，y_0，y_0' 都是给定的值.

微分方程的通解的图形是**一簇积分曲线**，而特解的图形是积分曲线族中的**一条曲线**. 像引例 1 就可以用图 6.1 来表示.

图 6.1

思政之窗

从 1676 年莱布尼兹第一次提出微分方程的概念到 1937 年庞特里亚金提出了结构稳定性概念，微分方程在动力系统中得到广泛应用. 在这 200 多年的发展史中，微分方程经历了 4 个重要阶段，这些阶段倾注了莱布尼兹、伯努利、欧拉、泰勒、黎卡提、刘维尔、柯西、庞加莱、李雅普诺夫等一大批数学家的心血，体现了他们对数学科学孜孜不倦的探索和勇于钻研的奋进精神.

例1 验证函数 $y=C_1\cos x+C_2\sin x$ 是微分方程 $y''+y=0$ 的通解，并求满足初始条件 $y(0)=A$，$y'(0)=0$ 的特解.

解 求 $y=C_1\cos x+C_2\sin x$ 的导数，得

$$y'=-C_1\sin x+C_2\cos x,$$
$$y''=-C_1\cos x-C_2\sin x,$$

将 y'，y'' 的表达式代入方程 $y''+y=0$ 的左端，得

$$-C_1\cos x-C_2\sin x+C_1\cos x+C_2\sin x\equiv 0.$$

故 $y=C_1\cos x+C_2\sin x$ 是微分方程 $y''+y=0$ 的解，由于 y 中有两个独立的任意常数，且与方程的阶数相等，所以它是方程 $y''+y=0$ 的通解.

将 $y(0)=A$ 代入通解中，得到 $C_1=A$，将 $y'(0)=0$ 代入 y' 中，得到 $C_2=0$. 所以满足所给初始条件的特解为

$$y=A\cos x.$$

前面通过两个引例给出了微分方程的几个基本概念，同时也可以看出，利用微分方程**解决实际问题的一般步骤**如下：

第一步 建立反映实际问题的微分方程，并写出初始条件；

第二步 求出微分方程的通解；

第三步 由初始条件确定所求的特解.

例 2　**【列车制动】**列车在直线轨道上以 20 m/s 的速度行驶，制动列车获得负加速度为 –0.4m/s²，问列车制动多久才能刹住？在这段时间内列车行驶了多远的路程？

例 2 讲解

解　（1）建立微分方程

记列车制动的初始时刻为 $t=0$，设制动 t s 后列车行驶了 s m．由题意知，制动后列车行驶的加速度 $\dfrac{\mathrm{d}^2 s}{\mathrm{d}t^2}$ 等于 –0.4m/s²，即

$$\frac{\mathrm{d}^2 s}{\mathrm{d}t^2} = -0.4 , \tag{10}$$

初始条件为当 $t=0$ 时，$s(0)=0$，$v(0)=20$．

（2）求通解

方程（10）两端同时对 t 积分，得速度方程

$$v(t) = \frac{\mathrm{d}s}{\mathrm{d}t} = -0.4t + C_1 , \tag{11}$$

式（11）两端对 t 再积分一次，得

$$s = -0.2t^2 + C_1 t + C_2 \ （C_1, C_2 \text{都是任意常数}）. \tag{12}$$

（3）确定特解

把初始条件当 $t=0$ 时，$v(0)=20$ 代入式（11），得 $C_1 = 20$；因此速度方程为

$$v(t) = \frac{\mathrm{d}s}{\mathrm{d}t} = -0.4t + 20 , \tag{13}$$

把 $t=0$ 时，$s(0)=0$ 代入式（12），得 $C_2 = 0$．于是列车制动后的运动方程为

$$s = -0.2t^2 + 20t . \tag{14}$$

因为列车刹住时速度为零，在式（13）中，令 $v = \dfrac{\mathrm{d}s}{\mathrm{d}t} = 0$，得 $0 = -0.4t + 20$，解之得列车从开始制动到完全刹住所需要的时间为

$$t = \frac{20}{0.4} = 50\,(\mathrm{s}) ,$$

把 $t=50$ 代入式（14），得列车制动后行驶的路程

$$s = -0.2 \times 50^2 + 20 \times 50 = 500\,(\mathrm{m}) .$$

思政之窗

　　自然界与人类社会中有许多的现象虽然有一定的规律，这些规律需要以一种动态的方式描述．这个时候我们最关键的数学工具就是微分方程，微分方程是对函数与其导数间关系的一种描述，也就是说它能够刻画系统的每一个动态过程，因此恰好能够解决描述系统的动态规律的问题．因此，微分方程在实际应用问题的研究中起着非常重要的作用．我们学习微分方程，最重要的是学会以微分方程为研究工具，用数学的思维和方法去解决更多实际问题．

1. 下列各方程中，那几个是微分方程？那几个不是微分方程？并指出微分方程的阶数：

（1）$x^2\mathrm{d}x + y^3\mathrm{d}y = 0$；   （2）$y^2 - 3y + 2 = 0$；

（3）$xy''' - (y')^4 + x = 0$；   （4）$y''y' + x^2y' + y = 1$；

2. 下列各题中的函数是否为所给微分方程的解？

（1）$y = 5x^2$，$xy' = 2y$；

（2）$y = \mathrm{e}^{-3x} + \dfrac{1}{3}$，$\dfrac{\mathrm{d}y}{\mathrm{d}x} + 3y = 1$；

（3）$y = \mathrm{e}^x + \mathrm{e}^{-x}$，$y'' - 2y' + y = 0$；

3. 验证函数 $y = C\mathrm{e}^{-x} + x - 1$ 是微分方程 $y' + y = x$ 的通解，并求满足初始条件 $y|_{x=0} = 2$ 的特解.

4. 【曲线方程】已知曲线上任意点 (x, y) 处的切线斜率为 $\cos x$，并且通过点 $(0,1)$，求此曲线的方程.

5. 【运动方程】一物体运动的速度方程为 $v = 2t\,\mathrm{m/s}$，当 $t = 3\,\mathrm{s}$ 时，物体经过的路程为 $11\,\mathrm{m}$，求此物体的运动方程.

§6.2 一阶微分方程

一阶微分方程的一般形式为

$$y' = F(x, y) \tag{15}$$

下面介绍几种常见的一阶微分方程的基本类型及其解法.

6.2.1 可分离变量的微分方程

如果一阶微分方程可以化为形如

$$\frac{\mathrm{d}y}{\mathrm{d}x} = f(x)g(y) \tag{16}$$

的方程，则称式（16）为**可分离变量的微分方程**.

若 $g(y) \neq 0$，则可将式（16）写成如下形式

$$\frac{1}{g(y)}\mathrm{d}y = f(x)\mathrm{d}x. \tag{17}$$

这类方程的**特点**是：方程经过适当变形，可以将含有同一变量的函数和微分分离到等式的同一端.

设 $\dfrac{1}{g(y)}$ 的原函数为 $G(y)$，$f(x)$ 的原函数为 $F(x)$，则对方程 $g(y)\mathrm{d}y = f(x)\mathrm{d}x$ 两端同取不定积分得：

$$\int \frac{1}{g(y)}\mathrm{d}y = \int f(x)\mathrm{d}x ,$$

解得

$$G(y) = F(x) + C . \tag{18}$$

式（18）所确定的函数就是方程（16）的通解.

思政之窗

　　莱布尼茨在 1691 年提出了用"分离变量法"求解可分离变量的微分方程的通解，大大推动了微分方程的研究发展．莱布尼茨不仅在数学方面有巨大的成就，他的研究成果渗透到许多领域，而且他是一位十分爱国的科学家，他曾在祖国德国要被法国攻打之前挺身而出，作为一名外交官出使巴黎，游说法国国王放弃进攻．虽然最后以失败告终，但他热爱祖国、心系祖国的爱国品质是非常值得我们学习的.

例 1　求微分方程 $y' - \mathrm{e}^{-y}\sin x = 0$ 的通解.

解　将方程分离变量，得

$$\mathrm{e}^{y}\mathrm{d}y = \sin x\,\mathrm{d}x ,$$

两边积分得

$$\int \mathrm{e}^{y}\mathrm{d}y = \int \sin x\,\mathrm{d}x ,$$

解得

$$\mathrm{e}^{y} = -\cos x + C ,$$

于是方程的通解是

$$\cos x + \mathrm{e}^{y} = C .$$

例 2　求微分方程 $(1+x^2)\mathrm{d}y + xy\mathrm{d}x = 0$ 满足初始条件 $y|_{x=1} = \sqrt{2}$ 的特解.

解　分离变量得

$$\frac{1}{y}\mathrm{d}y = -\frac{x}{1+x^2}\mathrm{d}x ,$$

将上式两边进行积分，得到

$$\int \frac{1}{y}\mathrm{d}y = -\int \frac{x}{1+x^2}\mathrm{d}x ,$$

解得

$$\ln|y| = -\frac{1}{2}\ln(1+x^2) + C_1 .$$

其中 C_1 为任意常数，若记 $C_1 = \ln|C|$，则有

$$\ln|y| = \ln\frac{1}{\sqrt{(1+x^2)}} + \ln|C| ,$$

例 2 讲解

即

$$\ln |y| = \ln \frac{|C|}{\sqrt{(1+x^2)}} ,$$

解得方程的通解为：

$$y = \frac{C}{\sqrt{1+x^2}} .$$

将初始条件 $y|_{x=1} = \sqrt{2}$ 代入通解中，得 $\sqrt{2} = \frac{C}{\sqrt{2}}$，$C = 2$，

所以所求方程的特解为

$$y = \frac{2}{\sqrt{1+x^2}} .$$

注：（1）一般地，最终通解中的任意常数写成 C，中间步骤中的过度常数写成其它形式，如本例中的 C_1，为了使通解的形式简单，中间的过度常数的相关表达式常需要合并或改写成 C。

（2）当方程两边同取不定积分后，方程中出现"ln"形式的函数时，可以直接将方程右边的任意常数写成 $\ln |C|$，这样方便求出形式较为简单的通解形式。

例 3 【国民生产总值】2000 年我国的国民生产总值（GDP）为 1015986 元，如果能保持每年 6% 的相对增长率，问 2030 年我国的 GDP 大约是多少？

解：（1）**建立微分方程**

记 $t = 0$ 为 2020 年，并设第 t 年我国的 GDP 为 $P(t)$。由题意知，$P(t)$ 的相对增长率为 6%，即

$$\frac{\dfrac{\mathrm{d}P(t)}{\mathrm{d}t}}{P(t)} = 6\% ,$$

（2）**求通解**

分离变量，得

$$\frac{\mathrm{d}P(t)}{P(t)} = 6\%\mathrm{d}t ,$$

两边同时积分，得

$$\ln|P(t)| = 0.06t + \ln|C| ,$$
$$P(t) = C\mathrm{e}^{0.06t} .$$

（3）**求特解**

将 $P(0) = 1015986$ 代入通解，得 $C = 1015986$，所以从 2020 年起第 t 年我国的 GDP 为

$$P(t) = 1015986\mathrm{e}^{0.06t} ,$$

将 $t = 10$ 代入上式，得 2030 年我国 GDP 的预测值为

$$P(10) = 1015986\mathrm{e}^{0.06 \times 10} \approx 1851247 \ （亿元）.$$

思政之窗

　　微分方程在科学发展和社会进步的过程中，有非常广泛的应用，它的应用渗透于社会发展的各个领域之中，主要用于各行各业的预测、鉴定、推断、分析等工作．

　　尤其是在预测方面，利用微分方程模型不仅能预测我国的 GDP 数值，还可以预测人口变化趋势、垃圾总量变化、台风强度等，在医学领域微分方程模型更是发挥了极其重要的作用．不管是 21 世纪初的 SARS 病毒的传播还是最近几年新冠病毒的肆虐，科学家们都用微分方程模型建立了传染病模型，分析病毒传播速度，预测感染人数，疫情分析数据的准确性对防疫工作有着重要的指导作用．当代大学生要用科学的态度对待疫情，尊重科学，理性看待新冠病毒，了解它的传播特点，自觉遵守各项防疫措施．

6.2.2　一阶线性微分方程

　　形如

$$\frac{\mathrm{d}y}{\mathrm{d}x} + P(x)y = Q(x) \tag{19}$$

的方程（其中 $P(x)$、$Q(x)$ 是 x 的已知函数），**称为一阶线性微分方程**，$Q(x)$ 称为方程的自由项．

　　如果 $Q(x) \neq 0$，则称方程（19）为一阶线性非齐次微分方程；

　　如果 $Q(x) \equiv 0$，即方程（19）变为

$$\frac{\mathrm{d}y}{\mathrm{d}x} + P(x)y = 0 \tag{20}$$

则称它为**一阶线性齐次微分方程**，它可变形为可分离变量的微分方程．

　　公式（19）称为一阶线性非齐次微分方程的**标准形式**，公式（20）称为一阶线性齐次微分方程的标准形式．标准形式要求 y' 的系数为 1，且如果是非齐次微分方程，自由项 $Q(x)$ 需要出现在方程的右边．

　　对于一个微分方程，怎么判断是否是**线性**的呢？

　　若微分方程中未知函数及其各阶导数均是"**一次、有理、整式**"，则此方程为**线性微分方程**；否则为**非线性微分方程**．如 $y' + 2y - x^2 = 0$，$\frac{\mathrm{d}^2 y}{\mathrm{d}x^2} - 3\frac{\mathrm{d}y}{\mathrm{d}x} + 2xy = 0$ 为线性微分方程；

$y'' - (y')^2 + 2x = 0$，$\frac{\mathrm{d}^3 y}{\mathrm{d}x^3} + \sqrt{\frac{\mathrm{d}y}{\mathrm{d}x}} - 4x + 5 = 0$，$\frac{1}{y'} - 2xy + 5 = 0$ 为非线性微分方程．

　　因此，所谓线性微分方程，是指方程中关于未知函数 y 及其所有阶导数的次数都是一次的，并且不出现 y 与其各阶导数的乘积形式．

　　下面我们先求齐次线性方程（20）的解．

将式（20）分离变量，得 $\dfrac{\mathrm{d}y}{y}=-P(x)\mathrm{d}x$，两边积分，得

$$\ln|y|=-\int P(x)\mathrm{d}x+C_1$$

$$y=Ce^{-\int P(x)\mathrm{d}x} \qquad (21)$$

这就是方程（20）的通解．以后为了书写方便，我们约定不定积分符号只表示被积函数的一个原函数，即 $\int P(x)\mathrm{d}x$ 只表示 $P(x)$ 的一个原函数．

下面再讨论方程（19）的解．

由于非齐次线性方程（19）的右端是 x 的函数，观察方程（19）和（20）的形式，我们可设想将（21）中的常数 C 换成关于 x 的待定函数 $C(x)$ 后，式（21）有可能是（19）的解，从而有下面的推导．

设 $y=C(x)e^{-\int P(x)\mathrm{d}x}$ 为方程（19）的解，并将其代入式（19）中，整理得到

$$C'(x)e^{-\int P(x)\mathrm{d}x}=Q(x)，$$

即

$$C'(x)=Q(x)e^{\int P(x)\mathrm{d}x}，$$

两边积分得

$$C(x)=\int Q(x)e^{\int P(x)\mathrm{d}x}\mathrm{d}x+C，$$

将 $C(x)$ 代回到 $y=C(x)e^{-\int P(x)\mathrm{d}x}$ 中，得式（19）通解为

$$y=e^{-\int P(x)\mathrm{d}x}[\int Q(x)e^{\int P(x)\mathrm{d}x}\mathrm{d}x+C]． \qquad (22)$$

式（22）称为一阶线性非齐次方程（19）的**通解公式**．

上述求解方法称为**常数变易法**．用常数变易法求一阶非齐次线性方程的通解的**步骤**为：

（1）先求出非齐次线性方程所对应的齐次方程的通解；

（2）根据所求出的齐次方程的通解设出非其次线性方程的解（将所求出的齐次方程的通解中的任意常数 C 改为待定函数 $C(x)$ 即可）；

（3）将所设解代入非齐次线性方程，解出 $C(x)$，最后写出非齐次线性方程的通解．

思政之窗

"常数变易法"是数学家拉格朗日对一阶线性微分方程长达 11 年的研究成果．它的产生体现了科学家们追求真理的品质以及在探索知识的过程中的宝贵工匠精神．他们不断创新、不怕失败、反复推敲、精益求精．科学家尚能用 11 年的时间去研究一个问题，我们在学习任何知识时又怎能被一时的障碍所羁绊，学习是个长期的过程，既不能半途而废，也不能急于求成．要有不怕困难和勇往直前的勇气与斗志．

由于（22）式给出了一阶线性非齐次方程的通解公式，我们以后求这类方程，也可以

运用**公式法**，公式法求其通解的**步骤**为：

（1）先把微分方程化为（19）式的标准形式.

（2）根据标准形式，确定公式中的 $P(x)$ 和 $Q(x)$.

（3）将 $P(x)$ 和 $Q(x)$ 代入通解公式求解即可.

例 4　求方程 $xy' = y + x\ln x$ 的通解.

解　（**常数变易法**）原方程变形为

$$y' - \frac{1}{x}y = \ln x , \tag{23}$$

此方程为一阶线性非齐次方程.

首先对式（23）所对应的齐次方程

$$y' - \frac{1}{x}y = 0 , \tag{24}$$

求解，方程（24）分离变量得 $\dfrac{\mathrm{d}y}{y} = \dfrac{\mathrm{d}x}{x}$ ，

两边积分，得 $\ln|y| = \ln|x| + \ln C$ ，

即 $\ln|y| = \ln C|x|$ ，

所以，齐次方程（24）的通解为 $y = Cx$ （25）

将通解中的任意常数 C 换成待定函数 $C(x)$，即令 $y = C(x)x$ 为方程（23）的通解，将其代入原方程（23）整理，得 $xC'(x) = \ln x$ ，于是有

$$C'(x) = \frac{1}{x}\ln x ,$$

所以

$$C(x) = \int \frac{\ln x}{x}\mathrm{d}x = \int \ln x\,\mathrm{d}\ln x = \frac{1}{2}(\ln x)^2 + C ,$$

将所求得 $C(x)$ 代入式（25），得原方程的通解为

$$y = \frac{x}{2}(\ln x)^2 + Cx .$$

例 5　求微分方程 $x^2\mathrm{d}y + (2xy - x + 1)\mathrm{d}x = 0$ 满足初始条件 $y|_{x=1} = 0$ 的特解.

解　（**公式法**）将原方程变形为

$$\frac{\mathrm{d}y}{\mathrm{d}x} + \frac{2}{x}y = \frac{x-1}{x^2} ,$$

这是一个一阶线性非齐次方程，其中 $P(x) = \dfrac{2}{x}$ ，$Q(x) = \dfrac{x-1}{x^2}$. 将 $P(x)$、$Q(x)$ 代入到一阶线性非齐次方程通解公式中，得

$$y = \mathrm{e}^{-\int \frac{2}{x}\mathrm{d}x}\left(\int \frac{x-1}{x^2}\mathrm{e}^{\int \frac{2}{x}\mathrm{d}x}\mathrm{d}x + C \right)$$

$$= \frac{1}{x^2}\left(\int \frac{x-1}{x^2}x^2\mathrm{d}x + C \right) = \frac{1}{x^2}\left[\int (x-1)\mathrm{d}x + C \right]$$

$$= \frac{1}{x^2}\left(\frac{1}{2}x^2 - x + C\right) = \frac{1}{2} - \frac{1}{x} + \frac{C}{x^2}$$

把初始条件 $y|_{x=1} = 0$，代入上式，得 $C = \frac{1}{2}$.

故，所求方程的特解为

$$y = \frac{1}{2} - \frac{1}{x} + \frac{1}{2x^2}.$$

例6 【RL 电路】在一个含有电阻 R（单位：Ω），电感 L（单位：H）和电源 E（单位：V）的 RL 串联回路中，由回路电流定律，知电流（单位：A）满足微分方程

$$\frac{\mathrm{d}I}{\mathrm{d}t} + \frac{R}{L}I = \frac{E}{L},$$

若电路中有电源 $3\sin 2t$ V，电阻 $10\,\Omega$，电感 0.5H 和初始电流 6A，求电路中任意时刻 t 的电流.

解 （1）**建立微分方程**

这里 $E = 3\sin 2t, R = 10, L = 0.5$，将其带入 RL 电路中电流应满足的微分方程，得

$$\frac{\mathrm{d}I}{\mathrm{d}t} + 20I = 6\sin 2t,$$

初始条件为 $I|_{t=0} = 6$.

（2）**求通解**

此方程为一阶线性非齐次微分方程，将 $P(t) = 20, Q(t) = 6\sin 2t$ 代入通解公式得

$$I = \mathrm{e}^{-\int 20\mathrm{d}t}\left(\int 6\sin 2t \cdot \mathrm{e}^{\int 20\mathrm{d}t}\mathrm{d}t + C\right)$$

$$= \mathrm{e}^{-20t}\left(\int 6\sin 2t \cdot \mathrm{e}^{20t}\mathrm{d}t + C\right)$$

$$= C\mathrm{e}^{-20t} + \frac{30}{101}\sin 2t - \frac{3}{101}\cos 2t.$$

（上述积分可利用分部积分法求解，也可以利用公式

$$\int \mathrm{e}^{ax}\sin bx\,\mathrm{d}x = \frac{1}{a^2 + b^2}\mathrm{e}^{ax}(a\sin bx - b\cos bx) + C \quad \text{求解}.）$$

（3）**求特解**

将 $t = 0$ 时，$I = 6$ 代入通解，得

$$6 = C\mathrm{e}^{-20\times 0} + \frac{30}{101}\sin(2\times 0) - \frac{3}{101}\cos(2\times 0),$$

解得

$$C = \frac{609}{101},$$

所以在任何时刻 t 的电流为

$$I = \frac{609}{101}\mathrm{e}^{-20t} + \frac{30}{101}\sin 2t - \frac{3}{101}\cos 2t.$$

注：I 中的 $\dfrac{609}{101}\mathrm{e}^{-20t}$ 成为**瞬时电流**，因为当 $t\to\infty$ 时，它变为零（"消失"）；

$\dfrac{30}{101}\sin 2t-\dfrac{3}{101}\cos 2t$ 称为**稳态电流**，当 $t\to\infty$ 时电流趋于稳态电流的值.

习题 6.2

1. 判断下列方程是否是可分离变量的微分方程，对于可分离变量的微分方程，求出它的通解或满足初始条件的特解：

（1）$x^2\mathrm{d}x+(x^3+5)\mathrm{d}y=0$；

（2）$(1+x^2)y'=\arctan x$；

（3）$\mathrm{e}^{x+y}\mathrm{d}x+\mathrm{d}y=0$；

（4）$\sin x\,\mathrm{d}y=2y\cos x\,\mathrm{d}x$；

（5）$\dfrac{\mathrm{d}y}{\mathrm{d}x}+yx^2=0,\ y|_{x=0}=1$

（6）$y'=(1-y)\cos x,\ \ y|_{x=\frac{\pi}{6}}=0$

（7）$\mathrm{d}y+(x+2y)\mathrm{d}x=0$

2. 判断下列方程是否是一阶线性非齐次微分方程，对于一阶线性非齐次微分方程，求出它的通解或满足初始条件的特解：

（1）$\cos x\dfrac{\mathrm{d}y}{\mathrm{d}x}+y\sin x=\cos^2 x$，$y|_{x=\pi}=1$；

（2）$y'-2xy-2x\mathrm{e}^{x^2}=0$

（3）$xy'-y=2$，$y|_{x=1}=0$；

（4）$xy'-2y=x^3\cos x$；

（4）题讲解

（5）$y^3\dfrac{\mathrm{d}y}{\mathrm{d}x}=x^2+1$

（6）$y'-y=\cos x$，$y|_{x=0}=0$；

3. 【RL 电路】在一个 RL 电路中，电阻为 $12\,\Omega$，电感为 4H，如果电池提供 60V 的电压，当 $t=0$ 时开关合上，电流初值为 $I(0)=0$，求

（1）电路中任意时刻 t 的电流 $I(t)$；

（2）1 秒后的电流.

§6.3　二阶常系数线性齐次微分方程

二阶常系数线性齐次微分方程的一般形式为

$$y''+py'+qy=0 \tag{26}$$

其中 y'',y' 和 y 都是一次的；p，q 为实常数；方程的右端为 0.

6.3.1　二阶线性齐次微分方程解的定理

定理 6.1　（1）如果 $y_1(x)$ 和 $y_2(x)$ 是二阶线性齐次微分方程（26）的两个解，则

$$y=C_1y_1(x)+C_2y_2(x)$$

也是方程的解，其中 C_1，C_2 为任意常数.

（2）如果 $y_1(x)$ 和 $y_2(x)$ 是二阶线性齐次微分方程（26）两个解，且 $\dfrac{y_1(x)}{y_2(x)}$ 不等于常数，则

$$y_c = C_1 y_1(x) + C_2 y_2(x)$$

是该方程的通解，其中 C_1，C_2 为任意常数.

若函数 $y_1(x)$ 和 $y_2(x)$ 是微分方程（26）的两个特解，且满足 $\dfrac{y_1(x)}{y_2(x)}$ 不等于常数，则这两个解称为**线性无关**的. 由定理 6.1 可知，求二阶线性齐次微分方程的通解，就归结为求它的两个线性无关的特解.

学习笔记	视频
	  二阶常系数线性齐次 微分方程解法讲解

6.3.2　二阶常系数线性齐次微分方程的解法

在微分方程 $y'' + py' + qy = 0$ 中，由于 p 和 q 都是常数，通过观察可以看出：若某一函数 $y = y(x)$，它与其一阶导数 y'、二阶导数 y'' 之间仅相差一个常数因子时，则可能是该方程的解. 而函数 $y = e^{rx}$（r 为常数）具有这一特性. 由此，设函数 $y = e^{rx}$ 是方程（26）的解，其中 r 是待定常数.

将 $y = e^{rx}$，$y' = re^{rx}$，$y'' = r^2 e^{rx}$ 代入方程（26）得到

$$e^{rx}(r^2 + pr + q) = 0,$$

因为 $e^{rx} \neq 0$，故必有 $\qquad r^2 + pr + qr = 0$.　　　　　　　　　　（27）

这说明，如果 r 是方程（27）的解，那么 $y = e^{rx}$ 就是方程（26）的解. 我们称 $r^2 + pr + qr = 0$ 为方程（26）所对应的**特征方程**，r 称为方程的**特征根**.

由上述分析，求二阶常系数线性齐次微分方程的解的问题就转化为求它的特征方程的根的问题.

下面分三种情况来讨论方程（26）的通解.

（1）当 $\Delta > 0$ 时，**特征根为两个不相等的实根**：$r_1 \neq r_2$.

因为 $y_1 = e^{r_1 x}$ 和 $y_2 = e^{r_2 x}$ 是微分方程（26）的两个特解，且 $\dfrac{y_1}{y_2} = e^{(r_1 - r_2)x} \neq$ 常数，即 y_1 和 y_2 线性无关，所以方程（26）的通解为

$$y = C_1 e^{r_1 x} + C_2 e^{r_2 x};$$

（2）当 $\Delta = 0$ 时，特征根为两个相等的实根（二重根）：$r_1 = r_2 = r$．

方程（26）只有一个解 $y_1 = e^{rx}$，这时我们通过验证可知 $y_2 = x e^{rx}$ 是方程（26）的另一个解，且 y_1 与 y_2 线性无关，所以（26）的通解为

$$y = C_1 e^{rx} + C_2 x e^{rx} = (C_1 + C_2 x) e^{rx};$$

（3）当 $\Delta < 0$ 时，特征根为共轭复数：$r_1 = \alpha + i\beta$，$r_2 = \alpha - i\beta$．

此时方程（26）有两个线性无关的特解 $y_1 = e^{(\alpha + i\beta)x}$ 和 $y_2 = e^{(\alpha - i\beta)x}$，但它们是复数形式，因为，

$$y_1 = e^{(\alpha + i\beta)x} = e^{\alpha x}(\cos\beta x + i\sin\beta x),$$
$$y_2 = e^{(\alpha - i\beta)x} = e^{\alpha x}(\cos\beta x - i\sin\beta x),$$

利用解的叠加原理，得

$$\overline{y_1} = \frac{1}{2}(y_1 + y_2) = e^{\alpha x}\cos\beta x, \qquad \overline{y_2} = \frac{1}{2}(y_1 - y_2) = e^{\alpha x}\sin\beta x.$$

是微分方程（26）两个实数形式的特解，且它们线性无关，从而（26）的通解为

$$y = e^{\alpha x}(C_1 \cos\beta x + C_2 \sin\beta x).$$

综上所述，求二阶常系数线性齐次微分方程的通解的**步骤**为：

（1）写出微分方程的特征方程 $r^2 + pr + q = 0$；

（2）求出特征根；

（3）根据特征根的情况，按表 6.1 写出方程的通解．

表 6.1

特征方程的根 r_1，r_2	方程 $y'' + py' + qy = 0$ 的通解
两个不相等的实根 r_1，r_2	$y = C_1 e^{r_1 x} + C_2 e^{r_2 x}$
两个相等的实根 $r_1 = r_2 = r$	$y = (C_1 + C_2 x) e^{rx}$
一对共轭虚根 $r = \alpha \pm i\beta$	$y = e^{\alpha x}(C_1 \cos\beta x + C_2 \sin\beta x)$

例 1　求微分方程 $y'' + 5y' + 6y = 0$ 的通解．

解　方程所对应的特征方程为

$$r^2 + 5r + 6 = 0,$$

解得有两个不相同的实根 $r_1 = -2$，$r_2 = -3$，故得原方程得通解为

$$y = C_1 e^{-2x} + C_2 e^{-3x}.$$

例 2　求方程 $y'' - 4y' + 4y = 0$ 的通解，并求满足初始条件 $y\big|_{x=0} = 2$，$y'\big|_{x=0} = 5$ 的特解．

解　方程对应的特征方程为

例 2 讲解

$$r^2 - 4r + 4 = 0,$$

解得二重根 $r=2$，故所求方程得通解为

$$y=(C_1+C_2x)\mathrm{e}^{2x}.$$

为求特解，对通解求导，得

$$y'=(2C_1+C_2+2C_2x)\mathrm{e}^{2x},$$

将 $y|_{x=0}=2$，$y'|_{x=0}=5$ 代入通解，有

$$\begin{cases}2=(C_1+C_2\cdot0)\mathrm{e}^{2\times0},\\5=(2C_1+C_2+2C_2\cdot0)\mathrm{e}^{2\times0},\end{cases}$$

可解得 $C_1=2$，$C_2=1$．故满足初始条件的特解为

$$y=(2+x)\mathrm{e}^{2x}.$$

例3 求方程 $y''+2y'+3y=0$ 的通解．

解 方程对应的特征方程为

$$r^2+2r+3=0,$$

解得特征根为 $r_1=-1+\mathrm{i}\sqrt2$，$r_2=-1-\mathrm{i}\sqrt2$．所以，所给方程的通解为

$$y=\mathrm{e}^{-x}(C_1\cos\sqrt2x+C_2\sin\sqrt2x).$$

习题 6.3

1. 求下列方程的通解：

（1）$y''-2y'+y=0$；　　　　（2）$3y''-2y'-8y=0$；

（3）$y''-4y'=0$；　　　　（4）$4y''-8y'+5y=0$．

2. 求下列方程满足初始条件的特解：

（1）$y''-4y'+3y=0$，$y|_{x=0}=6$，$y'|_{x=0}=10$；

（2）$y''+4y=0$，$y|_{x=0}=2$，$y'|_{x=0}=6$；

（3）$y''-12y'+36y=0$，$y|_{x=0}=1$，$y'|_{x=0}=0$．

2（1）题讲解

3. 【弹簧的运动方程】设一个弹簧放于油中，由静止状态开始运动，其运动满足以下微分方程：$\dfrac{\mathrm{d}^2s}{\mathrm{d}t^2}+3\dfrac{\mathrm{d}s}{\mathrm{d}t}+2s=0$，求此弹簧在任意时刻 t 的位移 $s(t)$．

*§6.4 二阶常系数线性非齐次微分方程

二阶常系数线性非齐次微分方程的一般形式为

$$y''+py'+qy=f(x),\tag{28}$$

其中 y'', y' 和 y 都是一次的；p，q 为实常数；$f(x)$ 是 x 的已知的连续函数，称为微分方程的**自由项**.

6.4.1 二阶线性非齐次微分方程解的结构

定理 6.2 如果 y^* 是二阶线性非齐次方程（28）的一个特解，y_C 是与其对应的齐次方程（26）的通解，那么

$$y = y_C + y^*$$

是方程（28）的通解.

由于我们已经会求齐次微分方程（26）的通解，因此由定理 6.2 我们可以看出，找二阶线性非齐次方程的一个特解是求它的通解的关键.

6.4.2 二阶线性非齐次微分方程的解法

下面将直接给出方程（28）右端 $f(x)$ 取常见形式时求特解 y^* 的方法. 这种方法是根据自由项 $f(x)$ 的形式，确定方程（28）应该具有某种特定形式的特解. 特解的形式确定了，将其及各阶导数代入所给方程，使方程称为恒等式；然后再根据恒等关系定出这个具体函数，这就是通常称之为的待定系数法. 这种方法不用求积分就可以求出特解 y^* 来.

学习笔记	视频
	二阶常系数线性非齐次微分方程解法讲解

1. $f(x) = e^{\lambda x}P_m(x)$ 型

$$y'' + py' + qy = e^{\lambda x}P_m(x), \tag{29}$$

其中 λ 为常数，$P_m(x)$ 为 x 的 m 次多项式，即

$$P_m(x) = a_0 x^m + a_1 x^{m-1} + \cdots + a_m.$$

我们用待定系数法求方程（29）的一个特解.

可以推得，该方程有如下形式的特解

$$y^* = x^k Q_m(x)e^{\lambda x},$$

其中 $Q_m(x)$ 是与 $P_m(x)$ 同次数的待定多项式，根据 λ 的情况，k 的取值为

$$k = \begin{cases} 0, & \lambda \text{ 不是特征根}, \\ 1, & \lambda \text{ 是特征单根}, \\ 2, & \lambda \text{ 是特征重根}. \end{cases}$$

例 1 求方程 $y'' - 2y' = 3x + 1$ 的一个特解.

解 由该方程自由项 $f(x)=3x+1$ 知 $\lambda=0$ ，它是特征方程 $r^2-2r=0$ 的单根，所以 $k=1$ ，取 $Q_1(x)=ax+b$ ，于是令特解为

$$y^*=x(ax+b)=ax^2+bx ,$$

将 $y^*=ax^2+bx$ 、 $y^{*'}=2ax+b$ 、 $y^{*''}=2a$ 代入原方程得

$$2a-2(2ax+b)=3x+1 ,$$

比较系数，得

$$a=-\frac{3}{4} ,\quad b=-\frac{5}{4} .$$

因此，原方程的一个特解为 $y^*=-\frac{3}{4}x^2-\frac{5}{4}x$.

例2 求方程 $y''-2y'-3y=3xe^{2x}$ 的通解.

解 （1）**先求对应的齐次方程的通解.**

特征方程为 $r^2-2r-3=0$ ，特征根为 $r_1=3, r_2=-1$ ，所以对应的齐次方程的通解为

$$y_C=C_1e^{3x}+C_2e^{-x} .$$

例2讲解

（2）**再求该非齐次方程的一个特解.**

由该方程的自由项 $f(x)=3xe^{2x}$ 知， $\lambda=2$ 不是特征方程的根，所以 $k=0$ ，取 $Q_1(x)=ax+b$ ，于是令特解为

$$y^*=(ax+b)e^{2x} ,$$

将 $y^*=(ax+b)e^{2x}$ 、 $y^{*'}=(2ax+2b+a)e^{2x}$ 、 $y^{*''}=4(ax+b+a)e^{2x}$ ，代入原方程得到

$$2a-3(ax+b)=3x ,$$

比较系数，得 $a=-1$ ， $b=-\frac{2}{3}$ ，于是该方程的一个特解为

$$y^*=\left(-x-\frac{2}{3}\right)e^{2x} .$$

因此，原方程的通解为

$$y=C_1e^{3x}+C_2e^{-x}+\left(-x-\frac{2}{3}\right)e^{2x} .$$

2. $f(x)=Ae^{\lambda x}\cos\omega x$ **或** $Ae^{\lambda x}\sin\omega x$ **型**

此时方程（28）变为

$$y''+py'+qy=Ae^{\lambda x}\cos\omega x ,\tag{30}$$

或者

$$y''+py'+qy=Ae^{\lambda x}\sin\omega x ,\tag{31}$$

其中 A 、 λ 、 ω 均为常数，且 $\omega>0$.

可以推得，该方程有如下形式的特解

$$y^* = x^k e^{\lambda x}(a\cos\omega x + b\sin\omega x),$$

其中，a,b 为待定系数，k 的取值为

$$k = \begin{cases} 0, & \lambda \pm \omega i \text{ 不是特征根}, \\ 1, & \lambda \pm \omega i \text{ 是特征根}. \end{cases}$$

例 3 求方程 $y'' - 2y' + y = \cos x$ 的一个特解.

解 由该方程的自由项 $f(x) = \cos x$ 知，$\lambda = 0$，$\omega = 1$.

由于 $\pm i$ 不是特征方程 $r^2 - 2r + 1 = 0$ 的根，所以 $k = 0$，于是令特解为

$$y^* = a\cos x + b\sin x,$$

将 $y^* = a\cos x + b\sin x$、$y^{*\prime} = -a\sin x + b\cos x$、$y^{*\prime\prime} = -a\cos x - b\sin x$，代入原方程得到

$$-2b\cos x + 2a\sin x = \cos x,$$

比较系数，得 $a = 0$，$b = -\dfrac{1}{2}$，于是该方程的一个特解为

$$y^* = -\frac{1}{2}\sin x.$$

例 4 求方程 $y'' - y' = e^x\sin x$ 的通解.

解 （1）先求对应的齐次方程的通解.

特征方程为 $r^2 - r = 0$，特征根为 $r_1 = 0$，$r_2 = 1$，

所以对应的齐次方程的通解为

$$y_C = C_1 + C_2 e^x.$$

（2）再求该非齐次方程一个特解.

由自由项 $f(x) = e^x\sin x$ 得 $\lambda \pm \omega i = 1 \pm i$ 不是特征方程的根，所以 $k = 0$，于是令特解为

$$y^* = e^x(a\cos x + b\sin x),$$

求出 $y^{*\prime}$、$y^{*\prime\prime}$，将 y^*、$y^{*\prime}$、$y^{*\prime\prime}$，代入原方程，整理得

$$e^x[(b-a)\cos x - (a+b)\sin x] = e^x\sin x,$$

比较系数，得 $a = -\dfrac{1}{2}$，$b = -\dfrac{1}{2}$. 于是该方程的一个特解为

$$y^* = e^x\left(-\frac{1}{2}\cos x - \frac{1}{2}\sin x\right).$$

故所求方程的通解为

$$y = y_C + y^* = C_1 + C_2 e^x + e^x\left(-\frac{1}{2}\cos x - \frac{1}{2}\sin x\right).$$

习题 6.4

1. 求下列非齐次微分方程的特解：

（1）$y'' + 2y' = 5e^{3x}$；

（2）$y'' + y = 4\sin 2x$；

（3）$y'' + y' = 8x$．

2．求下列非齐次微分方程的通解：

（1）$y'' + 2y' + y = -2$；

（2）$y'' + 2y' + 2y = x + 1$．

§6.5　数学建模案例——刑事侦查中死亡时间的鉴定

6.5.1　问题提出

【刑事侦查中死亡时间的鉴定】在一次凶杀案发生后，被害人尸体的温度从初始温度按照牛顿冷却定律开始下降，两个小时后警察赶到现场，测得尸体温度变为35℃，当时被害地点的室温为20℃，试求尸体温度H随时间t的变化规律．如果尸体发现时温度是30℃，时间是下午四点整，那么请据此推断被害人遇害发生的时间．

学习笔记	视频
	刑事侦查中死亡 时间鉴定模型

6.5.2　问题分析

牛顿冷却定律指出：物体在空气中冷却的速度与物体温度和空气温度之差成正比，我们可以将牛顿冷却定律应用于该刑事侦查中死亡时间的鉴定．

尸体的冷却速度即是尸体温度对时间的变化率，因此可以用尸体温度对时间的导数来描述，所以该问题的研究可以通过建立微分方程模型进行．

6.5.3　模型假设和符号说明

1．假设被害人被害时体温的初始温度是37℃；

2．假定周围空气的温度保持20℃不变；

3．尸体的冷却速度与尸体温度和空气温度之差成正比，比例系数为k；

4. 设尸体的温度为 $H(t)$ ，时间 t 从被害时计.

6.5.4 模型的建立与求解

1. 建立微分方程

根据题意，尸体的冷却速度 $\dfrac{\mathrm{d}H}{\mathrm{d}t}$ 与尸体温度 H 和空气温度之差成正比. 即

$$\frac{\mathrm{d}H}{\mathrm{d}t} = k(H-20),$$

其中 k 是非零常数，初始条件为 $H(0)=37$.

2. 求通解

分离变量得
$$\frac{\mathrm{d}H}{H-20} = k\mathrm{d}t,$$

两端积分得
$$\ln(H-20) = kt + C_1,$$

所以通解为：
$$H = 20 + C\mathrm{e}^{kt} \quad (\text{其中 } C = \mathrm{e}^{C_1}).$$

3. 求特解

将初始条件 $H(0)=37$ 代入通解，得 $C=17$. 于是满足该问题的特解为
$$H = 20 + 17\mathrm{e}^{kt},$$

为确定 k ，根据两小时后尸体温度为 35℃这一条件，代入有
$$35 = 20 + 17\mathrm{e}^{2k},$$

求得 $k \approx -0.063$ ，于是尸体的温度函数为
$$H = 20 + 17\mathrm{e}^{-0.063t}. \tag{32}$$

将 $H=30$ 代入（32）式有 $30 = 20 + 17\mathrm{e}^{-0.063t}$ ，解得 $t \approx 8.4\,(\mathrm{h})$. 于是可以判定谋杀发生在下午 4 点尸体被发现前的 8.4 小时，即在上午 7 点 36 分发生的.

知识导图

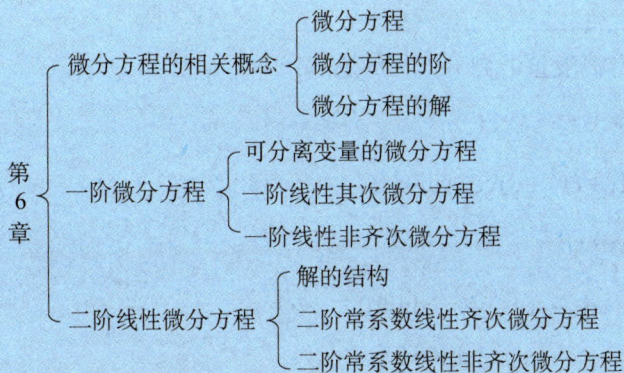

复习题 6

1. 单选题：

（1）微分方程 $x^3(y'')^4 - yy' = 0$ 的阶数是_____.

A. 一阶   B. 二阶   C. 三阶   D. 四阶

（2）微分方程 $(x+y)\mathrm{d}y = (x-y)\mathrm{d}x$ 是_____.

A. 线性微分方程   B. 可分离变量微分方程

C. 齐次微分方程   D. 一阶线性微分方程

（3）微分方程 $x\dfrac{\mathrm{d}y}{\mathrm{d}x} = y + x^3$ 的通解是_____.

A. $y = \dfrac{x^3}{4} + \dfrac{C}{x}$ B. $y = \dfrac{x^3}{2} + Cx$ C. $y = \dfrac{x^3}{3} + C$ D. $y = \dfrac{x^3}{4} + Cx$

（4）微分方程 $y'' = \mathrm{e}^{-x}$ 的通解是_____.

A. $y = \mathrm{e}^{-x} + C$ B. $y = \mathrm{e}^{-x} + Cx$

C. $y = \mathrm{e}^{-x} + C_1 + C_2$ D. $y = \mathrm{e}^{-x} + C_1 x + C_2$

（5）已知 $r_1 = 0, r_2 = 4$ 是微分方程 $y'' + py' + qy = 0$（p, q 为实常数）的特征方程的两个根，则该微分方程是_____.

A. $y'' + 4y' = 0$ B. $y'' - 4y' = 0$

C. $y'' + 4y = 0$ D. $y'' - 4y = 0$

2. 填空题：

（1）微分方程 $2x\mathrm{d}y - y\mathrm{d}x = 0$ 的通解是_____.

（2）微分方程 $y'' = \sin x$ 满足初始条件 $y|_{x=0} = 0$，$y'|_{x=0} = 1$ 的特解为_____.

（3）微分方程 $x\dfrac{\mathrm{d}y}{\mathrm{d}x} = y + x^2 \sin x$ 的类型是_____方程，其通解为_____.

（4）微分方程 $y'' + y = 0$ 的通解是_____.

（5）已知一曲线过原点，并且它在点 (x, y) 处的切线斜率等于 $2x + y$，则该曲线的方程是_____.

3. 求下列可分离变量的微分方程的通解：

（1）$\dfrac{\mathrm{d}y}{\mathrm{d}x} = 1 - x + y^2 - xy^2$；

（2）$2x\sin y\mathrm{d}x + (x^2 + 3)\cos y\mathrm{d}y = 0$；

（3）$\dfrac{\mathrm{d}y}{\mathrm{d}x} = y^2 \cos x$；

（4）$\sec^2 x \tan y\mathrm{d}x + \sec^2 y \tan x\mathrm{d}y = 0$；

（5）$(1 + y^2)\mathrm{d}x - x^2(1 + x^2)y\mathrm{d}y = 0$.

4. 求下列一阶线性微分方程的通解或满足初始条件的特解：

（1）$y' + y\cos x = e^{-\sin x}$；

（2）$x^2 dy + (y - 2xy - 2x^2)dx = 0$；

（3）$y' + y\cos x = \cos x$，$y|_{x=0} = 1$.

5. 求下列二阶常系数齐次微分方程满足初始条件的特解：

（1）$4y'' - 4y' + y = 0$，$\quad y|_{x=0} = 2$，$\quad y'|_{x=0} = 0$；

（2）$y'' + 3y' = 0$，$\quad\quad\quad y|_{x=0} = 1$，$\quad y'|_{x=0} = -1$；

（3）$y'' + 2y' + 3y = 0$，$\quad y|_{x=0} = 1$，$\quad y'|_{x=0} = 1$.

6. 综合题：

设 $f(x)$ 为可导函数，且由 $\int_0^x t f(t)\, dt = x^2 + f(x)$ 确定，求 $f(x)$.

在线测试

扫描二维码进行本章在线测试

走近中国数学家

	突出贡献	视频微课
	吴文俊，1919—2017，中国数学家. 在代数拓扑学、数学机械化、中国数学史等方面有深刻研究与开创性贡献. 引入的一类示性类被称为吴示性类，给出的刻画各种示性类之间关系的公式被称为吴公式，给出的定理机器证明方法被称为吴方法.	

学海拾贝

高斯简介

　　高斯（Gauss，Garl.Friedrich）是德国数学家、物理学家、天文学家. 1777 年 4 月 30 日生于不伦瑞克；1855 年 2 月 23 日卒于哥廷根.

　　高斯的祖父是农民，父亲是园丁兼泥瓦匠. 高斯幼年就显露出数学方面的非凡才华：他 10 岁时，发现了 $1+2+3+4+\cdots+$

97+98+99+100 的一个巧妙的求和方法；11 岁时，发现了二项式定理．高斯的才华受到了布伦瑞克公爵卡尔·威廉（Karl Wilhelm）的赏识，亲自承担起对他的培养教育，先把他送到布伦瑞克的卡罗林学院学习(1792—1795)，以后又推荐他去哥廷根大学深造(1795—1798)．

高斯在卡罗林学院认真研读了牛顿、欧拉、拉格朗目的著作．在这时期他发现了素数定理（但未能给出证明）；发现了数据拟合中最为有用的最小二乘法；提出了概率论中的正态分布公式并用高斯曲线形象地予以说明．进入哥廷根大学第二年，他证明了正十七边形能用尺规作图，这是自欧几里得以来二千年愚而未决的问题，这一成功促使他毅然决定献身数学．高斯 22 岁获黑尔姆斯泰特大学博士学位，30 岁被聘为哥廷根大学数学和天文学教授，并担任该校天文台的台长．

高斯的博士论文可以说是数学史上的一块里程碑．他在这篇文章中第一次严格地证明了"每一个实系数或复系数的任意多项式方程存在实根或复根"，即所谓代数基本定理，从而开创了"存在性"证明的新时代．

高斯在数学世界"处处留芳"：他对数论、复变函数、椭圆函数、超几何级数、统计数学等各个领域都有卓越的贡献．他是第一个成功地运用复数和复平面几何的数学家:他的《算术探究》一书奠定了近代数论的基础；他的《一般曲面论》是近代微分几何的开端；他是第一个领悟到存在非欧几何的数学家；是现代数学分析学的一位大师，1812 年发表的论文《无穷级数的一般研究》引入了高斯级数的概念，对级数的收敛性作了第一次系统的研究，从而开创了关于级数收敛性研究的新时代，这项工作开辟了通往 19 世纪中叶分析学的严密化道路．在《高等数学》及《工程数学》中以他的姓名命名的有：高斯公式、高斯积分、高斯曲率、高斯分布、高斯方程、高斯曲线、高斯平面、高斯记号……．拉普拉斯认为："高斯是世界上最伟大的数学家."

在天文学方面，他研究了月球的运转规律，创立了一种可以计算星球椭圆轨道的方法，能准确地预测出行星在运行中所处的位置，他利用自己创造的最小二乘法算出了谷神星的轨道和发现了智神星的位置，阐述了星球的摄动理论和处理摄动的方法，这种方法促使了海王星的发现．他的《天体运动理论》是一本不朽的经典名著．

在物理学方面，他发明了"日光反射器"．与韦伯一道建立了电磁学中的高斯单位制，最早设计与制造了电磁电报机，发表了《地磁概论》，给出了世界第一张地球磁场图，定出了磁南极和磁北极的位置．

高斯对天文学和物理学的研究，开辟了数学与天文学、物理学相结合的光辉时代．高斯认为：数学，要学有灵感，必须接触现实世界．他有一句名言："数学是科学的皇后，数论是数学的皇后，它常常屈尊去为天文学和其他自然科学效劳，但在所有的关系中，它都堪称第一."

高斯厚积薄发、治学严谨，一生发表了 150 多篇论文，但仍有大量发现没有公诸于世．为了使自己的论著无懈可击，他的著作写得简单扼要、严密，不讲来龙去脉，有些语句几经琢磨提炼，以致简练得使人读了十分费解，他论著中所深藏不露的内容几乎比他所表现的明确结论还要多得多. 阿贝尔对此曾说:"他像只狐狸,用尾巴抹平了自己在沙地上走过的脚印."对于这些批评,高斯回答说:"凡有自尊心的建筑师,在瑰丽的大厦建成之后,决不会把脚手架留在那里."不过他的著作过于精练、难于阅读也妨碍了他的思想更广泛的传播. 由于高斯过于谨慎,怕引起"庸人的叫喊",长期不敢将自己关于非欧几何的观点公之于世. 另外他在对待波尔约(Bolyai)的非欧几何和阿贝尔的椭圆函数所采取的冷漠态度,也是数学史上遗憾的事件.

高斯一生勤奋,很少外游,以巨大的精力从事数学及其应用方面的研究. 他精通多种文学和语言,拥有六千多卷各种文字(包括希腊、拉丁、英、法、俄、丹、德)的藏书. 他在从事数学或科学工作之余,还广泛阅读当代欧洲文学和古代文学作品. 他对世界政治很关心,每天最少花一小时在博物馆看各种报纸. 对学习外语也很有兴趣,62 岁时,他在没有任何人帮助的情况下自学俄文,两年之后便能顺利地阅读俄文版的散文诗歌及小说.

高斯是近代数学的伟大奠基者之一,他在历史上的影响之大可以和阿基米德、牛顿、欧拉并列. 高斯被誉为:"能从九霄云外的高度按某种观点掌握星空和深奥数学的天才."在慕尼黑博物馆高斯的画像下有这样一首诗:

"他的思想深入数学、空间、大自然的奥秘. 他测量了星星的路径、地球的形状和自然力. 他推动了数学的进展直到下个世纪."

高斯一生勤于思考,重视"一题多解":他对代数基本定理先后给出了 4 种不同的证明;对数论中的二次互反定律先后给出了 8 种不同的证明. 他说:"绝对不能以为获得一个证明以后,研究便告结束,或把另外的证明当作多余的奢侈品.""有时候一开始你没有得到最简单和最美妙的证明,但恰恰在寻求这样的证明中才能深入到真理的奇妙联想中去,这正是吸引我去继续研究的主动力,并且最能使我有所发现."他还说:"一个人在无结果地深思一个真理后能够用迂回的方法证明它,并且最后找到了它的最简明而又最自然的证法,那是极其令人高兴的.""假如别人和我一样深刻和持续地思考数学真理,他会做出同样的发现."

高斯在他一生中,只对一种人感到反感和蔑视:这就是明知自己错了又不承认错误的、佯装有学问的人.

第**7**章 数学实验

数学实验就是以学生为主体,用数学的方法结合数学软件去解决实际问题,在"做数学"的过程中学习数学.数学实验是沟通具体到抽象,感性到理性的一座桥梁.学生从被动接受知识到主动参与,它可以有效地培养学生的探索能力、动手能力和应用能力,激发学生的学习兴趣.数学实验既是一种科研方法,也是一种学习手段,它能使学生获得在传统的学习环境中无法获得的知识信息.

MATLAB 是由美国 Mathworks 公司开发的工程计算软件,处理大批数据时效率特别高.在欧美等高校 MATLAB 已成为线性代数、数理统计、数值分析、优化技术、自动控制、数字信号处理、图象处理、时间序列分析、动态系统仿真等课程的基本教学工具,已成为职业院校学生必须掌握的基本技能.因此,我们选择 MATLAB 作为本课程的主要实验平台.

§7.1 MATLAB 软件的基础知识

MATLAB 的原意为 Matrix Laboratory,即矩阵实验室,是由在数值线性代数领域颇有影响的 Cleve Moler 博士首创的.后来由 Moler 博士等一批数学家和软件专家组建了 MathWorks 软件公司,专门从事 MATLAB 的扩展与改进.MATLAB 不仅具有强大的数值计算能力,而且具有数据图示功能和符号运算功能.特别是大量的工具箱,大大扩展了其应用领域,MATLAB 是高校学生、教师、科研人员和工程计算人员的最好选择,是数学建模必不可少的工具.

7.1.1 MATLAB 的主要特点

1. 功能强大

MATLAB 以复数矩阵作为基本编程单元,可以方便地处理诸如矩阵变换及运算、多项式运算、微积分运算、线性与非线性方程求解、常微分方程求解、偏微分方程求解、插值与拟合、特征值问题、统计及优化问题.

2. 语言简单

MATLAB 语句书写简单,表达式的书写如同在稿纸中演算一样,允许用户以数学形式的语言编写程序，控制语句同 C 语言相近，并提供了强大的帮助功能.

3. 扩充能力强

MATLAB 本身就像一个解释系统，用户可以方便地看到函数的源程序，也可以方便地开发自己的程序. 另外，MATLAB 可以方便地和 FORTRAN、C 等语言进行对接，还和 Maple 有很好的接口.

4. 编程容易

从形式上看，MATLAB 程序文件是一个纯文本文件，扩展名为 M，调试方便.

7.1.2　操作入门

1. 安装（Windows 操作平台）

（1）购买 MATLAB 正版软件，下载安装包.
（2）找到 MATLAB 的安装文件 setup.exe.
（3）鼠标双击该安装文件，按提示逐步完成安装.
（4）安装完成后，在程序栏里便有了 MATLAB 选项.

2. 启动

单击桌面 MATLAB 图标，便会出现 MATLAB Command Window（即命令窗口）.

3. MATLAB 环境

MATLAB 是一门高级编程语言，它提供了良好的编程环境，MATLAB 提供了很多方便用户管理变量、输入输出数据以及生成和管理文件的工具. 先简单介绍一下 MATLAB 的界面，启动 MATLAB 对话框，它大致包括以下几部分：

（1）菜单栏——单击即可打开相应的菜单.
（2）工具栏——使用它们能使操作更快捷.
（3）Command Window（命令窗口）——用来输入和显示计算结果，其中符号"＞＞"表示等待用户输入，各行命令后"↙"表示回车.
① 管理命令和函数如表 7.1 所示.

表 7.1

help	在线帮助	lookfor	通过关键字查找帮助
ver	版本号	path	控制 MATLAB 的搜索路径
addpath	将目录添加到搜索路径	rmpath	从搜索路径中删除目录
whatsnew	显示 README 文件	what	M 文件、MAT 文件和 MEX 文件的目录列表
which	函数和文件定位	type	列出文件
doc	装入超文本说明	lasterr	上一个出错信息
error	显示出错信息	profile	测量并显示出 M 文件执行的效率

② 管理变量和工作空间如表 7.2 所示.

表 7.2

who,whos	列出内存中的变量目录	Length	求向量长度
disp	显示文本和阵列	Size	求阵列的维大小
clear	从内存中清除项目	Save	将工作空间变量保存到磁盘
mlock	防止文件被删除	Load	从磁盘中恢复变量
munlock	允许删除 M 文件	pack	释放工作空间内存

③ 控制命令窗口如表 7.3 所示.

表 7.3

echo	执行过程中回显 M 文件	more	控制命令窗口的分页显示
format	控制输出显示格式		

④ 使用文件和工作环境如表 7.4 所示.

表 7.4

diary	在磁盘文件中保存任务	inmem	内存中的函数
dir	目录列表	matlabroot	MATLAB 安装根目录
cd	改变工作目录	fullfile	从部分中构造文件全名
mkdir	建立目录	fileparts	文件名部分
copyfile	复制文件	tempdir	返回系统临时工作目录名
delete	删除文件和图形对象	tempname	临时文件的唯一文件名
edit	编辑 M 文件	!	调用 DOS 命令

⑤ 启动和退出 MATLAB 如表 7.5 所示.

表 7.5

matlabrc	启动 MATLAB 的 M 文件	quit	终止 MATLAB
startup	启动 MATLAB 的 M 文件		

（4）Launch Pad（分类帮助窗口）.

（5）Workspace（工作区窗口）——存储着命令窗口输入的命令和所有变量值.

（6）Current Directory（当前目录选择窗口）——显示当前路径.

4. MATLAB 的帮助系统

MATLAB 的帮助系统提供帮助命令、帮助窗口等帮助方法.

（1）帮助命令（help）.

如果准确知道所要求助的内容或命令名称，那么使用 help 命令是获得在线帮助的最简单有效的途径. 例如：要获得关于函数 $\sin x$ 使用说明的在线帮助，可键入命令

```
>>help sin↙
sin     Sine of argument in radians.
    sin(X) is the sine of the elements of X.
```

（2）帮助窗口.

帮助窗口给出的信息按目录编排，比较系统，便于浏览与之相关的信息，其内容与帮助命令给出的一样. 进入帮助窗口的方法有：

① 由 Launch Pad（分类帮助窗口）进入帮助窗口；

② 选取帮助菜单里的"MATLAB Help"或键入命令"helpwin"；

③ 双击菜单条上的问号按钮.

7.1.3　变量和表达式

MATLAB 命令的一般形式为

变量=表达式.

表达式由运算符、函数和变量名组成. MATLAB 先执行右边表达式的运算，然后将运算结果存入左边变量中，并同时显示在命令后面. 如果省略变量名和"="，即不指定返回变量，则名为 ans 的变量将自动建立. 例如：键入

```
>>2009/12↙
ans=
    167.4167
```

如果不想让系统将运算结果输出到屏幕，则只需在命令的最后加一个分号"；"即可. 特别要注意的是，MATLAB 的变量名区分大小写，例如："A1"和"a1"是两个不同的变量. 另外，系统还预定义了几个特殊变量，如表 7.6 所示，使用中不应再用它们作自定义的变量名.

表 7.6

变量名	取值
pi	圆周率 π
eps	计算机最小正数
flops	浮点运算次数
i 和 j	虚数单位 $\sqrt{-1}$
inf	无穷大
NaN	不定值

MATLAB 保留本次运算中建立的所有变量的信息，通过 whos 命令可以显示当前系统中所有变量的详细信息. 这些变量的信息及值被保留在 MATLAB 的工作空间里，可以在需要时调用. 但如果退出 MATLAB，这些变量将被清除. 因此，如果希望保存本次计算的一些结果以便以后使用，则应在退出 MATLAB 前，使用 save 命令保存工作空间中的变量.

```
键入命令
save↙
```

则在当前工作空间中的所有变量存入磁盘文件 matlab.mat 中.

下次进入 MATLAB 后，键入命令

· 189 ·

```
load↙
```

便将这些变量从 matlab.mat 中重新调入到工作空间中.

7.1.4　MATLAB 的函数

MATLAB 主要进行数学计算，因而各种数学函数在使用中是必不可少的. 常用数学函数如表 7.7 和表 7.8 所示.

1. 三角函数

表 7.7

	正弦	余弦	正切	余切	正割	余割
三角函数	sin	cos	tan	cot	sec	csc
反三角函数	asin	acos	atan	acot	asec	acsc
双曲函数	sinh	cosh	tanh	coth	sech	csch
反双曲函数	asinh	acosh	atanh	acoth	asech	acsch

2. 其他数学函数

表 7.8

指数	exp	平方根	sqrt
自然对数	log	朝 0 方向取整	fix
10 为底的对数	log10	朝 $-\infty$ 方向取整	floor
复数的模	abs	朝 $+\infty$ 方向取整	ceil
复数的共轭	conj	四舍五入取整	round
复数的实部	real	余数	rem
复数的虚部	imag	最小公倍数	lcm
复数的辐角	angle	最大公约数	gcd

7.1.5　MATLAB 的基本运算符

MATLAB 中常用的基本运算符如表 7.9、表 7.10 和表 7.11 所示.

1. 算术运算符

表 7.9

运算名称	数学表达式	MATLAB 运算符	MATLAB 表达式
加	$a+b$	+	$a+b$
减	$a-b$	-	$a-b$
乘	$a\times b$	*	$a*b$
除	$a\div b$	/或\	a/b 或 $a\backslash b$
乘方	a^b	∧	$a\wedge b$

2. 关系运算符

表 7.10

数学关系	MATLAB 运算符	数学关系	MATLAB 运算符
小于	<	大于	>
小于或等于	<=	大于或等于	>=
等于	==	不等于	～=

3. 逻辑运算符

表 7.11

逻辑关系	与	或	非
MATLAB 运算符	&	|	～

7.1.6　MATLAB 的标点符号

MATLAB 中常用的标点符号如表 7.12 所示.

表 7.12

名称	标点	作用
逗号	,	用作要显示结果的指令与其后指令之间的分隔；用作输入量与输入量之间的分隔符；用作数组元素分隔符
黑点	.	用作数值表示中的小数点
分号	;	用作不显示计算结果指令的"结尾"标志；用作不显示计算结果指令与其后指令的分隔；用作数组的行间分隔符
冒号	:	用以生成一维数值数组；用作单下标援引时，表示全部元素构成的长列；用作多下标援引时，表示所在维上的全部元素
注释号	%	由它"启首"后的所有行部分被看作非执行的注释符
单引号对	"	字符串标记符
方括号	[]	输入数组时用；函数指令输出宗量列表时用
圆括号	()	在数组援引时用；函数指令输入宗量列表时用

7.1.7　MATLAB 的基本运算

1. 简单运算

在 MATLAB 下进行基本数学运算，只需将运算式直接打入提示号（">>"）之后，并按入 Enter 键即可. 例如：

```
>>(5*2+1.3−0.2)*10/25↙
```

ans=
    4.4400

MATLAB 会将运算结果直接存入变数 ans 中,代表 MATLAB 运算后的答案(answer)并显示其数值于屏幕上.

2. 表达式的输入

我们也可将上述运算式的结果设定给另一个变数 x:

>>x=(5*2+1.3−0.2)*10/25✓
ans=
    4.4400

此时 MATLAB 会直接显示 x 的值.

§7.2 利用 MATLAB 绘制函数图像

7.2.1 实验目的

1. 学习 MATLAB 的一元函数绘图命令.
2. 进一步理解函数概念.

7.2.2 实验内容

1. 学习 MATLAB 命令

MATLAB 绘图命令比较多,我们选编一些常用命令,并简单说明其作用,这些命令的调用格式,可参阅例题及使用帮助"help".

(1)二维绘图函数如表 7.13 所示.

表 7.13

bar	条形图
hist	直方图
plot	简单的线性图形
polar	极坐标图形

(2)基本线型和颜色如表 7.14 所示.

表 7.14

符号	颜色	符号	线型
y	黄色	.	点
m	紫红	0	圆圈
c	青色	x	x 标记

续表

符号	颜色	符号	线型
r	红色	+	加号
g	绿色	*	星号
b	兰色	-	实线
w	白色	:	点线
k	黑色	-.	点划线
		--	虚线

（3）二维绘图工具如表 7.15 所示.

表 7.15

grid	放置格栅
gtext	用鼠标放置文本
hold	保持当前图形
text	在给定位置放置文本
title	放置图标题
xlabel	放置 x 轴标题
ylabel	放置 y 轴标题
zoom	缩放图形

（4）axis 命令如表 7.16 所示.

表 7.16

axis([x1，x2，y1，y2])	设置坐标轴范围
axis square	当前图形设置为方形
axis equal	坐标轴的长度单位设成相等
axis normal	关闭 axis equal 和 axis square
axis off	关闭轴标记、格栅和单位标志
axis on	显示轴标记、格栅和单位标志

（5）linspace 创建数组命令

调用格式为

> x=linspace(x1，x2，n)，创建了 x1 到 x2 之间有 n 个数据的数组. 如
> \>>linspace(1,100,10)↙
> ans =
>   1   12   23   34   45   56   67   78   89   100

（6）funtool 函数工具

在 MATLAB 指令窗键入 funtool 可打开"函数计算器"图形用户界面.

2. 绘制函数图像

例 1 画出 $y = \cos x$ 的图像.

解 首先建立点的坐标，然后用 plot 命令将这些点绘出并用直线连接起来，采用中学

五点作图法，选取五点 $(0,0)$、$\left(\dfrac{\pi}{2},1\right)$、$(\pi,0)$、$\left(\dfrac{3\pi}{2},-1\right)$、$(2\pi,0)$.

输入命令

```
>>x=[0,pi/2,pi,3*pi/2,2*pi];
>>y=cos(x);
>>plot(x,y)↙
```

运行结果为

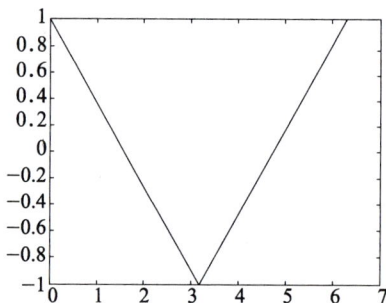

可以想象，随点数增加，图形越来越接近 $y=\cos x$ 的图像. 例如：在 0 到 2π 之间取 50 个数据点. 输入命令

```
>>x=linspace(0,2*pi,50);
>>y=cos(x);
>>plot(x,y)↙
```

运行结果为

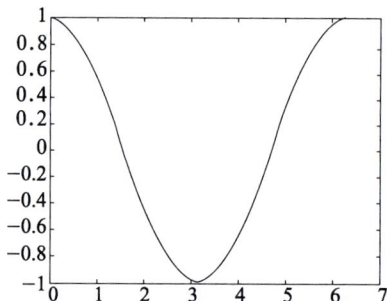

给图形加标记、格栅线. 输入命令

```
>>x=0:0.1:2*pi;
>>y=cos(x);
>>plot(x,y);
>>title('余弦曲线');       % 给图加标题 "余弦曲线"
>>text(5,0,'y=cosx');     % 在点（5，0）处放置文本 " y = cos x "
>>grid↙                   % 给图形加格栅线
```

上述命令中第四行给图加标题 "正弦曲线"；第五行在点 $(5,0)$ 处放置文本 " $y=\cos x$ "；第六行给图形加格栅线. "%" 符号后内容是对该命令语句的注释.

运行结果为

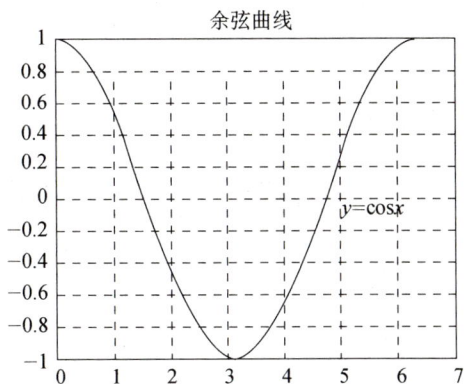

余弦曲线

例2　画出 $y=2^x$ 和 $y=(1/2)^x$ 的图像.

解： 输入命令

```
>>x=-6:0.1:6;
>>y1=2.^x;
>>y2=(1/2).^x;
>>plot(x,y1,x,y2);
>>axis([-6,6,0,10]);
>>grid↙
```

运行结果为

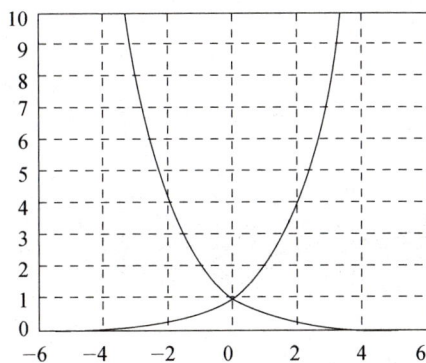

MATLAB 允许在一个图形中画多条曲线. plot(x，y1，x，y2)指令绘制 $y_1=f(x),y_2=f(x)$ 等多条曲线. MATLAB 自动给这些曲线以不同颜色.

例3　在同一坐标系中画出 $y=\sin x, y=x, y=\tan x$ 的图像.

解： 输入命令

```
>>x=-pi/2:0.1:pi/2;
>>y1=sin(x);
>>y2=x;
>>y3=tan(x);
>>plot(x,y1,x,y2,x,y3);
>>axis([-pi/2,pi/2,-2,2]);
>>grid↙
```

运行结果为

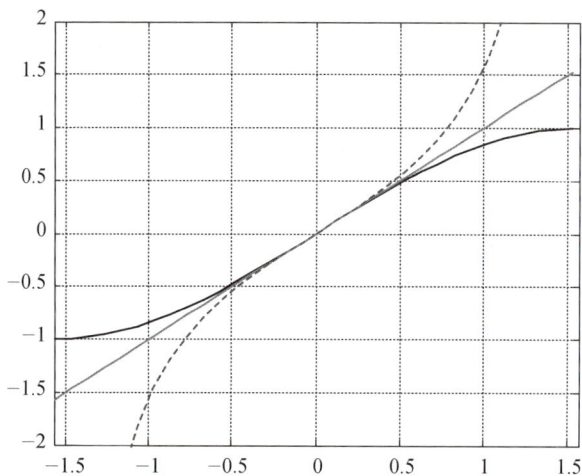

从图上看，当 $x > 0$ 时，$\sin x < x < \tan x$，当 $x < 0$ 时，$\sin x > x > \text{tg} x$，$y = x$ 是 $y = \sin x$ 和 $y = \tan x$ 在原点的切线，因此，当 $|x| \ll 1$ 时，$\sin x \approx x, \tan x \approx x$.

例4 画出星形线 $\begin{cases} x = 3\cos^3 t, \\ y = 3\sin^3 t \end{cases}$ 的图像.

解：这是参数方程，可化为极坐标方程

$$r = \frac{3}{\left(\cos^{\frac{2}{3}} a + \sin^{\frac{2}{3}} a\right)^{\frac{3}{2}}}$$

输入命令

```
>>x=0:0.01:2*pi;
>>r=3./(((cos(x)).^2).^(1/3)+((sin(x)).^2).^(1/3)).^(3/2);
>>polar(x,r)↙
```

运行结果为

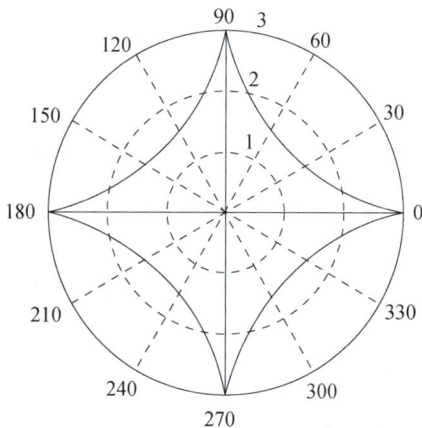

§7.3　利用 MATLAB 求极限

7.3.1　实验目的

1. 理解极限概念.
2. 掌握用 MATLAB 软件求函数极限的方法.

7.3.2　实验内容

1. 学习 MATLAB 命令

MATLAB 求极限命令见表 7.17

表 7.17

数学运算	MATLAB 命令
$\lim\limits_{x \to 0} f(x)$	limit(f)
$\lim\limits_{x \to a} f(x)$	limit(f，x，a)或 limit(f，a)
$\lim\limits_{x \to a^-} f(x)$	limit(f，x，a，'left')
$\lim\limits_{x \to a^+} f(x)$	limit(f，x，a，'right')

2. 理解极限概念

数列 $\{x_n\}$ 收敛或有极限是指当 n 无限增大时，$\{x_n\}$ 与某一常数无限接近，就图形而言，也就是其点列无限接近与 y 轴平行的直线.

例 1　观察当 $n \to \infty$ 时，数列 $\left\{\dfrac{n+1}{n}\right\}$ 的变化趋势.

解：输入命令

```
>>n=1:50;
>>xn=(n+1)./n↙
运行结果为：
 xn =
   Columns 1 through 13
        2.0000    1.5000    1.3333    1.2500    1.2000    1.1667    1.1429    1.1250    1.1111
 1.1000    1.0909    1.0833    1.0769
   Columns 14 through 26
        1.0714    1.0667    1.0625    1.0588    1.0556    1.0526    1.0500    1.0476    1.0455
 1.0435    1.0417    1.0400    1.0385
   Columns 27 through 39
        1.0370    1.0357    1.0345    1.0333    1.0323    1.0313    1.0303    1.0294    1.0286
 1.0278    1.0270    1.0263    1.0256
   Columns 40 through 50
        1.0250    1.0244    1.0238    1.0233    1.0227    1.0222    1.0217    1.0213    1.0208
 1.0204    1.0200
```

得到该数列的前 50 项，从这前 50 项看出，随 n 的增大，$\dfrac{n+1}{n}$ 与 1 非常接近.

下面画出 $\{x_n\}$ 的图像，输入命令

```
>>plot(n,xn)↙
```

运行结果为

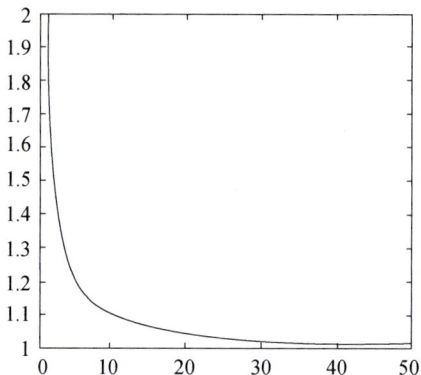

由图可看出，随 n 的增大，点列与直线 $y=1$ 无限接近，因此可得结论

$$\lim_{n \to \infty} \frac{n}{n+1} = 1 .$$

例2 分析当 $x \to 0$ 时，函数 $f(x) = \dfrac{\sin x}{x}$ 的变化趋势.

解：画出函数 $f(x)$ 在 $[-1,1]$ 上的图像

```
>>x=-1:0.01:1;
>>y=sin(x)./x;
>>plot(x,y)↙
```

运行结果为

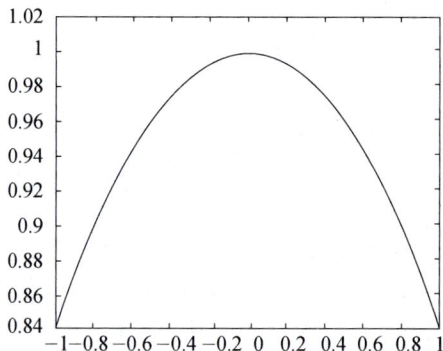

从图上看，$\dfrac{\sin x}{x}$ 随着 $|x|$ 的减小，越来越趋近于 1.

例3 分析函数 $f(x) = \sin\dfrac{1}{x}$ 当 $x \to 0$ 时的变化趋势.

解：输入命令

```
>>x=−0.5:0.001:0.5;
>>y=sin(1./x);
>>plot(x,y)↙
```

运行结果为

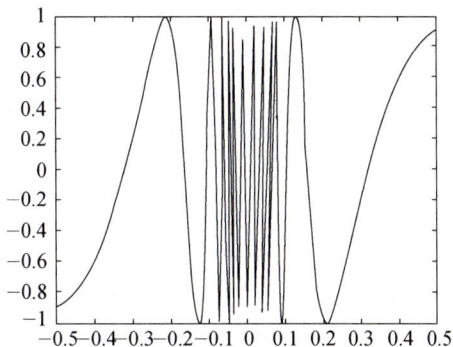

从图上看，当 $x \to 0$ 时，$\sin\dfrac{1}{x}$ 在 −1 和 1 之间无限次振荡，所以极限不存在．

例 4　考察 $f(x) = \left(1 + \dfrac{1}{x}\right)^x$ 当 $x \to \infty$ 时的变化趋势．

解：输入命令

```
>>x=1:100;
>>y=(1+1./x).^x;
>>plot(x,y);
>>grid↙
```

运行结果为

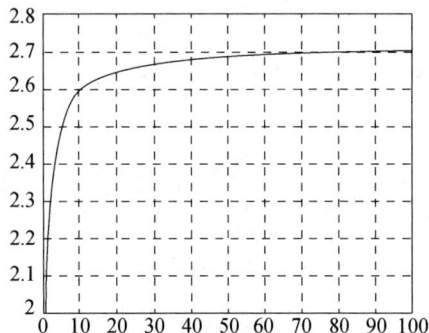

从图上看，当 $x \to \infty$ 时，函数值与某常数无限接近，我们知道，这个常数就是 e．

3. 求函数极限

例 5　求 $\lim\limits_{x \to 0} \dfrac{1 - \cos x}{x \sin x}$．

解：输入命令

```
>>syms x;
```

```
>>f=(1-cos(x))./(x.*sin(x));
>>limit(f,x,0)↙
```

运行结果为

```
ans =
1/2
```

画出函数图像

```
>>ezplot(f);
>>grid↙
```

运行结果为

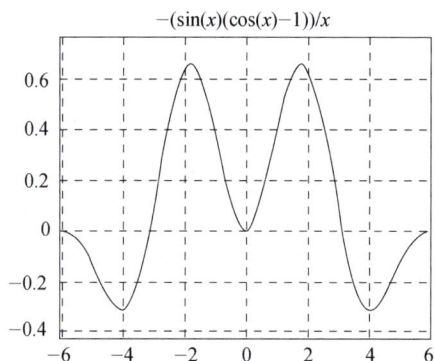
$-(\sin(x)(\cos(x)-1))/x$

例6 求 $\lim\limits_{x \to 2}\left(\dfrac{1}{2-x}-\dfrac{4}{4-x^2}\right)$.

解：输入命令

```
>>limit(1./(2-x) -4./(4-x.^2),2)↙
得结果：
ans=
-1/4
```

画出函数的图像

```
>>ezplot(1/(2-x) -4/(4-x.^2));
>>grid↙
```

运行结果为

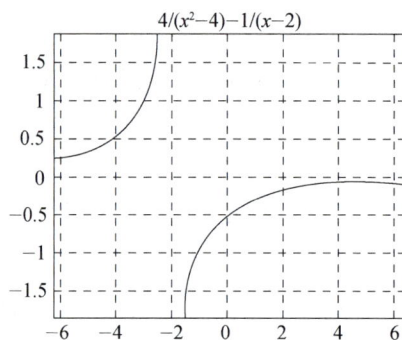
$4/(x^2-4)-1/(x-2)$

例 7　求 $\lim\limits_{x\to 0^-}\dfrac{1}{x}$.

解： 输入命令

```
>>limit(1/x,x,0,'left')↙
```
得结果：
```
ans =
-Inf                %-Inf 表示 -∞
```

§7.4　利用 MATLAB 求导数

7.4.1　实验目的

1. 进一步理解导数概念.
2. 学习 MATLAB 的求导命令与求导方法.

7.4.2　实验内容

1. 学习 MATLAB 命令

建立符号变量命令 sym 和 syms 调用格式

```
x=sym('x')：建立符号变量 x；
syms x y z：建立多个符号变量 x，y，z.
```

MATLAB 求导命令 diff 调用格式：

```
diff(函数 f(x))：求 f(x) 的一阶导数 f'(x)；
diff([函数 f(x)，函数 g(x)])：同时求函数 f(x) 和 g(x) 的导数 f'(x) 和 g'(x)
diff(函数 f(x)，n)：求 f(x) 的 n 阶导数 f^{(n)}(x)（n 是整数）.
```

2. 用定义求函数在一点处的导数

导数是函数的变化率，函数在某一点的导数是一个极限值.

例 1　设 $f(x)=2^x$，用定义计算 $f'(0)$.

解： $f(x)$ 在某一点 x_0 的导数定义为极限：$\lim\limits_{\Delta x\to 0}\dfrac{f(x_0+\Delta x)-f(x_0)}{\Delta x}$

输入命令
```
>>syms h;
>>limit((2.^(0+h)-2^(0))/h,h,0)↙
```
得结果：
```
ans=
log(2)
```

可知 $f'(0)=\log(2)$.

3. 求函数的一阶导数

例2 求 $y = x\cos 2x$ 的一阶导数.

解：打开 MATLAB 指令窗，输入指令

```
>>syms x;
>>dy_dx=diff(x*cos(2*x))↙
得结果：
    dy_dx=
    cos(2*x)-2*x*sin(2*x)
```

MATLAB 的函数名允许使用字母、空格、下划线及数字，不允许使用其他字符，我们常用 dy_dx 表示 y'，也可以定义其他符号表示 y'.

利用 MATLAB 命令 diff 一次可以同时求多个函数的导数，如例3所示.

例3 求下列函数的一阶导数：

（1）$y_1 = \sqrt{x^2 - 2x + 5}$；　　（2）$y_2 = 4^{\sin x}$；　　（3）$y_3 = \ln\ln x$

解：输入命令

```
>>a=diff([sqrt(x^2-2*x+5), 4^(sin(x)),log(log(x))])↙
得结果：
    a=
    [ (2*x-2)/(2*(x^2-2*x+5)^(1/2)), 4^sin(x)*log(4)*cos(x), 1/(x*log(x))] dy1
>>dy1_dx=a(1)↙
得结果：
    dy1_dx=(2*x-2)/(2*(x^2-2*x+5)^(1/2))
>>dy2_dx=a(2)↙
得结果：
    dy2_dx=4^sin(x)*log(4)*cos(x)
>>dy3_dx=a(3)↙
得结果：
    dy3_dx=1/(x*log(x)
```

注：（1）在 MATLAB 中，函数 $\ln x$ 用 $\log(x)$ 表示，而 $\log 10(x)$ 表示 $\lg x$.

（2）由本例可以看出，MATLAB 是对矩阵或者向量进行操作的，a(i) 表示 a 的第 i 个分量。

利用 MATLAB 求出函数的导数后，我们还可以接着用 subs 命令求出此函数在某一点的导数值，如例4.

例4 已知函数 $y = \dfrac{\sin x}{1 - \cos x}$，求 $f'\left(\dfrac{\pi}{3}\right)$.

解：输入指令

```
>>syms x;
>>a=diff(sin(x)/(1-cos(x)))  ↙
得结果：
    a=
    -sin(x)^2/(cos(x)-1)^2 - cos(x)/(cos(x)-1)
```

```
>>a1=subs(a, 'pi/3') ↙
```
得结果:
```
    a1=
    −2
```

注：此题中选用 a 表示 $f'(x)$，用 a1 表示 $f'\left(\dfrac{\pi}{3}\right)$，MATLAB 中常数 π 用 pi 表示.

4. 求函数的高阶导数

例 5　设 $y = x\ln x$，求 $f^{(10)}(x)$.

解：输入指令
```
>>diff(x*log(x),x,10) ↙
```
得结果:
```
    ans =
    40320/x^9
```

例 6　设 $y = \ln(1+x)$，求 $y^{(5)}$.

解：输入指令
```
>>diff(log(1+x),x,5) ↙
```
得结果:
```
    ans=
    24/(1+x)^5
```

§7.5　利用 MATLAB 求积分

7.5.1　实验目的

1. 通过本实验加深理解积分理论中分割、近似、求和、取极限的思想方法.
2. 学习并掌握用 MATLAB 求不定积分、定积分的方法.
3. 学习 MATLAB 命令 sum、symsum 与 int.

7.5.2　实验内容

1. 学习 MATLAB 命令

（1）求和命令 sum 调用格式.

sum(x)，给出向量 x 的各个元素的累加和，如果 x 是矩阵，则 sum(x)是一个元素为 x 的每列列和形成的行向量.

例 1　求 1 到 100 自然数之和.
```
>>x=[1:1:100];
>>sum(x) ↙
```

```
ans=
5050
```

例 2　将 1 到 9 的自然数写成 3 行 3 列的矩阵形式，并求各列的和.

```
x=[1,2,3;4,5,6;7,8,9]↙
   x=
       1       2       3
       4       5       6
       7       8       9
   >>sum(x)↙
   ans=
          12      15      18
```

（2）求和命令 symsum 调用格式，见表 7.18.

表 7.18

数学运算	MATLAB 命令
$\sum\limits^{n} s$	symsum(s,n)
$\sum\limits_{k=m}^{n} s$	symsum(s,k,m,n)
$s(1)+s(2)+\cdots+s(n)$	symsum(s(k),1,n)
$s(m)+s(m+1)+\cdots+s(n)$	symsum(s(k),k,m,n)

例 3　求 $\sum\limits_{k=1}^{10} k$.

```
>>syms k;
>>symsum(k,1,10)↙
ans=
55
```

例 4　求 $\sum\limits_{k=1}^{n} k^2$.

```
>>syms n;
>>symsum(k^2,k,1,n) ↙
ans=
(n*(2*n+1)*(n+1))/6
```

（3）MATLAB 积分命令 int 调用格式（见表 7.19）.

表 7.19

数学运算	MATLAB 命令
$\int f(x)\,dx$	int(函数 f(x))
$\int f(x,y)\,dx$	int(函数 f(x,y)，变量名 x)
$\int_a^b f(x)\,dx$	int(函数 f(x)，a，b)
$\int_a^b f(x,y)\,dx$	int(函数 f(x,y)，变量名 x，a，b)

2. 求不定积分

例 5　计算 $\int x^2 \ln x \, \mathrm{d}x$.

解： 输入命令

```
>>syms x;
>>int(x^2*log(x))  ↙
```
可得结果：
```
    ans=
    1/3*x^3*log(x) −1/9*x^3
```

例 6　计算下列不定积分：

1. $\int \dfrac{4x+6}{x^2+3x-4} \, dx$;

2. $\int \cos^2 x \, \mathrm{d}x$;

3. $\int \dfrac{1}{1+\mathrm{e}^x} \, \mathrm{d}x$.

解： 首先建立函数向量

```
>>syms   x;
>>syms   a   real;
>>y=[(4*x+6)/(x^2+3*x − 4),(cos(x))^2,1/(1+exp(x))];
```

然后对 y 积分可得对 y 的每个分量积分的结果

```
>>int(y,x)↙
```

得到结果为

```
ans =
[ 2*log((x−1)*(x + 4)), x/2 + sin(2*x)/4, x− log(exp(x) + 1)]
```

3. 求定积分

例 7　计算 $\int_0^1 \mathrm{e}^x \mathrm{d}x$.

解： 输入命令

```
>>int(exp(x),0,1)↙
```
得结果：
```
    ans=
    exp(1) −1
```

例 8　计算 $\int_0^2 |x-1| \, \mathrm{d}x$.

解： 输入命令

```
>>int(abs(x-1),0,2)↙
```
得结果：
```
    ans =
    1
```

§7.6 利用 MATLAB 求解微分方程

7.6.1 实验目的

1. 熟悉 MATLAB 中求解微分方程的命令.
2. 学习并掌握用 MATLAB 求解微分方程的方法.

7.6.2 实验内容

1. 学习 MATLAB 命令

MATLAB 中,用于求解微分方程的命令函数是 dsolve,可以用它来求微分方程的通解,以及满足特定条件的特解. 具体调用格式是

dsolve('eqn1, eqn2,…','cond1, cond2, …','v')

其中,eqn 指的是微分方程,即 equation;cond 指的是微分方程所满足的初始条件(定解条件),即 condition;v 指的是自变量,即 variable.

在建立方程时,一般需要指明自变量,如果省略,MATLAB 默认为以 t 为自变量.

在表示微分方程时,用字母 D 表示导数,$Dy = \dfrac{dy}{dx}$,$D2y = \dfrac{d^2 y}{dx^2}$,$\cdots$,$Dny = \dfrac{d^n y}{dx^n}$ 依次表示一阶,二阶,$\cdots$,n 阶导数.

2. 求解微分方程

例 1 求微分方程 $\dfrac{dy}{dx} = 3x^2 y$ 的通解.

解:

```
>> syms x
>> y=dsolve('Dy=3*x^2*y','x')
y =
C1*exp(x^3)
```

例 2 求微分方程 $xy' - y = x^2 e^x$ 满足初始条件 $y(1) = 1$ 的特解.

解:

```
>> syms x
>> y=dsolve('x*Dy-y=x^2*exp(x)','y(1)=1','x')
y =
x*exp(x) −x*(exp(1) −1)
```

例 3 求微分方程 $(1 + x^2)y'' = 2xy'$ 满足初始条件 $y\big|_{x=0} = 1$,$y'\big|_{x=0} = 3$ 的特解.

解：

```
>> syms x
>> y=dsolve('(1+x^2)*D2y=2*x*Dy','y(0)=1,Dy(0)=3','x')
y =
x*(x^2 + 3) + 1
```

附录 A 牛刀小试、习题与复习题答案

【牛刀小试答案】

1.1.1 解：$\begin{cases} x \neq 0, \\ 1 - x^2 \geq 0, \end{cases}$ 解得定义域为 $[-1,0) \bigcup (0,1]$.

1.1.2 解：$y = \cos(2x - 3)$ 的周期 $T = \dfrac{2\pi}{\omega} = \dfrac{2\pi}{2} = \pi$.

1.2.1 解：由 $y = \mathrm{e}^x$ 的图像可以得出，当 $x \to -\infty$ 时，$\mathrm{e}^x \to 0$，所以 $\lim\limits_{x \to -\infty} \mathrm{e}^x = 0$；而当 $x \to +\infty$ 时，$\mathrm{e}^x \to +\infty$，所以 $\lim\limits_{x \to +\infty} \mathrm{e}^x = +\infty$，即 $\lim\limits_{x \to +\infty} \mathrm{e}^x$ 不存在.

1.2.2 解：图像略；因为 $\lim\limits_{x \to 0^-} f(x) = \lim\limits_{x \to 0^-}(-x) = 0$，$\lim\limits_{x \to 0^+} f(x) = \lim\limits_{x \to 0^+} x = 0$，所以 $\lim\limits_{x \to 0^-} f(x) = \lim\limits_{x \to 0^+} f(x)$. 由定理 1.2 可知 $\lim\limits_{x \to 0} f(x)$ 存在，且值为 0.

1.3.1 解：当 $x \to 0$ 时，（2）$\sin x$ 与（4）$\mathrm{e}^x - 1$ 是无穷小，其他都不是无穷小.

1.3.2 解：当 $x \to \infty$ 时，$\dfrac{1}{x^2}$ 为无穷小，$\cos x$ 为有界函数，所以 $\lim\limits_{x \to \infty} \dfrac{1}{x^2} \cos x = 0$.

1.4.1 解：（1）$\lim\limits_{x \to 1} \dfrac{x^3 - 1}{x - 1} = \lim\limits_{x \to 1} \dfrac{(x-1)(x^2 + x + 1)}{x - 1} = \lim\limits_{x \to 1}(x^2 + x + 1) = 3$；

（2）$\lim\limits_{x \to 0} \dfrac{1 - \sqrt{x^2 + 1}}{x^2} = \lim\limits_{x \to 0} \dfrac{(1 - \sqrt{x^2 + 1})(1 + \sqrt{x^2 + 1})}{x^2(1 + \sqrt{x^2 + 1})} = \lim\limits_{x \to 0} \dfrac{-1}{1 + \sqrt{x^2 + 1}} = -\dfrac{1}{2}$.

1.4.2 解：由结论可直接得出：（1）$\lim\limits_{x \to \infty} \dfrac{2x^3 + x - 1}{5x^3 - x + 3} = \dfrac{2}{5}$；（2）$\lim\limits_{x \to \infty} \dfrac{x^2 - 1}{4x^3 + x + 1} = 0$.

1.5.1 解：$\lim\limits_{x \to 0} \dfrac{\tan 3x}{\sin 2x} = \lim\limits_{x \to 0} \dfrac{3x}{2x} = \dfrac{3}{2}$.

1.5.2 解：$\lim\limits_{n \to \infty} A_0 \left(1 + \dfrac{r}{n}\right)^{3n} = A_0 \lim\limits_{n \to \infty} \left(1 + \dfrac{r}{n}\right)^{\frac{n}{r} \cdot 3r} = A_0 \left[\lim\limits_{n \to \infty} \left(1 + \dfrac{r}{n}\right)^{\frac{n}{r}}\right]^{3r} = A_0 \mathrm{e}^{3r}$.

1.5.3 解：因为当 $x \to \infty$ 时，$f(x)$ 与 $\dfrac{1}{x}$ 是等价无穷小，所以 $\lim\limits_{x \to \infty} \dfrac{f(x)}{\dfrac{1}{x}} = 1$，因此

$\lim\limits_{x \to \infty} 3x f(x) = 3 \lim\limits_{x \to \infty} \dfrac{f(x)}{\dfrac{1}{x}} = 3$.

1.6.1 解：因为函数 $f(x) = \begin{cases} x^2 \arctan \dfrac{1}{x}, & x \neq 0 \\ a, & x = 0 \end{cases}$ 在 $x = 0$ 处连续，而 $\lim\limits_{x \to 0} x^2 \arctan \dfrac{1}{x} = 0$，

所以 $a = 0$.

1.6.2 **解**：$y = \ln(x-1)$ 的间断点为 $x = 1$ ，且 $\lim\limits_{x \to 1^+} \ln(x-1) = -\infty$ ，即极限不存在，所以

$x = 1$ 是第二类间断点.

2.1.1 **解**：$f'(x) = \lim\limits_{\Delta x \to 0} \dfrac{f(x+\Delta x)-f(x)}{\Delta x} = \lim\limits_{\Delta x \to 0} \dfrac{(x+\Delta x)^3 - x^3}{\Delta x}$

$= \lim\limits_{\Delta x \to 0}[3x^2 + 3x\Delta x + (\Delta x)^2] = 3x^2$ ，即 $(x^3)' = 3x^2$.

2.1.2 **解**：$\lim\limits_{h \to 0} \dfrac{f(x_0 - 2h) - f(x_0)}{h} = -2\lim\limits_{h \to 0} \dfrac{f[x_0 + (-2h)] - f(x_0)}{-2h} = -2A$.

2.2.1 **证**：$y' = (\cot x)' = \left(\dfrac{\cos x}{\sin x}\right)' = \dfrac{(\cos x)' \sin x - \cos x (\sin x)'}{\sin^2 x}$

$= \dfrac{-\sin^2 x - \cos^2 x}{\sin^2 x} = -\dfrac{1}{\sin^2 x} = -\csc^2 x$ ，即 $(\cot x)' = -\csc^2 x$.

2.2.2 **证**：$y' = (\csc x)' = \left(\dfrac{1}{\sin x}\right)' = -\dfrac{(\sin x)'}{\sin^2 x} = -\dfrac{\cos x}{\sin^2 x} = -\csc x \cot x$ ，

即 $(\csc x)' = -\csc x \cot x$.

2.2.3 **解**：$y' = \left(\arcsin \sqrt{x}\right)' = \dfrac{1}{\sqrt{1-\left(\sqrt{x}\right)^2}} \cdot \dfrac{1}{2\sqrt{x}} = \dfrac{1}{2\sqrt{x-x^2}}$.

2.3.1 **解**：方程两边同时对 x 求导，得 $3x^2 + 3y^2 y' - y' = 0$ ，整理得 $y' = \dfrac{3x^2}{1-3y^2}$.

2.4.1 **分析**：此题主要考察凑微分的思想、微分公式的逆向应用.

解：（1）因为 $\left(\dfrac{1}{2}x^2\right)' = x$ ，所以 $\mathrm{d}\left(\dfrac{1}{2}x^2\right) = x\mathrm{d}x$ ；

（2）因为 $\left(\dfrac{1}{\omega}\sin \omega x\right)' = \cos \omega x$ ，所以 $\mathrm{d}\left(\dfrac{1}{\omega}\sin \omega x\right) = \cos \omega t\, \mathrm{d}t$.

3.1.1 **证明**：令 $g(x) = f(x) - \sin x$ ，则 $g(x)$ 在 $\left[0, \dfrac{\pi}{2}\right]$ 上连续，在 $\left(0, \dfrac{\pi}{2}\right)$ 内可导，

$g(0) = f(0) - \sin 0 = 0$ ，$g\left(\dfrac{\pi}{2}\right) = f\left(\dfrac{\pi}{2}\right) - \sin\dfrac{\pi}{2} = 1 - 1 = 0$.

由罗尔定理知，至少存在 $\xi \in \left(0, \dfrac{\pi}{2}\right)$ ，使得 $g'(\xi) = 0$ ，即 $f'(\xi) = \cos\xi$ ，所以 $f'(x) = \cos x$

在 $\left(0, \dfrac{\pi}{2}\right)$ 内至少有一个根.

3.2.1 **解**：$f(x)$ 定义域为 $\mathbf{R}$ ，由 $f'(x) = 3x^2 + 6x - 24 = 3(x^2 + 2x - 8) = 3(x-2)(x+4) \leqslant 0$ ，

得 $-4 \leqslant x \leqslant 2$. 故单调减区间为 $[-4, 2]$.

3.2.2 **解**：该函数的定义域为 $(-\infty, +\infty)$ ，$y' = 3x^2 - 6x - 9 = 3(x^2 - 2x - 3) = 3(x+1)(x-3)$ ，

令 $y' = 0$ ，得 $x_1 = -1, x_2 = 3$. 列表，得

x	$(-\infty,-1)$	-1	$(-1,3)$	3	$(-3,+\infty)$
y'	$+$	0	$-$	0	$+$
y	单调递增	极大值 $f(-1)=10$	单调递减	极小值 $f(3)=-22$	单调递增

由上表知，函数的单调递增区间为 $(-\infty,-1]$ 和 $[3,+\infty)$，单调递减区间为 $[-1,3]$，极大值为 $f(-1)=10$，极小值为 $f(3)=-22$．

3.3.1　**解**：$\displaystyle\lim_{x\to 0}\frac{e^x+e^{-x}-2}{x^2}=\lim_{x\to 0}\frac{e^x-e^{-x}}{2x}=\lim_{x\to 0}\frac{e^x+e^{-x}}{2}=1$．（运用两次洛必达法则．）

3.3.2　**解**：$\displaystyle\lim_{x\to +\infty}\frac{\ln x}{x^3}=\lim_{x\to +\infty}\frac{\dfrac{1}{x}}{3x^2}=\lim_{x\to +\infty}\frac{1}{3x^3}=0$．

4.1.1　**解**：因为 $(-\cos x)'=\sin x$，所以 $\displaystyle\int\sin x\,dx=-\cos x+C$．

4.1.2　**解**：$\displaystyle\int\frac{1+2x^2}{x^2(1+x^2)}dx=\int\frac{(1+x^2)+x^2}{x^2(1+x^2)}dx=\int\frac{1}{x^2}dx+\int\frac{1}{1+x^2}dx=-\frac{1}{x}+\arctan x+C$．

4.1.3　**解**：$\displaystyle\int\frac{\cos 2x}{\sin x+\cos x}dx=\int\frac{\cos^2 x-\sin^2 x}{\sin x+\cos x}dx=\int(\cos x-\sin x)dx=\sin x+\cos x+C$．

4.2.1　**解**：$\displaystyle\int e^{-\frac{1}{2}x}dx=-2\int e^{-\frac{1}{2}x}d\left(-\frac{1}{2}x\right)=-2e^{-\frac{1}{2}x}+C$．

4.2.2　**解**：$\displaystyle\int\frac{1}{x^2+6x+5}dx=\int\frac{1}{(x+1)(x+5)}dx=\frac{1}{4}\left(\int\frac{1}{x+1}dx-\int\frac{1}{x+5}dx\right)$

$$=\frac{1}{4}(\ln|x+1|-\ln|x+5|)+C=\frac{1}{4}\ln\left|\frac{x+1}{x+5}\right|+C.$$

4.2.3　**解**：$\displaystyle\int\sin^4 x\cos x\,dx=\int\sin^4 x\,d\sin x=\frac{1}{5}\sin^5 x+C$．

4.2.4　**解**：令 $\sqrt[3]{x}=t$，则 $x=t^3$，$dx=3t^2dt$，所以

$$\int\frac{1}{1+\sqrt[3]{x}}dx=\int\frac{1}{1+t}3t^2dt=3\int\frac{t^2}{1+t}dt=3\int\frac{t^2-1+1}{1+t}dt=3\int\left(t-1+\frac{1}{1+t}\right)dt$$

$$=3\left(\frac{1}{2}t^2-t+\ln|t+1|\right)+C=\frac{3}{2}\sqrt[3]{x^2}-3\sqrt[3]{x}+3\ln\left|\sqrt[3]{x}+1\right|+C.$$

4.2.5　**解**：令 $x=2\tan t$，则 $dx=2\sec^2 t\,dt$，于是有

$$\int\frac{1}{x\sqrt{x^2+4}}dx=\int\frac{1}{2\tan t\cdot 2\sec t}2\sec^2 t\,dt=\frac{1}{2}\int\csc t\,dt=\frac{1}{2}\ln|\csc t-\cot t|+C$$

作辅助三角形，所以 $\cot t=\dfrac{2}{x}$，$\csc t=\dfrac{1}{\sin t}=\dfrac{\sqrt{x^2+4}}{x}$，所以

$$\int\frac{1}{x\sqrt{x^2+4}}dx=\frac{1}{2}\ln\left|\frac{\sqrt{x^2+4}}{x}-\frac{2}{x}\right|+C=\frac{1}{2}\ln\left|\frac{\sqrt{x^2+4}-2}{x}\right|+C.$$

4.3.1　**解**：$\displaystyle\int x^2 e^{-x}dx=-\int x^2 de^{-x}=-x^2 e^{-x}+2\int x\,e^{-x}dx=-x^2 e^{-x}+2(-xe^{-x}+\int e^{-x}dx)$

$$=-x^2 e^{-x}+2(-xe^{-x}-e^{-x})+C=-e^{-x}(x^2+2x+2)+C.$$

4.3.2　解：$\int \cos(\ln x)\,\mathrm{d}x = x\cos(\ln x) - \int x\mathrm{d}\cos(\ln x) = x\cos(\ln x) + \int x\sin(\ln x)\frac{1}{x}\mathrm{d}x$

$= x\cos(\ln x) + \int \sin(\ln x)\mathrm{d}x = x\cos(\ln x) + x\sin(\ln x) - \int x\mathrm{d}\sin(\ln x)$

$= x\cos(\ln x) + x\sin(\ln x) - \int x\cos(\ln x)\frac{1}{x}\mathrm{d}x$

$= x\cos(\ln x) + x\sin(\ln x) - \int \cos(\ln x)\mathrm{d}x$ ，

所以 $\int \cos(\ln x)\mathrm{d}x = \frac{1}{2}\left[x\cos(\ln x) + x\sin(\ln x) \right] + C$.

5.1.1　解：该定积分的被积函数为 $y = \sqrt{1 - x^2}$ ，它表示以原点为圆心、半径为 1 的半圆，因此由这个半圆和 $x = -1, x = 1$ 以及 x 轴所围成的图形（半圆）的面积即为定积分的值，即 $\int_{-1}^{1} \sqrt{1 - x^2}\mathrm{d}x = \frac{\pi}{2}$.

5.2.1　解：$F'(x) = \left(\int_a^{\sqrt{x}} \frac{1}{1 + t^2}\mathrm{d}t \right) = \frac{1}{1 + (\sqrt{x})^2} \cdot \frac{1}{2\sqrt{x}} = \frac{1}{2\sqrt{x}(1 + x)}$.

5.2.2　解：$\lim_{x \to 0} \frac{\int_0^x \ln(1 + 2t^2)\mathrm{d}t}{x^3} = \lim_{x \to 0} \frac{\ln(1 + 2x^2)}{3x^2} = \lim_{x \to 0} \frac{2x^2}{3x^2} = \frac{2}{3}$.

5.2.3　解：$\int_{\frac{1}{\pi}}^{\frac{2}{\pi}} \frac{1}{x^2} \sin \frac{1}{x}\mathrm{d}x = -\int_{\frac{1}{\pi}}^{\frac{2}{\pi}} \sin \frac{1}{x}\mathrm{d}\left(\frac{1}{x} \right) = \cos \frac{1}{x}\bigg|_{\frac{1}{\pi}}^{\frac{2}{\pi}} = \cos \frac{\pi}{2} - \cos \pi = 1$.

5.2.4　解：$x^3 \sin^4 x$ 在 $\left[-\frac{\pi}{2}, \frac{\pi}{2} \right]$ 上的奇函数，所以 $\int_{-\frac{\pi}{2}}^{\frac{\pi}{2}} x^3 \sin^4 x\mathrm{d}x = 0$.

5.2.5　解：$\int_0^1 x\,\mathrm{e}^{2x}\,\mathrm{d}x = \int_0^1 x\mathrm{d}\left(\frac{1}{2}\mathrm{e}^{2x} \right) = x \cdot \frac{1}{2}\mathrm{e}^{2x}\bigg|_0^1 - \int_0^1 \frac{1}{2}\mathrm{e}^{2x}\mathrm{d}x$

$= \frac{1}{2}\mathrm{e}^2 - \frac{1}{4}\mathrm{e}^{2x}\bigg|_0^1 = \frac{1}{2}\mathrm{e}^2 - \frac{1}{4}[\mathrm{e}^2 - 1] = \frac{1}{4}(\mathrm{e}^2 + 1)$.

5.4.1　解：将方程组联立，解交点 $\begin{cases} y^2 = x, \\ y = 2 - x, \end{cases}$ 得交点 $(1,1)$ 和 $(4,-2)$ ，选 y 作为积分变量，所以所求面积 A 为

$$A = \int_{-2}^{1} [(2 - y) - y^2]\mathrm{d}y = \left(2y - \frac{y^2}{2} - \frac{1}{3}y^3 \right)\bigg|_{-2}^{1} = \frac{9}{2}$$.

5.4.2　解：$V_x = \pi\int_0^h \left(\frac{R}{h}x \right)^2\mathrm{d}x = \frac{1}{3}\pi R^2 h$.

【各章同步习题、复习题答案】

习题 1.1

1.（1）$[-2,4]$ ；　　（2）$(-\infty,-1]\bigcup[5,+\infty)$ ；　　（3）$(-1,3)$.

2. 区别在于：点 a 的空心邻域不包含点 a ，而点 a 的邻域包含点 a .　　扫码查看答案详解

3. （1） $(0,1)$ ；　　　（2） $(-1,1)$ ；　　　（3） $(-\infty,-1]\bigcup[1,+\infty)$ ；　　　（4） $[-1,3)$ ．

4. （1） $f(0)=\mathrm{e}^{\sin 0^2}=1$ ； $f\left(\sqrt{\dfrac{\pi}{2}}\right)=\mathrm{e}$ ； $f[f(0)]=\mathrm{e}^{\sin 1}$ ．

　　（2） $f(0)=0$ ； $f(-1)=1$ ； $f(2)=-2$ ； $f[f(\mathrm{e}+2)]=\mathrm{e}-6$ ．

5. （1）函数 $f(x)=|x|$ 和 $g(x)=\begin{cases} x, & x\geqslant 0 \\ -x, & x<0 \end{cases}$ 相同，因为它们的定义域和对应法则都相同．

　　（2）函数 $f(x)=x+1$ 和 $g(x)=\dfrac{x^2-1}{x-1}$ 不相同，因为它们的定义域不同．

6. （1）偶函数；　　　（2）奇函数．

7. $f[\varphi(x)]=1-(\cos x)^2=\sin^2 x$ ； $\varphi[f(x)]=\cos(1-x^2)$ ．

8. （1）函数 $y=\arctan x^2$ 是由 $y=\arctan u$ ， $u=x^2$ 复合而成的；

　　（2）函数 $y=\mathrm{e}^{\cos^2 x}$ 是由 $y=\mathrm{e}^u$ ， $u=v^2$ ， $v=\cos x$ 复合而成的；

　　（3）函数 $y=(1+\ln x)^3$ 是由 $y=u^3$ ， $u=1+\ln x$ ，复合而成的；

　　（4）函数 $y=\ln\sqrt{(x+\sin x)}$ 是由 $y=\ln u$ ， $u=\sqrt{v}$ ， $v=x+\sin x$ 复合而成的．

习题 1.2

1. （1） 0；　　　（2） 1；　　　（3） 0；　　　（4）不存在．

2. （1） 3；　　　（2） $\dfrac{\sqrt{2}}{2}$ ；　　　（3） 1；　　　（4） 0．

扫码查看答案详解

3. （1） $\lim\limits_{x\to -\infty} f(x)=\lim\limits_{x\to -\infty} 2^x=0$ ； $\lim\limits_{x\to +\infty} f(x)=\lim\limits_{x\to +\infty}\left(\dfrac{1}{2}\right)^x=0$ ； $\lim\limits_{x\to\infty} f(x)=0$

　　（2） $\lim\limits_{x\to 0^-} h(x)=\lim\limits_{x\to 0^-}\mathrm{e}^x=1$ ； $\lim\limits_{x\to 0^+} h(x)=\lim\limits_{x\to 0^+}\cos x=1$ ； $\lim\limits_{x\to 0} h(x)=1$ ．

4. 1．

5. $\lim\limits_{x\to 0}\mathrm{e}^{\frac{1}{x}}$ 不存在．

6. （1） D；　　（2） D．

习题 1.3

1. （1）无穷大；　　　（2）无穷小；　　　（3）无穷小；　　　（4）无穷大．

2. （1）当 $x\to k\pi$ 时， $\sin x$ 是无穷小；

　　（2）当 $x\to\infty$ 时， $\dfrac{3}{x+1}$ 是无穷小，当 $x\to -1$ 时 $\dfrac{3}{x+1}$ 是无穷大；

扫码查看答案详解

　　（3）当 $x\to 1$ 时， $\ln x$ 是无穷小；当 $x\to +\infty$ 时， $\ln x$ 是无穷大；当 $x\to 0^+$ 时， $\ln x$ 是无穷大．

3.　（1）0；　（2）0；　（3）0.

4.　未必是；例如：$\lim\limits_{x\to 0}\sin\dfrac{1}{x}$ 的极限不存在，但是当 $x\to 0$ 时，$\sin\dfrac{1}{x}$ 既不是无穷小也不是无穷大.

习题 1.4

1.　（1）1；　　（2）$\dfrac{2}{3}$；　　（3）3；　　（4）$2x$；　　（5）6；

　　（6）$\sqrt{3}$；　　（7）$\dfrac{5}{6}$；　　（8）$\sqrt[3]{2}$；　　（9）-1；　　（10）0.

扫码查看答案详解

2.　（1）$\lim\limits_{n\to\infty}\left(\dfrac{2}{n^2}+\dfrac{4}{n^2}\cdots+\dfrac{2n}{n^2}\right)=1$；　　（2）$\lim\limits_{n\to\infty}\left[\dfrac{1}{1\times 2}+\dfrac{1}{2\times 3}+\cdots+\dfrac{1}{n\times(n+1)}\right]=1$.

3.　（1）$a=3,b=3$；　　（2）$a=-7,b=6$；　　（3）$a=1,b=-1$.

4.　$1\,000\,000$.

5.　（1）$t\to+\infty$；　　（2）100.

习题 1.5

1.　（1）$\dfrac{2}{5}$；　　（2）3；　　（3）6；　　（4）$\sqrt{2}$；

　　（5）$\dfrac{1}{2}$；　　（6）$\dfrac{3}{2}$；　　（7）1；　　（8）-2.

2.　（1）e^5；　　（2）e^{-3}；　　（3）e^{-4}；　　（4）e^2；

　　（5）e^2；　　（6）e^{-3}；　　（7）e^{-2}；　　（8）e.

扫码查看答案详解

3.　$f(x)$ 在 $x=0$ 处极限存在，且等于 -1.

4.　（1）$-\dfrac{3}{2}$；　　（2）$\dfrac{1}{2}$；　　（3）2；　　（4）1.

习题 1.6

1.　（1）$x=2$，第二类（无穷）间断点；

　　（2）$x=0$，第二类（振荡）间断点；

　　（3）$x=-1$，第二类（无穷）间断点；$x=1$，第一类（可去）间断点；

　　（4）$x=0$，第一类（可去）间断点.

2.　（1）$x=0$ 为第一类（可去）间断点；

　　（2）$x=0$ 为第一类（跳跃）间断点.

3.　连续区间为 $(-\infty,1)\bigcup(1,3)\bigcup(3,+\infty)$.（提示：初等函数的连续区间即为该函数的定义域）

4. $a=1$.

5. 提示：构造函数 $f(x)=x^4-4x+2$，利用零点定理证明.

6. 提示：利用零点定理证明方程在区间 $(0,3)$ 内至少有一个根.

复习题 1

1. （1）D；（2）B；（3）D；（4）C；（5）A.

2. （1）$x(x+1)$；（2）$e^{\sqrt{1+\sin x}}$；（3）2；（4）1；（5）$a=0,b=1,c$ 为任意常数.

3. （1）$(-\infty,-1)\cup(-1,1)\cup(1,+\infty)$；（2）$(-1,1)$；（3）$[1,2]$；（4）$[0,3]$.

4. （1）$f(a^2)=2a^2-3$；$f[f(a)]=4a-9$；$[f(a)]^2=4a^2-12a+9$.

   （2）$f(0)=0$；$f\left(\dfrac{1}{\pi}\right)=0$；$f\left(-\dfrac{2}{\pi}\right)=\dfrac{2}{\pi}$.

   （3）$f(0)=0$；$f\left(\dfrac{\pi}{2}\right)=\dfrac{\pi}{2}$；$f\left(-\dfrac{\pi}{2}\right)=\dfrac{\pi}{2}$.

5. （1）函数 $y=\sin^2 x$ 是由 $y=u^2$，$u=\sin x$ 复合而成的；

   （2）函数 $y=e^{\cos x}$ 是由 $y=e^u$，$u=\cos x$ 复合而成的；

   （3）函数 $y=\arccos(\ln 2x)$ 是由 $y=\arccos u$，$u=\ln v$，$v=2x$ 复合而成的；

   （4）函数 $y=(1+\log_2 x)^2$ 是由 $y=u^2$，$u=1+v$，$v=\log_2 x$ 复合而成的.

6. （1）1；　（2）0；　（3）$\dfrac{1}{3}$；　（4）$\dfrac{1}{3}$；　（5）$\sqrt{3}$；

   （6）$-\dfrac{1}{2}$；　（7）2；　（8）0；　（9）1；　（10）0；

   （11）$\dfrac{1}{2}$；　（12）e；　（13）1；　（14）$\dfrac{1}{2}$.

7. 因为 $\lim\limits_{x\to 1^-}f(x)=\lim\limits_{x\to 1^-}\arctan\dfrac{1}{x-1}=-\dfrac{\pi}{2}$；$\lim\limits_{x\to 1^+}f(x)=\lim\limits_{x\to 1^+}\arctan\dfrac{1}{x-1}=\dfrac{\pi}{2}$. 所以 $\lim\limits_{x\to 1^-}f(x)\ne \lim\limits_{x\to 1^+}f(x)$，由此可知 $f(x)$ 在 $x=1$ 点处的极限不存在，并且在 $x=1$ 点也不连续.

8. 令 $f(x)=x^4-3x-1$，易知 $f(x)$ 在区间 $[1,2]$ 上连续。又因为 $f(1)=-3<0$，$f(2)=9>0$，$f(1)\cdot f(2)<0$ 所以由零点定理可得方程 $x^4-3x=1$ 在区间 $(1,2)$ 内至少有一个根.

9. （1）连续区间 $x\ne k\pi+\dfrac{\pi}{2}$，$k\in \mathbf{Z}$；间断点 $x_0=k\pi+\dfrac{\pi}{2}$（$k\in\mathbf{Z}$）是函数 $f(x)$ 的第二类间断点.

   （2）连续区间 $(-\infty,-1),(-1,+\infty)$；$x=-1$ 是函数 $f(x)$ 第一类（跳跃）间断点.

10. 提示：构造函数 $F(x)=f(x)-\dfrac{f(x_1)+f(x_2)}{2}$，在 $[x_1,x_2]$ 上利用零点定理去证明.

习题 2.1

1. （1）B；（2）A；（3）C；（4）A；（5）C.

2. $x=a$ 处不连续，不可导；$x=b$ 连续但不可导；$x=c$ 连续且可导.

3. 连续但不可导.

4. （1）24.5m/s；　（2）24.5m/s；　（3）10.2s.

习题 2.2

1. （1）A；　（2）B；　（3）C.

2. （1）$y'=15x^2-2^x\ln 2+3\mathrm{e}^x$；　（2）$y'=\dfrac{1-\ln x}{x^2}$；　（3）$s'=\dfrac{1+\cos t+\sin t}{(1+\cos t)^2}$；

　（4）$y'=2x\ln x+x+\dfrac{1}{x}$；　（5）$y'=\dfrac{2x\cos 2x-\sin 2x}{x^2}$；　（6）$\dfrac{1+\sqrt3}{2}$；

　（7）0；$\dfrac{3}{25}$；$\dfrac{17}{15}$.

3. （1）$\dfrac{2x}{\sqrt{1-x^4}}$；　（2）$-2x\mathrm{e}^{-x^2}$；　（3）$12\tan^2 4x\sec^2 4x$；

　（4）$\mathrm{e}^{x+2}\cdot 2^{x-3}(1+\ln 2)$；　（5）$\dfrac{1-6x}{\sqrt{3-4x}}$；　（6）$-\dfrac{1}{1+x^2}$；

　（7）$\dfrac{1}{2\sqrt{x+\sqrt{x+\sqrt x}}}\left[1+\dfrac{1}{2\sqrt{x+\sqrt x}}\left(1+\dfrac{1}{2\sqrt x}\right)\right]$；　（8）$\arcsin\dfrac{x}{2}$.

4. （1）$y''=\mathrm{e}^{2x-1}(4\cos x+3\sin x)$；　（2）$y''=-\dfrac{x}{\sqrt{(1+x^2)^3}}$.

5. （1）$y^{(n)}=(-1)^{n-1}(n-1)!\cdot x^{-n}$；　（2）；$y^{(n)}=a_0 n!$.

6. $\dfrac{\mathrm{d}T}{\mathrm{d}t}=\dfrac{2}{(0.05t+1)^2}(\text{℃/h})$.

7. $v|_{t=3}=34(\mathrm{m/s})$.

习题 2.3

1. （1）$\dfrac{\mathrm{d}y}{\mathrm{d}x}=\dfrac{y}{y-x}$ $(y\neq x)$；　（2）$\dfrac{\mathrm{d}y}{\mathrm{d}x}=\dfrac{ay-x^2}{y^2-ax}$ $(y^2\neq ax)$；

　（3）$y'=-\dfrac{1}{1+(x+y)\sin y}$，$((x+y)\sin y\neq -1)$；　（4）$y'=-\dfrac{\mathrm{e}^y}{1+x\mathrm{e}^y}$，$(x\mathrm{e}^y\neq -1)$.

2. （1）$y'=\dfrac{\sqrt{x+2}(3-x)^4}{(x+1)^5}\left(\dfrac{1}{2x+4}+\dfrac{4}{x-3}-\dfrac{5}{x+1}\right)$；

　（2）$y'=(\sin x)^{\tan x}(1+\sec^2 x\ln\sin x)$.

3. （1）$\dfrac{\mathrm{d}y}{\mathrm{d}x}=\dfrac{3bt}{2a}$；　（2）$\dfrac{\mathrm{d}y}{\mathrm{d}x}=\dfrac{\cos\theta-\theta\sin\theta}{1-\sin\theta-\theta\cos\theta}$.

4. 5.

习题 2.4

1. （1）D； （2）A.

2. （1）$x^2 + C$ （C 为常）； （2）$\arctan x + C$； （3）$2\sqrt{x} + C$；

   （4）$\dfrac{1}{2}\mathrm{e}^{2x} + C$； （5）$-\dfrac{1}{\omega}\cos\omega x + C$； （6）$\dfrac{1}{3}\tan 3x + C$.

3. （1）$\mathrm{d}y = -\dfrac{1}{\sqrt{1-x^2}}\mathrm{d}x$； （2）$\mathrm{d}y = \dfrac{y+x}{x-y}\mathrm{d}x$.

4. $2\pi R_0 h$.

5. 约 1.12g.

复习题 2

1. （1）D； （2）D； （3）A； （4）D； （5）B.

2. （1）-1； （2）$f'(0)$； （3）n；

   （4）$f'(1+\sin x)\cos x$； $f''(1+\sin x)\cos^2 x - f'(1+\sin x)\sin x$；

   （5）$-\dfrac{\mathrm{d}x}{(2-2x+x^2)\arctan(1-x)}$.

3. （1）$\mathrm{d}y = -\dfrac{1}{x^2}\mathrm{e}^{\sin^2\frac{1}{x}}\sin\dfrac{2}{x}\mathrm{d}x$； （2）$y' = \left(\dfrac{\sin x}{x}\right)^x (\ln\sin x + x\cot x - \ln x - 1)$；

   （3）$2004!$； （4）-1.

4. （1）9； （2）$\dfrac{\mathrm{d}^2 y}{\mathrm{d}x^2} = -\dfrac{2+2y^2}{y^5}$；

   （3）$-2^{49}\sin 2x$； （4）$f'(a) = \varphi(a)$； $f''(a) = 2\varphi'(a)$.

5. $a = \ln(\mathrm{e}-1)$， $b = \mathrm{e}-1$.

6. $a = b = -1$.

习题 3.1

1. （1）不满足条件，$f(x)$ 在 $[0,1]$ 上不连续； （2）满足条件，$\xi = 4$.

2. （1）满足条件，$\xi = \mathrm{e}-1$； （2）满足条件，$\xi = \dfrac{2}{\sqrt{3}}$.

3. 提示：设 $f(x) = \arcsin x + \arccos x$，利用拉格朗日定理的推论 1 证明.

习题 3.2

1. （1）单调增区间 $(-\infty,-1]$ 和 $[3,+\infty)$；单调减区间 $[-1,3]$；

   （2）单调增区间 $\left[\dfrac{1}{2},1\right]$；单调减区间 $(-\infty,0)$、$\left(0,\dfrac{1}{2}\right]$ 和 $[1,+\infty)$.

2. 提示：令 $F(x)=1+\dfrac{1}{2}x-\sqrt{1+x}$，证明该函数在 $[0,+\infty)$ 是增函数，再由 $x>0$，得到 $F(x)>F(0)=0$．

3. （1）极大值 $y(-1)=2$；极小值 $y(1)=-2$；　（2）极小值 $y(3)=\dfrac{27}{4}$；

4. $a=2$；极大值；$f\left(\dfrac{\pi}{3}\right)=\sqrt{3}$．

5. （1）最小值 $y_{\min}(-1)=-5$，最大值 $y_{\max}(4)=80$；

　　（2）最小值 $y_{\min}(-5)=-5+\sqrt{6}$，最大值 $y_{\max}\left(\dfrac{3}{4}\right)=\dfrac{5}{4}$．

6. 长为 1.5m，宽为 1m，面积 $\dfrac{3}{2}\text{m}^2$．

7. 长为 10 米，宽为 5 米时，小屋面积最大．

8. 当小正方形边长为 8 厘米时，所得方盒容积最大．

9. （1）拐点 $\left(\dfrac{5}{3},\dfrac{20}{27}\right)$，凸区间 $\left(-\infty,\dfrac{5}{3}\right]$，凹区间 $\left[\dfrac{5}{3},+\infty\right)$；

　　（2）拐点 $(-1,\ln 2)$、$(1,\ln 2)$，凸区间 $(-\infty,-1]$ 和 $[1,+\infty)$，凹区间 $[-1,1]$．

10. $a=1,b=-3,c=-24,d=16$．

习题 3.3

扫码查看答案详解

1. （1）$\dfrac{3}{2}$；　（2）-1；　（3）2；　（4）0；　（5）0；　（6）1．

2. （1）1；　（2）$\dfrac{1}{2}$；　（3）e；　（4）1．

3. 提示：本题均不能用洛必达法则．　（1）1；　（2）1．

复习题 3

扫码查看答案详解

1. （1）C；　（2）B；　（3）D；　（4）D；　（5）D．

2. （1）0；　（2）$(-\infty,+\infty)$；　（3）20；　（4）$[-1,1]$；　（5）$\left(\dfrac{2}{3},\dfrac{2}{3}\mathrm{e}^{-2}\right)$．

3. （1）$\dfrac{1}{\sqrt{2\pi}}$；　（2）$\sqrt{ab}$；　（3）$\dfrac{1}{6}$；　（4）$-\dfrac{1}{2}$．

4. 提示：利用函数的单调性证明．

5. 底边长为 6cm，宽为 3cm，箱子高为 4cm．

6. 提示：利用罗尔定理证明．

7. 提示：利用拉格朗日定理证明．

习题 4.1

1. （1）$-\cos x$；　（2）$\cos x + C$．

2. （1）$\mathrm{e}^{-x} + C$；　（2）$-\mathrm{e}^{-x} + C$；　（3）$x + C$．

3. $f(x) = x^2 \mathrm{e}^x$．

4. $f(x) = x^3 - 1$．

5. （1）$\dfrac{1}{6}x^6 + C$；　　　（2）$\dfrac{3}{7}x^{\frac{7}{3}} + C$；　　　（3）$\dfrac{1}{4}x^4 + \dfrac{1}{\ln 3}3^x + C$；

　　（4）$-\dfrac{2}{3}x^{-\frac{3}{2}} + C$；　　（5）$\dfrac{8}{9}x^{\frac{9}{8}} + C$；　　　（6）$\dfrac{2}{7}x^{\frac{7}{2}} + \dfrac{1}{2}x^2 + 4x^{\frac{1}{2}} + C$；

　　（7）$\mathrm{e}^{x+1} + C$；　　　（8）$\dfrac{2}{3}x^{\frac{3}{2}} - 3x + C$；　　（9）$-\dfrac{1}{x} - \arctan x + C$；

　　（10）$\dfrac{1}{2}\tan x + C$；　　（11）$\tan x - \sec x + C$；　　（12）$\tan x + \cot x + C$．

习题 4.2

1. （1）$\dfrac{1}{7}$；　　（2）$\dfrac{1}{5}$；　　（3）-1；　　（4）$\dfrac{2}{5}$；

　　（5）$-\dfrac{1}{7}$；　　（6）-1；　　（7）$-\dfrac{7}{5}$；　　（8）$\dfrac{1}{2}$．

2. （1）$\dfrac{1}{18}(2x-3)^9 + C$；　（2）$2\sqrt{1+x} + C$；　　（3）$\dfrac{1}{2}\sin(1+2x) + C$；

　　（4）$-\mathrm{e}^{-x} + C$；　　　（5）$-\mathrm{e}^{\frac{1}{x}} + C$；　　　（6）$-2\cos\sqrt{x} + C$；

　　（7）$\ln|\ln x| + C$，　　　（8）$\dfrac{1}{3}\ln^3 x + C$；　　　（9）$\ln|\mathrm{e}^x - 1| + C$；

　　（10）$\dfrac{1}{6}\arctan\dfrac{3x}{2} + C$；　（11）$\dfrac{1}{3}\arcsin\dfrac{3x}{4} + C$；　（12）$\arctan(1+x) + C$；

　　（13）$\dfrac{1}{4}\ln\left|\dfrac{x-1}{x+3}\right| + C$；　（14）$\ln\left|\dfrac{x+1}{x+2}\right| + C$；　（15）$\dfrac{a^{\sin x}}{\ln a} + C$；

　　（16）$\dfrac{1}{2}(\arctan x)^2 + C$；　（17）$-\dfrac{1}{4}\cos^4 x + C$；

　　（18）$\dfrac{x}{2} - \dfrac{1}{4}\sin 2x + C$；　　　　　（19）$\sin x - \dfrac{1}{3}\sin^3 x + C$；

　　（20）$\dfrac{1}{2}\ln|1 + 2\ln x| + C$．

3. （1）$\dfrac{2}{5}(\sqrt{x-3})^5 + 2(\sqrt{x-3})^3 + C$；　（2）$\sqrt{x} - \arctan\sqrt{x} + C$；

　　（3）$-\sqrt{2x+1} - \ln\left|1 - \sqrt{2x+1}\right| + C$；　（4）$2\sqrt{x} - 3\sqrt[3]{x} + 6\sqrt[6]{x} - 6\ln(\sqrt[6]{x}+1) + C$；

(5) $\dfrac{1}{2}\ln\left|\dfrac{x}{\sqrt{x^2+4}+2}\right|+C$;　　　　(6) $\dfrac{1}{2}\left(\ln\left|x+\sqrt{x^2-1}\right|-\dfrac{\sqrt{x^2-1}}{x}\right)+C$;

(7) $\dfrac{1}{3}\ln\left|\dfrac{x}{3+\sqrt{9-x^2}}\right|+C$;　　　　(8) $x-2\ln(\sqrt{e^x+1}+1)+C$.

习题 4.3

扫码查看答案详解

1.　(1) $\dfrac{x}{5}\sin 5x+\dfrac{1}{25}\cos 5x+C$;　　　　(2) $-\dfrac{1}{4}xe^{-4x}-\dfrac{1}{16}e^{-4x}+C$;

(3) $(x^2-2x+2)e^x+C$;　　　　(4) $\dfrac{1}{4}x^4\ln x-\dfrac{1}{16}x^4+C$;

(5) $x\ln x-x+C$;　　　　(6) $x\arctan x-\dfrac{1}{2}\ln(1+x^2)+C$;

(7) $\dfrac{1}{2}e^x(\sin x-\cos x)+C$;　　　　(8) $x\ln(1+x^2)-2x+2\arctan x+C$;

(9) $2\sqrt{x}\sin\sqrt{x}+2\cos\sqrt{x}+C$;　　　　(10) $2e^{\sqrt{x}}(\sqrt{x}-1)+C$.

复习题 4

扫码查看答案详解

1.　(1) $-2e^{-\sqrt{x}}+C$;　　(2) $\dfrac{1}{x}+C$;　　(3) $\dfrac{1}{a}F(ax+b)+C$;

(4) $\arcsin\ln x+C$;　　(5) $-F(e^{-x})+C$.

2.　(1) D;　(2) A;　(3) B;　(4) D;　(5) C.

3.　(1) $\dfrac{x^4}{4}+\dfrac{3^x}{\ln 3}+3\ln|x|+C$;　　(2) $2\arcsin\theta-\theta+C$;　　(3) $x-\cos x+C$;

(4) $\dfrac{3}{10}(1+2x)^{\frac{5}{3}}+C$;　　(5) $\arctan e^x+C$;　　(6) $\arctan\sqrt{x}+C$;

(7) $\arcsin\dfrac{1+x}{\sqrt{2}}+C$;　　(8) $4\arcsin\dfrac{x}{2}-5\sqrt{4-x^2}+C$;

(9) $\dfrac{x}{a^2\sqrt{a^2+x^2}}+C$;

(10) $x+\dfrac{6}{5}x^{\frac{5}{6}}+\dfrac{3}{2}x^{\frac{2}{3}}+2x^{\frac{1}{2}}+3x^{\frac{1}{3}}+6x^{\frac{1}{6}}+6\ln|\sqrt[6]{x}-1|+C$;

(11) $x\tan x+\ln|\cos x|+C$;　　(12) $\dfrac{(x-2)4^x}{\ln 4}-\dfrac{4^x}{(\ln 4)^2}+C$;

(13) $-\dfrac{1}{2}\left(1+x^2\right)e^{-x^2}+C$;　　(14) $\dfrac{1}{2}e^x(\sin x-\cos x)+C$;

(15) $x^2\arctan x-x+\arctan x+C$.

4.　$f(x)=x^3-3x+1$.

5.　$\cos x-\dfrac{2\sin x}{x}+C$.

6. $x\ln x + C$.

习题 5.1

扫码查看答案详解

1. （1）$\dfrac{\pi}{4}R^2$；（2）$\dfrac{3}{2}$；（3）0.

2. （1）$\leqslant$；（2）$\geqslant$；（3）$\geqslant$；（4）$\leqslant$.

3. （1）$2 \leqslant \displaystyle\int_{-1}^{1}\left(x^2+1\right)\mathrm{d}x \leqslant 4$；（2）$\pi \leqslant \displaystyle\int_{\frac{\pi}{4}}^{\frac{5}{4}\pi}\left(1+\sin^2 x\right)\mathrm{d}x \leqslant 2\pi$.

习题 5.2

扫码查看答案详解

1. （1）$\dfrac{1}{1+\sin x}$；（2）$-\mathrm{e}^{3x}\sin x$；（3）$3x^8\mathrm{e}^{x^3}$；（4）$-\mathrm{e}^{-\cos^2 x}\sin x - \mathrm{e}^{-\sin^2 x}\cos x$.

2. （1）$\dfrac{1}{3}$；（2）0.

3. （1）0；（2）$\dfrac{4\sqrt{2}}{3}-\dfrac{2}{3}$；（3）$\ln 3 - 1$；（4）0；

    （5）$\dfrac{\pi}{2}$；（6）2；（7）1；（8）$2\sqrt{2}$.

4. $-\dfrac{1}{3}$.

5. （1）$\dfrac{1}{2}(\mathrm{e}-1)$；（2）$2(\sqrt{3}-1)$；（3）$\dfrac{\pi}{8}$；（4）$\arctan \mathrm{e} - \dfrac{\pi}{4}$；

    （5）$\dfrac{1-\ln 2}{2}$；（6）$7+2\ln 2$；（7）$\dfrac{2}{5}(1+\ln 2)$；（8）$\dfrac{5}{3}$；

    （9）$\dfrac{1}{4}$；（10）-2π.

6. （1）$1-\dfrac{2}{\mathrm{e}}$；（2）$\ln 2 - \dfrac{1}{2}$；（3）$\dfrac{1}{4}\left(\mathrm{e}^2+5\right)$；（4）$2-\dfrac{2}{\mathrm{e}}$；

    （5）1；（6）$\dfrac{1}{2}+\dfrac{\sqrt{3}}{12}\pi$

7. 提示：用第一换元法证明.

8. 提示：设 $\displaystyle\int_1^{\mathrm{e}} f(x)\mathrm{d}x = A$，变形后等式两端同取 $[1,\mathrm{e}]$ 上的定积分.

扫码查看答案详解

习题 5.3

1. （1）1；（2）2；（3）π；（4）发散.

扫码查看答案详解

习题 5.4

1. （1）$\mathrm{e}+\mathrm{e}^{-1}-2$；（2）2；（3）4；（4）$20\dfrac{5}{6}$；（5）$\dfrac{3}{2}-\ln 2$；（6）$\dfrac{\mathrm{e}}{2}-1$.

2. （1）$V_x = \dfrac{\pi}{5}$，　$V_y = \dfrac{\pi}{2}$；　（2）160π.

3. 3(J).

4. $\dfrac{2E_0}{\pi}$.

复习题 5

扫码查看答案详解

1. （1）1；　（2）0；　（3）$\dfrac{1}{2}\pi R^2$；　（4）$\dfrac{1}{2}$；　（5）$\dfrac{1}{2}$.

2. （1）D；　（2）D；　（3）B；　（4）C；　（5）A.

3. $\dfrac{4}{5}$.

4. 发散.

5. $(4, 2\ln 2)$.

6. $V_x = \dfrac{4}{21}\pi$；　$V_y = \dfrac{4}{15}\pi$.

习题 6.1

扫码查看答案详解

1. （1）是；　（2）不是；　（3）是，三阶；　（4）是，二阶.

2. （1）是；　（2）是；　（3）不是.

3. （1）$y = 3\mathrm{e}^{-x} + x - 1$.

4. $y = \sin x + 1$.

5. $s(t) = t^2 + 2$.

习题 6.2

扫码查看答案详解

1. （1）是，通解为 $\ln(x^3 + 5) + 3y = C$；　　（2）是，通解为 $y = \dfrac{1}{2}(\arctan x)^2 + C$；

　（3）是，通解为 $\mathrm{e}^x - \mathrm{e}^{-y} = C$；　　（4）是，通解为 $y = C\sin^2 x$；

　（5）是，通解为 $3\ln y + x^3 = 0$；　　（6）是，通解为 $2\ln(1-y) = 1 - 2\sin x$.

　（7）不是可分离变量的微分方程

2. （1）$y = (x - \pi - 1)\cos x$；　　（2）$y = (C + x^2)\mathrm{e}^{x^2}$；

　（3）$y = 2x - 2$；　　（4）$y = Cx^2 + x^2\sin x$.

　（5）不是一阶线性非齐次微分方程；　　（6）$y = \dfrac{1}{2}(\sin x - \cos x + \mathrm{e}^x)$.

3. （1）$I(t) = 5 - 5\mathrm{e}^{-3t}$；　　（2）$I(1) \approx 4.75$.

习题 6.3

扫码查看答案详解

1. （1）$y=(C_1+C_2x)\mathrm{e}^x$；　　　　　　（2）$y=C_1\mathrm{e}^{2x}+C_2\mathrm{e}^{-\frac{4}{3}x}$；

　（3）$y=C_1+C_2\mathrm{e}^{4x}$；　　　　　　（4）$y=\mathrm{e}^x\left(C_1\cos\dfrac{x}{2}+C_2\sin\dfrac{x}{2}\right)$

2. （1）$y=4\mathrm{e}^x+2\mathrm{e}^{3x}$；　（2）$y=2\cos2x+3\sin2x$；　（3）$y=(1-6x)\mathrm{e}^{6x}$.

3. $s(t)=C_1\mathrm{e}^{-t}+C_2\mathrm{e}^{-2t}$

习题 6.4

扫码查看答案详解

1. （1）$y=\dfrac{1}{3}\mathrm{e}^{3x}$；　　（2）$y=-\dfrac{4}{3}\sin2x$；　　（3）$y=4x^2-8x$

2. （1）$y=(C_1+C_2x)\mathrm{e}^{-x}-2$；　（2）$y=(C_1\cos x+C_2\sin x)\mathrm{e}^{-x}+\dfrac{1}{2}x$

复习题 6

扫码查看答案详解

1. （1）B；　（2）C；　（3）B；　（4）D；　（5）B；

2. （1）$y^2=Cx$；　（2）$y=2x-\sin x$；

　（3）一阶线性非齐次微分方程，$y=-x\cos x+Cx$

　（4）$y=C_1\cos x+C_2\sin x$；　（5）$y=2(\mathrm{e}^x-x-1)$

3. （1）$\arctan y=x-\dfrac{1}{2}x^2+C$.　　　（2）$\sin y=\dfrac{C}{x^2+3}$.

　（3）$y=\dfrac{1}{-\sin x+C}$ $(C=-C_1)$.　　（4）$\tan x\cdot\tan y=C$.

　（5）$\dfrac{1}{x}+\arctan x+\dfrac{1}{2}\ln(1+y^2)=C$.

4. （1）$y=\mathrm{e}^{-\sin x}(x+C)$.　（2）$y=x^2(2+C\mathrm{e}^{\frac{1}{x}})$.　（3）$y=\mathrm{e}^{-\sin x}(\mathrm{e}^{\sin x}+C)$

5. （1）$y=(2-x)\mathrm{e}^{\frac{1}{2}x}$；　（2）$y=\dfrac{2}{3}+\dfrac{1}{3}\mathrm{e}^{-3x}$；　（3）$y=\mathrm{e}^{-x}(\cos\sqrt{2}x+\sqrt{2}\sin\sqrt{2}x)$.

6. $y=f(x)=-2\mathrm{e}^{\frac{1}{2}x^2}+2$.

附录 B 初等数学中的常用公式

（一）代 数

一、两数和与差的平方、立方及因式分解公式

1. $(a \pm b)^2 = a^2 \pm 2ab + b^2$.

2. $(a \pm b)^3 = a^3 \pm 3a^2b + 3ab^2 \pm b^3$.

3. $a^2 - b^2 = (a+b)(a-b)$.

4. $a^3 \pm b^3 = (a \pm b)(a^2 \mp ab + b^2)$.

5. $a^n - b^n = (a-b)(a^{n-1} + a^{n-2}b + a^{n-3}b^2 + \cdots + ab^{n-2} + b^{n-1})$ （n 为正整数）.

二、指数公式

1. $a^n = \underbrace{aa \cdots a}_{n}$.

2. $a^{-n} = \dfrac{1}{a^n} (a \neq 0)$.

3. $a^0 = 1 (a \neq 0)$.

4. $a^m \cdot a^n = a^{m+n}$.

5. $\dfrac{a^m}{a^n} = a^{m-n}$.

6. $a^{\frac{m}{n}} = \sqrt[n]{a^m} = \left(\sqrt[n]{a}\right)^m$.

其中 a, b 是正实数，m, n 为任意实数.

三、对数公式 ($a > 0, a \neq 1$)

1. $a^b = N \Leftrightarrow \log_a N = b$.

2. $a^{\log_a N} = N$；$\mathrm{e}^{\ln N} = N$.

3. $\log_a 1 = 0$；$\log_a a = 1$.

4. $\log_a (MN) = \log_a M + \log_a N$.

5. $\log_a \dfrac{M}{N} = \log_a M - \log_a N$.

6. $\log_a N^x = x \log_a N$.

7. 换底公式：$\log_a N = \dfrac{\log_b N}{\log_b a}$ （$b > 0, b \neq 1$）.

四、数列公式

1. 等差数列：通项公式 $a_n = a_1 + (n-1)d$.

   前 n 项和公式 $S_n = \dfrac{n(a_1 + a_n)}{2} = \dfrac{n}{2}[2a_1 + (n-1)d]$.

2. 等比数列：通项公式 $a_n = a_1 q^{n-1}$.

   前 n 项和公式 $s_n = \dfrac{a_1 - a_n q}{1-q} = \dfrac{a_1(1-q^n)}{1-q}$.

五、阶乘公式

1. $n! = n(n-1)(n-2)\cdots 3 \times 2 \times 1$ （规定：$0! = 1$）.

2. $(2n)!! = 2n(2n-2)(2n-4)\cdots 4 \times 2$.

3. $(2n-1)!! = (2n-1)(2n-3)(2n-5)\cdots 3 \times 1$.

六、排列数公式

1. $A_n^m = n(n-1)(n-2)\cdots(n-m+1) = \dfrac{n!}{(n-m)!}$ （$m \leqslant n$, 且 $m,n \in \mathbf{N}$）.

七、组合数公式

1. $C_n^m = \dfrac{A_n^m}{A_m^m} = \dfrac{n(n-1)(n-2)\cdots(n-m+1)}{m!} = \dfrac{n!}{m!(n-m)!}$ （$m \leqslant n$, 且 $m,n \in \mathbf{N}$）.

2. $C_n^0 + C_n^1 + C_n^2 + \cdots + C_n^n = 2^n$ （$n \in \mathbf{Z}^+$）.

3. $C_n^0 + C_n^2 + C_n^4 + \cdots = C_n^1 + C_n^3 + C_n^5 + \cdots = 2^{n-1}$ （$n \in \mathbf{Z}^+$）.

八、二项式定理

1. $(a+b)^n = C_n^0 a^n + C_n^1 a^{n-1}b + \cdots + C_n^r a^{n-r}b^r + \cdots + C_n^n b^n$ （$n \in \mathbf{N}^+$）.

九、分式裂项公式

1. $\dfrac{1}{x(x+1)} = \dfrac{1}{x} - \dfrac{1}{x+1}$.   2. $\dfrac{1}{(x+a)(x+b)} = \dfrac{1}{b-a}\left(\dfrac{1}{x+a} - \dfrac{1}{x+b}\right)$ （$b \neq a$）.

（二）三　角

一、同角三角函数关系式

1. $\tan x = \dfrac{\sin x}{\cos x}$; $\cot x = \dfrac{\cos x}{\sin x} = \dfrac{1}{\tan x}$.

2. $\sec x = \dfrac{1}{\cos x}$; $\csc x = \dfrac{1}{\sin x}$.

3. $\sin^2 x + \cos^2 x = 1$; $1 + \tan^2 x = \sec^2 x$; $1 + \cot^2 x = \csc^2 x$.

二、倍角公式

1. $\sin 2\alpha = 2\sin\alpha\cos\alpha$.

2. $\cos 2\alpha = \cos^2\alpha - \sin^2\alpha = 2\cos^2\alpha - 1 = 1 - 2\sin^2\alpha$.

3. $\tan 2\alpha = \dfrac{2\tan\alpha}{1-\tan^2\alpha}$.

三、半角公式

1. $\sin\dfrac{\alpha}{2} = \pm\sqrt{\dfrac{1-\cos\alpha}{2}}$.

2. $\cos \dfrac{\alpha}{2} = \pm \sqrt{\dfrac{1+\cos \alpha}{2}}$.

3. $\tan \dfrac{\alpha}{2} = \pm \sqrt{\dfrac{1-\cos \alpha}{1+\cos \alpha}} = \dfrac{1-\cos \alpha}{\sin \alpha} = \dfrac{\sin \alpha}{1+\cos \alpha}$.

四、两角和与差公式

1. $\sin(\alpha \pm \beta) = \sin \alpha \cos \beta \pm \cos \alpha \sin \beta$.

2. $\cos(\alpha \pm \beta) = \cos \alpha \cos \beta \mp \sin \alpha \sin \beta$.

3. $\tan(\alpha \pm \beta) = \dfrac{\tan \alpha \pm \tan \beta}{1 \mp \tan \alpha \tan \beta}$.

五、正弦定理

1. $\dfrac{a}{\sin A} = \dfrac{b}{\sin B} = \dfrac{c}{\sin C} = 2R$.

（a,b,c 为三角形的三边；A,B,C 为三角形的三内角；R 该三角形的外接圆半径）

六、余弦定理

1. $a^2 = b^2 + c^2 - 2bc \cos A$.

2. $b^2 = a^2 + c^2 - 2ac \cos B$.

3. $c^2 = a^2 + b^2 - 2ab \cos C$.

（a,b,c 为三角形的三边；A,B,C 为三角形的三内角）

（三）几　何

一、几何公式

1. 圆

（1）周长：$C = 2\pi r$ ，r 为半径；　（2）面积：$S = \pi r^2$ ，r 为半径.

2. 扇形

面积：$S = \dfrac{1}{2} r^2 \alpha$ ，α 为扇形的圆心角，以弧度为单位，r 为半径.

3. 平行四边形

面积：$S = bh$ ，b 为底长，h 为高.

4. 梯形

面积：$S = \dfrac{1}{2}(a+b)h$ ，a,b 分别为上底与下底的长，h 为高.

5. 圆柱体

（1）体积：$V = \pi r^2 h$ 　　　r 为底面半径，h 为高；

（2）侧面积：$L = 2\pi rh$　　　r 为底面半径，h 为高.

6. 圆锥体

（1）体积：$V = \dfrac{1}{3}\pi r^2 h$　　　r 为底面半径，h 为高；

（2）侧面积：$L = \pi rl$　　　　r 为底面半径，l 为斜高.

7. 球体

（1）体积：$V = \dfrac{4}{3}\pi r^3$　　　r 为球的半径；

（2）表面积：$L = 4\pi r^2$　　　r 为球的半径.

8. 三角形的面积

（1）$S = \dfrac{1}{2}bc\sin A$；　$S = \dfrac{1}{2}ca\sin B$；　$S = \dfrac{1}{2}ab\sin C$；

（a,b,c 为三角形的三边长；A,B,C 为三角形的三个角）

（2）$S = \sqrt{p(p-a)(p-b)(p-c)}$，其中 $p = \dfrac{1}{2}(a+b+c)$.

二、平面解析几何公式

1. 距离与斜率

（1）两点 $P_1(x_1, y_1)$ 与 $P_2(x_2, y_2)$ 之间的距离：$d = \sqrt{(x_2 - x_1)^2 + (y_2 - y_1)^2}$；

（2）线段 $P_1 P_2$ 的斜率 $k = \dfrac{y_2 - y_1}{x_2 - x_1}$.

2. 直线的方程

（1）点斜式：$y - y_1 = k(x - x_1)$；　　（2）斜截式：$y = kx + b$；

（3）两点式：$\dfrac{y - y_1}{y_2 - y_1} = \dfrac{x - x_1}{x_2 - x_1}$　　（$y_2 \neq y_1$，$x_2 \neq x_1$）；

（4）截距式：$\dfrac{x}{a} + \dfrac{y}{b} = 1$　　（$a \neq 0$，$b \neq 0$）

3. 圆

方程 $(x-a)^2 + (y-b)^2 = r^2$，圆心为 (a,b)，半径为 r.

4. 抛物线

（1）方程 $y^2 = 2px$，焦点 $\left(\dfrac{p}{2}, 0\right)$，准线 $x = -\dfrac{p}{2}$；

（2）方程 $x^2 = 2py$，焦点 $\left(0, \dfrac{p}{2}\right)$，准线 $y = -\dfrac{p}{2}$；

（3）方程 $y = ax^2 + bx + c$，顶点 $\left(-\dfrac{b}{2a}, \dfrac{4ac - b^2}{4a}\right)$，对称轴方程 $x = -\dfrac{b}{2a}$.

5. 椭圆

方程 $\dfrac{x^2}{a^2} + \dfrac{y^2}{b^2} = 1 \ (a > b > 0)$ 焦点在 x 轴上.

6. 双曲线

（1）方程 $\dfrac{x^2}{a^2} - \dfrac{y^2}{b^2} = 1$ 焦点在 x 轴上（ $a \neq 0$ ， $b \neq 0$ ）；

（2）等轴双曲线方程 $xy = k$.

附录 C 积分表

（一）含有 $ax+b$ 的积分（$a \neq 0$）

1. $\displaystyle \int \frac{1}{ax+b} \mathrm{d}x = \frac{1}{a} \ln|ax+b| + C$.

2. $\displaystyle \int (ax+b)^{\mu} \mathrm{d}x = \frac{1}{a(\mu+1)}(ax+b)^{\mu+1} + C$（$\mu \neq -1$）.

3. $\displaystyle \int \frac{x}{ax+b} \mathrm{d}x = \frac{1}{a^2}(ax+b-b\ln|ax+b|) + C$.

4. $\displaystyle \int \frac{x^2}{ax+b} \mathrm{d}x = \frac{1}{a^3}\left[\frac{1}{2}(ax+b)^2 - 2b(ax+b) + b^2\ln|ax+b|\right] + C$.

5. $\displaystyle \int \frac{1}{x(ax+b)} \mathrm{d}x = -\frac{1}{b}\ln\left|\frac{ax+b}{x}\right| + C$.

6. $\displaystyle \int \frac{1}{x^2(ax+b)} \mathrm{d}x = -\frac{1}{bx} + \frac{a}{b^2}\ln\left|\frac{ax+b}{x}\right| + C$.

7. $\displaystyle \int \frac{x}{(ax+b)^2} \mathrm{d}x = \frac{1}{a^2}\left(\ln|ax+b| + \frac{b}{ax+b}\right) + C$.

8. $\displaystyle \int \frac{x^2}{(ax+b)^2} \mathrm{d}x = \frac{1}{a^3}\left(ax+b - 2b\ln|ax+b| - \frac{b^2}{ax+b}\right) + C$.

9. $\displaystyle \int \frac{1}{x(ax+b)^2} \mathrm{d}x = \frac{1}{b(ax+b)} - \frac{1}{b^2}\ln\left|\frac{ax+b}{x}\right| + C$.

（二）含有 $\sqrt{ax+b}$ 的积分（$a \neq 0$）

10. $\displaystyle \int \sqrt{ax+b}\, \mathrm{d}x = \frac{2}{3a}\sqrt{(ax+b)^3} + C$.

11. $\displaystyle \int x\sqrt{ax+b}\, \mathrm{d}x = \frac{2}{15a^2}(3ax-2b)\sqrt{(ax+b)^3} + C$.

12. $\displaystyle \int x^2\sqrt{ax+b}\, \mathrm{d}x = \frac{2}{105a^3}(15a^2x^2 - 12abx + 8b^2)\sqrt{(ax+b)^3} + C$.

13. $\displaystyle \int \frac{x}{\sqrt{ax+b}} \mathrm{d}x = \frac{2}{3a^2}(ax-2b)\sqrt{ax+b} + C$.

14. $\displaystyle \int \frac{x^2}{\sqrt{ax+b}} \mathrm{d}x = \frac{2}{15a^3}(3a^2x^2 - 4abx + 8b^2)\sqrt{ax+b} + C$.

15. $\displaystyle \int \frac{1}{x\sqrt{ax+b}} \mathrm{d}x = \begin{cases} \dfrac{1}{\sqrt{b}}\ln\left|\dfrac{\sqrt{ax+b}-\sqrt{b}}{\sqrt{ax+b}+\sqrt{b}}\right| + C & (b>0), \\[2mm] \dfrac{2}{\sqrt{-b}}\arctan\sqrt{\dfrac{ax+b}{-b}} + C & (b<0). \end{cases}$

16. $\displaystyle\int \frac{1}{x^2\sqrt{ax+b}}\,dx = -\frac{\sqrt{ax+b}}{bx} - \frac{a}{2b}\int \frac{dx}{x\sqrt{ax+b}}$.

17. $\displaystyle\int \frac{\sqrt{ax+b}}{x}\,dx = 2\sqrt{ax+b} + b\int \frac{dx}{x\sqrt{ax+b}}$.

18. $\displaystyle\int \frac{\sqrt{ax+b}}{x^2}\,dx = -\frac{\sqrt{ax+b}}{x} + \frac{a}{2}\int \frac{dx}{x\sqrt{ax+b}}$.

（三）含有 $x^2 \pm a^2$ 的积分 （$a \neq 0$）

19. $\displaystyle\int \frac{1}{x^2+a^2}\,dx = \frac{1}{a}\arctan\frac{x}{a} + C$.

20. $\displaystyle\int \frac{1}{(x^2+a^2)^n}\,dx = \frac{x}{2(n-1)a^2(x^2+a^2)^{n-1}} + \frac{2n-3}{2(n-1)a^2}\int \frac{1}{(x^2+a^2)^{n-1}}\,dx$.

21. $\displaystyle\int \frac{1}{x^2-a^2}\,dx = \frac{1}{2a}\ln\left|\frac{x-a}{x+a}\right| + C$.

（四）含有 $ax^2 + b\ (a > 0)$ 的积分

22. $\displaystyle\int \frac{1}{ax^2+b}\,dx = \begin{cases} \dfrac{1}{\sqrt{ab}}\arctan\sqrt{\dfrac{a}{b}}\,x + C & (b > 0), \\[3mm] \dfrac{1}{2\sqrt{-ab}}\ln\left|\dfrac{\sqrt{a}x-\sqrt{-b}}{\sqrt{a}x+\sqrt{-b}}\right| + C & (b < 0). \end{cases}$

23. $\displaystyle\int \frac{x}{ax^2+b}\,dx = \frac{1}{2a}\ln\left|ax^2+b\right| + C$.

24. $\displaystyle\int \frac{x^2}{ax^2+b}\,dx = \frac{x}{a} - \frac{b}{a}\int \frac{dx}{ax^2+b}$.

25. $\displaystyle\int \frac{1}{x(ax^2+b)}\,dx = \frac{1}{2b}\ln\frac{x^2}{\left|ax^2+b\right|} + C$.

26. $\displaystyle\int \frac{1}{x^2(ax^2+b)}\,dx = -\frac{1}{bx} - \frac{a}{b}\int \frac{dx}{ax^2+b}$.

27. $\displaystyle\int \frac{1}{x^3(ax^2+b)}\,dx = \frac{a}{2b^2}\ln\frac{\left|ax^2+b\right|}{x^2} - \frac{1}{2bx^2} + C$.

28. $\displaystyle\int \frac{1}{(ax^2+b)^2}\,dx = \frac{x}{2b(ax^2+b)} + \frac{1}{2b}\int \frac{dx}{ax^2+b}$.

（五）含有 $ax^2 + bx + c\ (a > 0)$ 的积分

29. $\displaystyle\int \frac{1}{ax^2+bx+c}\,dx = \begin{cases} \dfrac{2}{\sqrt{4ac-b^2}}\arctan\dfrac{2ax+b}{\sqrt{4ac-b^2}} + C, & (b^2 < 4ac) \\[3mm] \dfrac{1}{\sqrt{b^2-4ac}}\ln\left|\dfrac{2ax+b-\sqrt{b^2-4ac}}{2ax+b+\sqrt{b^2-4ac}}\right| + C. & (b^2 > 4ac) \end{cases}$

30. $\displaystyle\int \frac{x}{ax^2+bx+c}\,dx = \frac{1}{2a}\ln\left|ax^2+bx+c\right| - \frac{b}{2a}\int \frac{dx}{ax^2+bx+c}$.

（六）含有 $\sqrt{x^2+a^2}\ (a>0)$ 的积分

31. $\displaystyle\int \frac{1}{\sqrt{x^2+a^2}}\mathrm{d}x = \operatorname{arsh}\frac{x}{a}+C_1 = \ln(x+\sqrt{x^2+a^2})+C.$

32. $\displaystyle\int \frac{1}{\sqrt{(x^2+a^2)^3}}\mathrm{d}x = \frac{x}{a^2\sqrt{x^2+a^2}}+C.$

33. $\displaystyle\int \frac{x}{\sqrt{x^2+a^2}}\mathrm{d}x = \sqrt{x^2+a^2}+C.$

34. $\displaystyle\int \frac{x}{\sqrt{(x^2+a^2)^3}}\mathrm{d}x = -\frac{1}{\sqrt{x^2+a^2}}+C.$

35. $\displaystyle\int \frac{x^2}{\sqrt{x^2+a^2}}\mathrm{d}x = \frac{x}{2}\sqrt{x^2+a^2}-\frac{a^2}{2}\ln(x+\sqrt{x^2+a^2})+C.$

36. $\displaystyle\int \frac{x^2}{\sqrt{(x^2+a^2)^3}}\mathrm{d}x = -\frac{x}{\sqrt{x^2+a^2}}+\ln(x+\sqrt{x^2+a^2})+C.$

37. $\displaystyle\int \frac{1}{x\sqrt{x^2+a^2}}\mathrm{d}x = \frac{1}{a}\ln\frac{\sqrt{x^2+a^2}-a}{|x|}+C.$

38. $\displaystyle\int \frac{1}{x^2\sqrt{x^2+a^2}}\mathrm{d}x = -\frac{\sqrt{x^2+a^2}}{a^2 x}+C.$

39. $\displaystyle\int \sqrt{x^2+a^2}\,\mathrm{d}x = \frac{x}{2}\sqrt{x^2+a^2}+\frac{a^2}{2}\ln(x+\sqrt{x^2+a^2})+C.$

40. $\displaystyle\int \sqrt{(x^2+a^2)^3}\,\mathrm{d}x = \frac{x}{8}(2x^2+5a^2)\sqrt{x^2+a^2}+\frac{3}{8}a^4\ln(x+\sqrt{x^2+a^2})+C.$

41. $\displaystyle\int x\sqrt{x^2+a^2}\,\mathrm{d}x = \frac{1}{3}\sqrt{(x^2+a^2)^3}+C.$

42. $\displaystyle\int x^2\sqrt{x^2+a^2}\,\mathrm{d}x = \frac{x}{8}(2x^2+a^2)\sqrt{x^2+a^2}-\frac{a^4}{8}\ln(x+\sqrt{x^2+a^2})+C.$

43. $\displaystyle\int \frac{\sqrt{x^2+a^2}}{x}\mathrm{d}x = \sqrt{x^2+a^2}+a\ln\frac{\sqrt{x^2+a^2}-a}{|x|}+C.$

44. $\displaystyle\int \frac{\sqrt{x^2+a^2}}{x^2}\mathrm{d}x = -\frac{\sqrt{x^2+a^2}}{x}+\ln(x+\sqrt{x^2+a^2})+C.$

（七）含有 $\sqrt{x^2+a^2}\ (a>0)$ 的积分

45. $\displaystyle\int \frac{1}{\sqrt{x^2-a^2}}\mathrm{d}x = \frac{x}{|x|}\operatorname{arch}\frac{|x|}{a}+C_1 = \ln\left|x+\sqrt{x^2-a^2}\right|+C.$

46. $\displaystyle\int \frac{1}{\sqrt{(x^2-a^2)^3}}\mathrm{d}x = -\frac{x}{a^2\sqrt{x^2-a^2}}+C.$

47. $\displaystyle\int \frac{x}{\sqrt{x^2-a^2}}\mathrm{d}x = \sqrt{x^2-a^2}+C.$

48. $\displaystyle\int \frac{x}{\sqrt{(x^2-a^2)^3}} \, \mathrm{d}x = -\frac{1}{\sqrt{x^2-a^2}} + C$.

49. $\displaystyle\int \frac{x^2}{\sqrt{x^2-a^2}} \, \mathrm{d}x = \frac{x}{2}\sqrt{x^2-a^2} + \frac{a^2}{2}\ln\left|x+\sqrt{x^2-a^2}\right| + C$.

50. $\displaystyle\int \frac{x^2}{\sqrt{(x^2-a^2)^3}} \, \mathrm{d}x = -\frac{x}{\sqrt{x^2-a^2}} + \ln\left|x+\sqrt{x^2-a^2}\right| + C$.

51. $\displaystyle\int \frac{1}{x\sqrt{x^2-a^2}} \, \mathrm{d}x = \frac{1}{a}\arccos\frac{a}{|x|} + C$.

52. $\displaystyle\int \frac{1}{x^2\sqrt{x^2-a^2}} \, \mathrm{d}x = \frac{\sqrt{x^2-a^2}}{a^2 x} + C$.

53. $\displaystyle\int \sqrt{x^2-a^2}\,\mathrm{d}x = \frac{x}{2}\sqrt{x^2-a^2} - \frac{a^2}{2}\ln\left|x+\sqrt{x^2-a^2}\right| + C$.

54. $\displaystyle\int \sqrt{(x^2-a^2)^3}\,\mathrm{d}x = \frac{x}{8}(2x^2-5a^2)\sqrt{x^2-a^2} + \frac{3}{8}a^4\ln\left|x+\sqrt{x^2-a^2}\right| + C$.

55. $\displaystyle\int x\sqrt{x^2-a^2}\,\mathrm{d}x = \frac{1}{3}\sqrt{(x^2-a^2)^3} + C$.

56. $\displaystyle\int x^2\sqrt{x^2-a^2}\,\mathrm{d}x = \frac{x}{8}(2x^2-a^2)\sqrt{x^2-a^2} - \frac{a^4}{8}\ln\left|x+\sqrt{x^2-a^2}\right| + C$.

57. $\displaystyle\int \frac{\sqrt{x^2-a^2}}{x}\,\mathrm{d}x = \sqrt{x^2-a^2} - a\arccos\frac{a}{|x|} + C$.

58. $\displaystyle\int \frac{\sqrt{x^2-a^2}}{x^2}\,\mathrm{d}x = -\frac{\sqrt{x^2-a^2}}{x} + \ln\left|x+\sqrt{x^2-a^2}\right| + C$.

（八）含有 $\sqrt{x^2+a^2}\,(a>0)$ 的积分

59. $\displaystyle\int \frac{1}{\sqrt{a^2-x^2}} \, \mathrm{d}x = \arcsin\frac{x}{a} + C$.

60. $\displaystyle\int \frac{1}{\sqrt{(a^2-x^2)^3}} \, \mathrm{d}x = \frac{x}{a^2\sqrt{a^2-x^2}} + C$.

61. $\displaystyle\int \frac{x}{\sqrt{a^2-x^2}} \, \mathrm{d}x = -\sqrt{a^2-x^2} + C$.

62. $\displaystyle\int \frac{x}{\sqrt{(a^2-x^2)^3}} \, \mathrm{d}x = \frac{1}{\sqrt{a^2-x^2}} + C$.

63. $\displaystyle\int \frac{x^2}{\sqrt{a^2-x^2}} \, \mathrm{d}x = -\frac{x}{2}\sqrt{a^2-x^2} + \frac{a^2}{2}\arcsin\frac{x}{a} + C$.

64. $\displaystyle\int \frac{x^2}{\sqrt{(a^2-x^2)^3}} \, \mathrm{d}x = \frac{x}{\sqrt{a^2-x^2}} - \arcsin\frac{x}{a} + C$.

65. $\displaystyle\int \frac{1}{x\sqrt{a^2-x^2}} \, \mathrm{d}x = \frac{1}{a}\ln\frac{a-\sqrt{a^2-x^2}}{|x|} + C$.

66. $\int \dfrac{1}{x^2\sqrt{a^2-x^2}}\mathrm{d}x = -\dfrac{\sqrt{a^2-x^2}}{a^2 x}+C$.

67. $\int \sqrt{a^2-x^2}\mathrm{d}x = \dfrac{x}{2}\sqrt{a^2-x^2}+\dfrac{a^2}{2}\arcsin\dfrac{x}{a}+C$.

68. $\int \sqrt{(a^2-x^2)^3}\mathrm{d}x = \dfrac{x}{8}(5a^2-2x^2)\sqrt{a^2-x^2}+\dfrac{3}{8}a^4\arcsin\dfrac{x}{a}+C$.

69. $\int x\sqrt{a^2-x^2}\mathrm{d}x = -\dfrac{1}{3}\sqrt{(a^2-x^2)^3}+C$.

70. $\int x^2\sqrt{a^2-x^2}\mathrm{d}x = \dfrac{x}{8}(2x^2-a^2)\sqrt{a^2-x^2}+\dfrac{a^4}{8}\arcsin\dfrac{x}{a}+C$.

71. $\int \dfrac{\sqrt{a^2-x^2}}{x}\mathrm{d}x = \sqrt{a^2-x^2}+a\ln\dfrac{a-\sqrt{a^2-x^2}}{|x|}+C$.

72. $\int \dfrac{\sqrt{a^2-x^2}}{x^2}\mathrm{d}x = -\dfrac{\sqrt{a^2-x^2}}{x}-\arcsin\dfrac{x}{a}+C$.

（九）含有 $\sqrt{\pm ax^2+bx+c}\,(a>0)$ 的积分

73. $\int \dfrac{1}{\sqrt{ax^2+bx+c}}\mathrm{d}x = \dfrac{1}{\sqrt{a}}\ln\left|2ax+b+2\sqrt{a}\sqrt{ax^2+bx+c}\right|+C$.

74. $\int \sqrt{ax^2+bx+c}\,\mathrm{d}x = \dfrac{2ax+b}{4a}\sqrt{ax^2+bx+c}$
$$+\dfrac{4ac-b^2}{8\sqrt{a^3}}\ln\left|2ax+b+2\sqrt{a}\sqrt{ax^2+bx+c}\right|+C .$$

75. $\int \dfrac{x}{\sqrt{ax^2+bx+c}}\mathrm{d}x = \dfrac{1}{a}\sqrt{ax^2+bx+c}$
$$-\dfrac{b}{2\sqrt{a^3}}\ln\left|2ax+b+2\sqrt{a}\sqrt{ax^2+bx+c}\right|+C .$$

76. $\int \dfrac{1}{\sqrt{c+bx-ax^2}}\mathrm{d}x = -\dfrac{1}{\sqrt{a}}\arcsin\dfrac{2ax-b}{\sqrt{b^2+4ac}}+C$.

77. $\int \sqrt{c+bx-ax^2}\,\mathrm{d}x = \dfrac{2ax-b}{4a}\sqrt{c+bx-ax^2}+\dfrac{b^2+4ac}{8\sqrt{a^3}}\arcsin\dfrac{2ax-b}{\sqrt{b^2+4ac}}+C$.

78. $\int \dfrac{x}{\sqrt{c+bx-ax^2}}\mathrm{d}x = -\dfrac{1}{a}\sqrt{c+bx-ax^2}+\dfrac{b}{2\sqrt{a^3}}\arcsin\dfrac{2ax-b}{\sqrt{b^2+4ac}}+C$.

（十）含有 $\sqrt{\pm\dfrac{x-a}{x-b}}$ 或 $\sqrt{(x-a)(b-x)}$ 的积分

79. $\int \sqrt{\dfrac{x-a}{x-b}}\mathrm{d}x = (x-b)\sqrt{\dfrac{x-a}{x-b}}+(b-a)\ln(\sqrt{|x-a|}+\sqrt{|x-b|})+C$.

80. $\int \sqrt{\dfrac{x-a}{b-x}}\mathrm{d}x = (x-b)\sqrt{\dfrac{x-a}{b-x}}+(b-a)\arcsin\sqrt{\dfrac{x-a}{b-x}}+C$.

81. $\int \dfrac{1}{\sqrt{(x-a)(b-x)}}\mathrm{d}x = 2\arcsin\sqrt{\dfrac{x-a}{b-x}}+C \quad (a<b)$.

82. $\int \sqrt{(x-a)(b-x)}\,\mathrm{d}x = \dfrac{2x-a-b}{4}\sqrt{(x-a)(b-x)} + \dfrac{(b-a)^2}{4}\arcsin\sqrt{\dfrac{x-a}{b-x}} + C\ (a<b)$

（十一）含有三角函数的积分

83. $\int \sin x\,\mathrm{d}x = -\cos x + C$.

84. $\int \cos x\,\mathrm{d}x = \sin x + C$.

85. $\int \tan x\,\mathrm{d}x = -\ln|\cos x| + C$.

86. $\int \cot x\,\mathrm{d}x = \ln|\sin x| + C$.

87. $\int \sec x\,\mathrm{d}x = \ln\left|\tan\left(\dfrac{\pi}{4}+\dfrac{x}{2}\right)\right| + C = \ln|\sec x + \tan x| + C$.

88. $\int \csc x\,\mathrm{d}x = \ln\left|\tan\dfrac{x}{2}\right| + C = \ln|\csc x - \cot x| + C$.

89. $\int \sec^2 x\,\mathrm{d}x = \tan x + C$.

90. $\int \csc^2 x\,\mathrm{d}x = -\cot x + C$.

91. $\int \sec x\tan x\,\mathrm{d}x = \sec x + C$.

92. $\int \csc x\cot x\,\mathrm{d}x = -\csc x + C$.

93. $\int \sin^2 x\,\mathrm{d}x = \dfrac{x}{2} - \dfrac{1}{4}\sin 2x + C$.

94. $\int \cos^2 x\,\mathrm{d}x = \dfrac{x}{2} + \dfrac{1}{4}\sin 2x + C$.

95. $\int \sin^n x\,\mathrm{d}x = -\dfrac{1}{n}\sin^{n-1} x\cos x + \dfrac{n-1}{n}\int \sin^{n-2} x\,\mathrm{d}x$.

96. $\int \cos^n x\,\mathrm{d}x = \dfrac{1}{n}\cos^{n-1} x\sin x + \dfrac{n-1}{n}\int \cos^{n-2} x\,\mathrm{d}x$.

97. $\int \dfrac{\mathrm{d}x}{\sin^n x} = -\dfrac{1}{n-1}\cdot\dfrac{\cos x}{\sin^{n-1} x} + \dfrac{n-2}{n-1}\int \dfrac{\mathrm{d}x}{\sin^{n-2} x}$.

98. $\int \dfrac{\mathrm{d}x}{\cos^n x} = \dfrac{1}{n-1}\cdot\dfrac{\sin x}{\cos^{n-1} x} + \dfrac{n-2}{n-1}\int \dfrac{\mathrm{d}x}{\cos^{n-2} x}$.

99. $\int \cos^m x\sin^n x\,\mathrm{d}x = \dfrac{1}{m+n}\cos^{m-1} x\sin^{n+1} x + \dfrac{m-1}{m+n}\int \cos^{m-2} x\sin^n x\,\mathrm{d}x$

$\qquad\qquad = -\dfrac{1}{m+n}\cos^{m+1} x\sin^{n-1} x + \dfrac{n-1}{m+n}\int \cos^m x\sin^{n-2} x\,\mathrm{d}x$.

100. $\int \sin ax\cos bx\,\mathrm{d}x = -\dfrac{1}{2(a+b)}\cos(a+b)x - \dfrac{1}{2(a-b)}\cos(a-b)x + C$.

101. $\int \sin ax\sin bx\,\mathrm{d}x = -\dfrac{1}{2(a+b)}\sin(a+b)x + \dfrac{1}{2(a-b)}\sin(a-b)x + C$.

102. $\int \cos ax\cos bx\,\mathrm{d}x = \dfrac{1}{2(a+b)}\sin(a+b)x + \dfrac{1}{2(a-b)}\sin(a-b)x + C$.

103. $\int \dfrac{1}{a+b\sin x}\mathrm{d}x = \dfrac{2}{\sqrt{a^2-b^2}}\arctan\dfrac{a\tan\dfrac{x}{2}+b}{\sqrt{a^2-b^2}}+C \quad (a^2>b^2)$.

104. $\int \dfrac{1}{a+b\sin x}\mathrm{d}x = \dfrac{1}{\sqrt{b^2-a^2}}\ln\left|\dfrac{a\tan\dfrac{x}{2}+b-\sqrt{b^2-a^2}}{a\tan\dfrac{x}{2}+b+\sqrt{b^2-a^2}}\right|+C \quad (a^2<b^2)$.

105. $\int \dfrac{1}{a+b\cos x}\mathrm{d}x = \dfrac{2}{a+b}\sqrt{\dfrac{a+b}{a-b}}\arctan\left(\sqrt{\dfrac{a-b}{a+b}}\tan\dfrac{x}{2}\right)+C \quad (a^2>b^2)$.

106. $\int \dfrac{1}{a+b\cos x}\mathrm{d}x = \dfrac{1}{a+b}\sqrt{\dfrac{a+b}{b-a}}\ln\left|\dfrac{\tan\dfrac{x}{2}+\sqrt{\dfrac{a+b}{b-a}}}{\tan\dfrac{x}{2}-\sqrt{\dfrac{a+b}{b-a}}}\right|+C \quad (a^2<b^2)$.

107. $\int \dfrac{1}{a^2\cos^2 x+b^2\sin^2 x}\mathrm{d}x = \dfrac{1}{ab}\arctan\left(\dfrac{b}{a}\tan x\right)+C$.

108. $\int \dfrac{1}{a^2\cos^2 x-b^2\sin^2 x}\mathrm{d}x = \dfrac{1}{2ab}\ln\left|\dfrac{b\tan x+a}{b\tan x-a}\right|+C$.

109. $\int x\sin ax\mathrm{d}x = \dfrac{1}{a^2}\sin ax - \dfrac{1}{a}x\cos ax+C$.

110. $\int x^2\sin ax\mathrm{d}x = -\dfrac{1}{a}x^2\cos ax+\dfrac{2}{a^2}x\sin ax+\dfrac{2}{a^3}\cos ax+C$.

111. $\int x\cos ax\mathrm{d}x = \dfrac{1}{a^2}\cos ax+\dfrac{1}{a}x\sin ax+C$.

112. $\int x^2\cos ax\mathrm{d}x = \dfrac{1}{a}x^2\sin ax+\dfrac{2}{a^2}x\cos ax-\dfrac{2}{a^3}\sin ax+C$.

（十二）含有反三角函数的积分（其中 $a>0$）

113. $\int \arcsin\dfrac{x}{a}\mathrm{d}x = x\arcsin\dfrac{x}{a}+\sqrt{a^2-x^2}+C$.

114. $\int x\arcsin\dfrac{x}{a}\mathrm{d}x = \left(\dfrac{x^2}{2}-\dfrac{a^2}{4}\right)\arcsin\dfrac{x}{a}+\dfrac{x}{4}\sqrt{a^2-x^2}+C$.

115. $\int x^2\arcsin\dfrac{x}{a}\mathrm{d}x = \dfrac{x^3}{3}\arcsin\dfrac{x}{a}+\dfrac{1}{9}(x^2+2a^2)\sqrt{a^2-x^2}+C$.

116. $\int \arccos\dfrac{x}{a}\mathrm{d}x = x\arccos\dfrac{x}{a}-\sqrt{a^2-x^2}+C$.

117. $\int x\arccos\dfrac{x}{a}\mathrm{d}x = \left(\dfrac{x^2}{2}-\dfrac{a^2}{4}\right)\arccos\dfrac{x}{a}-\dfrac{x}{4}\sqrt{a^2-x^2}+C$.

118. $\int x^2\arccos\dfrac{x}{a}\mathrm{d}x = \dfrac{x^3}{3}\arccos\dfrac{x}{a}-\dfrac{1}{9}(x^2+2a^2)\sqrt{a^2-x^2}+C$.

119. $\int \arctan\dfrac{x}{a}\mathrm{d}x = x\arctan\dfrac{x}{a}-\dfrac{a}{2}\ln(a^2+x^2)+C$.

120. $\int x\arctan\dfrac{x}{a}\mathrm{d}x = \dfrac{1}{2}(a^2+x^2)\arctan\dfrac{x}{a}-\dfrac{a}{2}x+C$.

121. $\int x^2 \arctan \dfrac{x}{a} dx = \dfrac{x^3}{3} \arctan \dfrac{x}{a} - \dfrac{a}{6} x^2 + \dfrac{a^3}{6} \ln(a^2 + x^2) + C$.

（十三）含有指数函数的积分（$a > 0, a \neq 1$）

122. $\int a^x dx = \dfrac{1}{\ln a} a^x + C$.

123. $\int e^{ax} dx = \dfrac{1}{a} e^{ax} + C$.

124. $\int x e^{ax} dx = \dfrac{1}{a^2} (ax - 1) e^{ax} + C$.

125. $\int x^n e^{ax} dx = \dfrac{1}{a} x^n e^{ax} - \dfrac{n}{a} \int x^{n-1} e^{ax} dx$.

126. $\int x a^x dx = \dfrac{x}{\ln a} a^x - \dfrac{1}{(\ln a)^2} a^x + C$.

127. $\int x^n a^x dx = \dfrac{1}{\ln a} x^n a^x - \dfrac{n}{\ln a} \int x^{n-1} a^x dx$.

128. $\int e^{ax} \sin bx dx = \dfrac{1}{a^2 + b^2} e^{ax} (a \sin bx - b \cos bx) + C$.

129. $\int e^{ax} \cos bx dx = \dfrac{1}{a^2 + b^2} e^{ax} (b \sin bx + a \cos bx) + C$.

130. $\int e^{ax} \sin^n bx dx = \dfrac{1}{a^2 + b^2 n^2} e^{ax} \sin^{n-1} bx (a \sin bx - nb \cos bx)$

$$+ \dfrac{n(n-1)b^2}{a^2 + b^2 n^2} \int e^{ax} \sin^{n-2} bx dx$$.

131. $\int e^{ax} \cos^n bx dx = \dfrac{1}{a^2 + b^2 n^2} e^{ax} \cos^{n-1} bx (a \cos bx + nb \sin bx)$

$$+ \dfrac{n(n-1)b^2}{a^2 + b^2 n^2} \int e^{ax} \cos^{n-2} bx dx$$.

（十四）含有对数函数的积分

132. $\int \ln x dx = x \ln x - x + C$.

133. $\int \dfrac{1}{x \ln x} dx = \ln|\ln x| + C$.

134. $\int x^n \ln x dx = \dfrac{1}{n+1} x^{n+1} \left(\ln x - \dfrac{1}{n+1} \right) + C$.

135. $\int (\ln x)^n dx = x(\ln x)^n - n \int (\ln x)^{n-1} dx$.

136. $\int x^m (\ln x)^n dx = \dfrac{1}{m+1} x^{m+1} (\ln x)^n - \dfrac{n}{m+1} \int x^m (\ln x)^{n-1} dx$.

（十五）定积分

137. $\int_{-\pi}^{\pi} \cos nx dx = \int_{-\pi}^{\pi} \sin nx dx = 0$.

138. $\int_{-\pi}^{\pi} \cos mx \sin nx dx = 0$.

139. $\int_{-\pi}^{\pi} \cos mx \cos nx \mathrm{d}x = \begin{cases} 0, & m \neq n, \\ \pi, & m = n. \end{cases}$

140. $\int_{-\pi}^{\pi} \sin mx \sin nx \mathrm{d}x = \begin{cases} 0, & m \neq n, \\ \pi, & m = n. \end{cases}$

141. $\int_{0}^{\pi} \sin mx \sin nx \mathrm{d}x = \int_{0}^{\pi} \cos mx \cos nx \mathrm{d}x = \begin{cases} 0, & m \neq n, \\ \dfrac{\pi}{2}, & m = n. \end{cases}$

142. $I_n = \int_{0}^{\frac{\pi}{2}} \sin^n x \mathrm{d}x = \int_{0}^{\frac{\pi}{2}} \cos^n x \mathrm{d}x$;

$I_n = \dfrac{n-1}{n} I_{n-2}$;

$I_n = \dfrac{n-1}{n} \cdot \dfrac{n-3}{n-2} \cdot \cdots \cdot \dfrac{4}{5} \cdot \dfrac{2}{3}$ （ n 为大于 1 的正奇数）， $I_1 = 1$;

$I_n = \dfrac{n-1}{n} \cdot \dfrac{n-3}{n-2} \cdot \cdots \cdot \dfrac{3}{4} \cdot \dfrac{1}{2} \cdot \dfrac{\pi}{2}$ （ n 为正偶数）， $I_0 = \dfrac{\pi}{2}$.

参考文献

1. 王岳 任晓燕. 高等应用数学[M]. 北京：北京师范大学出版社，2012.

2. 同济大学数学教研室. 高等数学（上，下）[M]. 7 版. 北京：高等教育出版社，2014.

3. 刘书田. 高等数学[M]. 2 版. 北京：北京大学出版社，2018.

4. 颜文勇 柯善军. 高等应用数学[M]. 北京：高等教育出版社，2014.

5. 凌巍炜 谢良金. 高等数学（基础模块）[M]. 长春：东北师范大学出版社，2020.3

6. 李心灿. 微积分的创立者及其先驱[M]. 3 版. 北京：高等教育出版社，2007.